電磁學

著者

張啓陽

國立高雄應用科技大學教授

東華書局

國家圖書館出版品預行編目資料

電磁學 / 張啓陽著 . -- 初版 . -- 臺北市：臺灣東華，
　民 88
　336 面 ; 17x23 公分
　　含索引
　ISBN 978-957-483-003-9　（平裝）

　　1. 電磁學

338　　　　　　　　　　　　　　　　　88007599

電磁學

著　　者	張啓陽
發 行 人	卓劉慶弟
出 版 者	臺灣東華書局股份有限公司
地　　址	臺北市重慶南路一段一四七號三樓
電　　話	(02) 2311-4027
傳　　眞	(02) 2311-6615
劃撥帳號	00064813
網　　址	www.tunghua.com.tw
讀者服務	service@tunghua.com.tw
直營門市	臺北市重慶南路一段一四七號一樓
電　　話	(02) 2382-1762
出版日期	1999 年 6 月 1 版 1 刷
	2016 年 1 月 1 版 8 刷

ISBN　978-957-483-003-9

版權所有　·　翻印必究

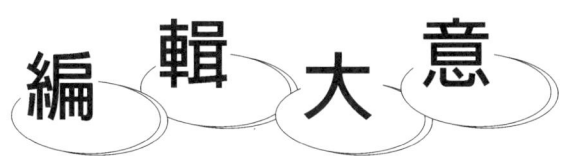

　　電磁學是以最簡潔的方式、由最廣義的角度來解釋自然界所有的電磁現象的一門科學；瞭解了電磁學以後，可以用極少數的公式（即所謂的馬克士威方程式），來解決所有的（包括以往已經遇到的以及未來可能遇到的）電磁學問題。我們可以說，除了牛頓力學以外，在科技的領域裡面，沒有其他學科像電磁學一般具有如此高的本益比；因此，研習電磁學是一項獲益鉅大的投資，身為廿一世紀的現代人，豈能輕易放過？

　　初學電磁學者有三怕：一是書本內容浩瀚，不如重點何在；二是所用數學艱深，不知如何計算；三是書本觀念抽象，不知實際意義。本書係針對初學者這三怕來編寫；故具有如下之三個特色：

一、本書係以精簡的方式，掌握電磁學的所有重點；故篇幅雖然不大，但內容完整。同時，全書以淺顯的文句撰寫，一看即懂，不必花費無謂的時間去揣測文句的意思；更無一般翻譯書籍洋式語法充斥之毛病。

二、本書所用的數學僅為初等微積分及向量，其難易為大多數人可以接受的程度。本書第一章為向量觀念的簡介，而附錄中則蒐集若干常用的微積分公式；因此所需之數學基礎本書均已具備，不必他求。

三、各章中所有的觀念均以具體的、學生最容易領會的方式來敘述。我們知道，電與磁都是自然界中既有現象，其基本觀念本來就是具體的，而非抽象的；因此，本書特別強調數學語言與電磁觀念之間的對應關係，並以最淺顯的方式來表達。

另外，本書為減少學生學習上的困難，特別蒐集最典型、最重要的題目，列為各章的例題，使學生有充分的觀摩機會，而不必盲目摸索。各章章末之習題也是經廣泛的蒐集而得，均為難易適中且具有代表性的題目，是準備參加各種考試最珍貴的參考資料。【註】

　　本書內容完整，題目豐富，委由信譽卓著的東華書局出版，其編輯、校對、印刷、裝訂等各方面的水準，均值得信賴。若有疏漏之處，尚請各方先進多多指教為禱。

張　啟　陽
謹識於國立高雄科技學院

【註】本書另有附冊『電磁學題解』一書，亦由東華書局出版，內容除有全部習題之詳解外，並附有許多考古題，極富參考價值。

目　次

第一章　基本工具——向量

第 一 節　基本觀念 1
第 二 節　向量的基本運算 3
第 三 節　直角坐標系統(一) 8
第 四 節　直角坐標系統(二) 11
第 五 節　圓柱坐標系統 16
第 六 節　球坐標系統 19
第 七 節　純量場與向量場（選擇性教材）...............................23
習　　題 28

第二章　真空中之靜電場

第 一 節　前言 31
第 二 節　庫侖定律 32
第 三 節　電場強度 36
第 四 節　散佈之電荷的電場強度 39
第 五 節　電位 48
第 六 節　散佈之電荷的電位 54
第 七 節　電位梯度及電場強度 57
第 八 節　電能 64
第 九 節　電力線 69
習　　題 73

第三章　高斯定律及其應用

第 一 節　前言 77
第 二 節　電通量及電通密度 78
第 三 節　高斯定律及其應用 84
第 四 節　介質之極化 96
第 五 節　介質的邊界條件 104
第 六 節　高斯定律的微分形式 108
第 七 節　電流 114
第 八 節　連續方程式 120
第 九 節　帶電導體的性質 122
第 十 節　絕緣材料 126
習　　　題 129

第四章　靜電問題分析及應用

第 一 節　前言 135
第 二 節　導體上之感應電荷及靜電屏蔽 135
第 三 節　電像法 138
第 四 節　電容 141
第 五 節　輸送線之電容 146
第 六 節　拉卜拉斯方程式 150
第 七 節　靜電現象之應用 156
習　　　題 163

第五章　真空中的靜磁場

第 一 節　前言 167
第 二 節　運動點電荷產生之磁場 167
第 三 節　比歐・沙瓦定律 169

第 四 節	磁場的計算	174
第 五 節	安培定律及其應用	179
第 六 節	旋度	185
第 七 節	安培定律之微分形式	190
第 八 節	磁通密度及磁通量	193
第 九 節	電荷在磁場中的運動	197
第 十 節	載流導線所受的磁力	203
第十一節	向量磁位	209
習　　題		213

第六章　物質中的靜磁場及磁的應用

第 一 節	前言	219
第 二 節	原子之磁性	219
第 三 節	物質之磁化	221
第 四 節	磁性物質之安培定律	225
第 五 節	邊界條件	229
第 六 節	反磁性	232
第 七 節	順磁性	235
第 八 節	鐵磁性	237
第 九 節	磁性材料	241
第 十 節	磁極	244
第十一節	磁路	249
第十二節	電感	255
第十三節	磁場之屏蔽	259
第十四節	霍爾效應	260
第十五節	磁能密度及磁能	262
習　　題		264

第七章　電磁感應與電磁波

第 一 節　前言 267
第 二 節　感應電動勢 267
第 三 節　法拉第感應定律 271
第 四 節　線性發電機及線性馬達 277
第 五 節　變壓器 282
第 六 節　位移電流 284
第 七 節　馬克士威方程式 287
第 八 節　坡因亭定理 288
第 九 節　延遲電磁位 291
第 十 節　波方程式與平面波 295
第十一節　電磁波的輻射 302
第十二節　波導 307
習　　題 310
附 錄 一 313
附 錄 二 313
附 錄 三 315
附 錄 四 319
習題答案 319
索　　引 323

第一章

基本工具——向量

第一節 基本觀念

  在電磁學裏面，我們常常需要討論許許多多性質不同的量。例如，我們說今天的氣溫是攝氏 27 度，或者說一個電子所具有的電量是 -1.60×10^{-19} 庫倫，意思就很明確了；像這樣，只需用單獨一個數據即可表示的量，就是**純量**（scalar），在電磁學裏面，電量、電動勢、電磁能、電磁通量等等，都是純量。

  有些量則不同；我們除了要指出它的大小以外，同時還要說明其方向，因此僅用一個數據來表示它是不夠的，必須要同時用兩個或兩個以上的數據才可以；例如我們可用其中一個數據表示它的大小，其餘的表示方向，這種量就稱為**向量**（vector）。舉例而言，設某車以每秒 4 米的速度朝東偏北 30 度的方向開去，這敘述裏面就用到了兩個數據：「每秒 4 米」代表速度的大小（即速率），「東偏北 30 度」則代表速度的方向；缺少任何一個數據的話，意思就不明確了。是故，速度應為一向量。在電磁學裏面，電磁場強度、電磁力、電磁通量密度等等，都是很重要的向量。

  一般而言，二維空間的向量必須包含兩個數據，三維空間的向量就必須包含三個數據，才足以表示明確的意義。

2　電磁學

　　向量也可以用圖形來表示，例如上述的速度向量可用圖 1-1 來表示，圖中箭頭的長度代表該向量的大小，箭頭的指向，就是向量的方向。另外，為了稱呼上的方便，對每一向量我們均可賦予它一個字母作為標示，例如圖 1-1 中的速度向量，我們直接就可稱之為 **V** 向量。

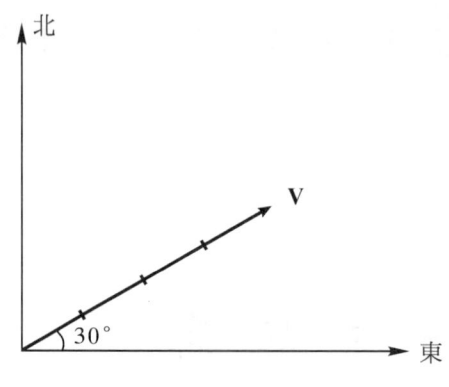

圖 1-1　向量圖示法

　　在許多運算過程中，常常需要將一個向量的大小及方向分開來討論，在這種情況之下，我們可作如下之處理。首先，讓我們令向量 **V** 的大小為 V（很明顯的，在圖 1-2 中，$V = 4\,\text{m/sec}$）；那麼，

$$\frac{\mathbf{V}}{V} = \mathbf{a}_V \qquad (1.1)$$

即代表大小為 1 的向量，稱為單位向量（unit vector）（見圖 1-2）。

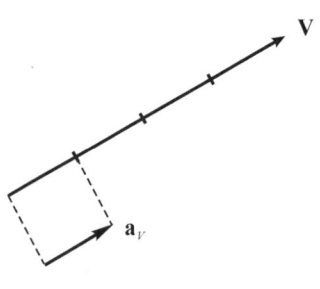

圖 1-2　單位向量

（1.1）式可改寫為

$$\mathbf{V} = V\mathbf{a}_V \qquad (1.2)$$

↑　↑
大小、方向

亦即，若將一個向量分成大小及方向兩個部份來考慮，則其方向的部份可以用一個同方向的單位向量來表示；此種用來表示方向的單位向量都不附帶任何單位。

【練習題 1.1】設一電子運動速率為 2.0×10^6 m/sec，並令 x 及 y 方向的單位向量分別為 $\mathbf{a}_x$ 及 $\mathbf{a}_y$，則當電子運動為：(a)正 x 方向；(b)負 x 方向；(c)與 x、y 方向均成 45° 的方向時，速度向量如何表示？

答：(a) $2.0 \times 10^6 \mathbf{a}_x$ m/sec；

(b) $-2.0 \times 10^6 \mathbf{a}_x$ m/sec；

(c) $\pm 1.4 \times 10^6 (\mathbf{a}_x + \mathbf{a}_y)$ m/sec。

第二節　向量的基本運算

在第一節的（1.1）式及（1.2）式中，我們已經看到向量可以和純量相乘或相除，這就是一種很基本的向量運算。一向量被一純量乘或除時，所得到的結果仍是向量，其大小改變了，但是方向不變。

向量還可以作許多運算，下面我們舉出最基本、最常用的四種：

(一)向量的加法：向量只能與單位相同的向量相加，而不能與純量或單位不同的向量相加。向量如何相加呢？這就要從實際觀察去著手。

4　電磁學

　　如圖 1-3 所示，設有兩個力 **F**₁ 及 **F**₂ 同時拉一個物體。若令 **F**₁ 與 **F**₂ 置於相同的起點，並以 **F**₁ 與 **F**₂ 為兩邊作一平行四邊形，則由原起點可作平行四邊形的對角線向量 **F**。由實驗我們發現，若以 **F** 代替原先之 **F**₁ 及 **F**₂ 來拉動物體，所產生的效果完全相同。我們稱 **F** 為 **F**₁ 與 **F**₂ 之向量和，以數學式子表示出來，就是

$$\mathbf{F} = \mathbf{F}_1 + \mathbf{F}_2 \tag{1.3}$$

　　在求向量和的作圖過程中，若相加之兩向量起點不在同一點，則必須將向量平移至同一起點才可以。

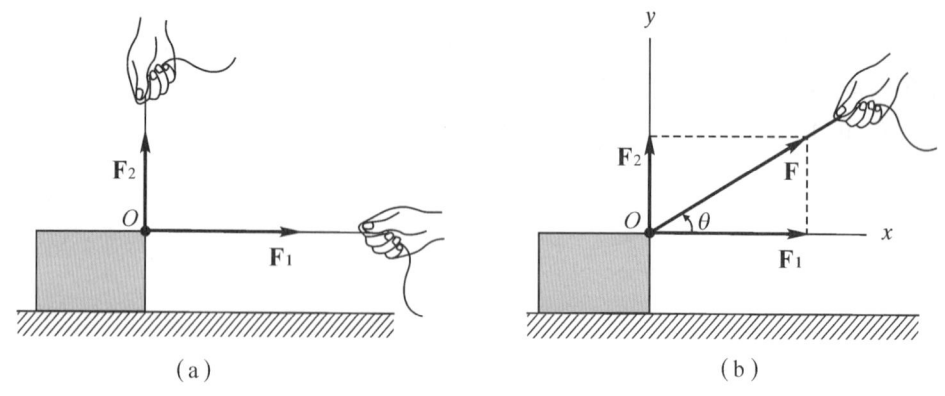

圖 1-3　向量的相加

向量相加具有可交換性（commutativity），即

$$\mathbf{A} + \mathbf{B} = \mathbf{B} + \mathbf{A} \tag{1.4}$$

　　(二)向量的減法：我們規定 −**B** 係為一與向量 **B** 大小相等但方向相反之向量，那麼向量 **A** 與 **B** 相減可視為 **A** 與 −**B** 之向量和，即

$$\mathbf{A} - \mathbf{B} = \mathbf{A} + (-\mathbf{B}) \tag{1.5}$$

如圖 1-4 所示。

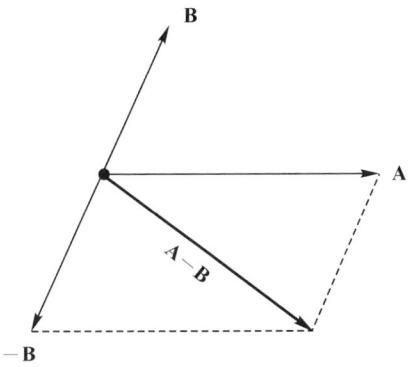

圖 1-4　向量的減法

(三)向量的內積：在電磁學裏面，我們往往要計算能量的問題，如電能、磁能等，而要產生能量則必須有能量的來源，這來源通常就是由一力或數個力所做的**功**（work）。說得明確一點，若作用於一物體之各力所作的功為 W，則該物體必然增加能量 W（若 W 為負，則表示物體能量減少）；同理，若作用於一物體之各力所作的功為零，則該物體之能量必保持定值。現在讓我們看看圖 1-5 所示的例子。一物體置於水平面上，而以一力 **F** 推動之，當物體移動了 L 距離時，該力共作了多少功呢？要計算這個問題，我們必須瞭解，並不是所有的力都用來有效的推動物體，明言之，$F\sin\theta$ 這個部份是向下「壓」，而不是推動物體；實際上真正推動物體的有效部份是 $F\cos\theta$，因此，所作的功應該是

$$W = (F\cos\theta)L = FL\cos\theta \tag{1.6}$$

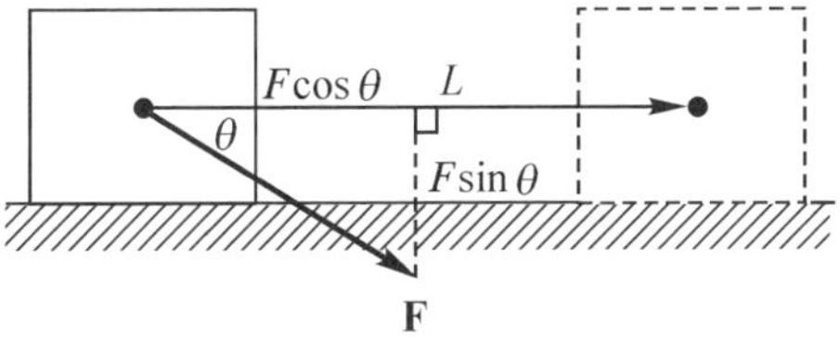

圖 1-5　功的計算

若將物體的位移視為一向量，以 **L** 表示之，我們可將（1.6）式寫成

$$W = \mathbf{F} \cdot \mathbf{L} \qquad (1.7)$$

（唸做 "F dot L"），稱為 **F** 與 **L** 兩個向量的*內積*（inner product）。在 MKSA 單位制中，力 **F** 的單位是牛頓（N），位移 **L** 單位是米（m），功 W 之單位則為焦耳（J）。

推廣而言，若有兩個任意向量 **A** 與 **B**，夾角為 α，則內積為

$$\mathbf{A} \cdot \mathbf{B} = AB\cos\alpha \qquad (1.8)$$

由此，我們可以得到下列兩個公式：

$$\mathbf{A} \cdot \mathbf{A} = A^2 \qquad (1.9)$$

$$\mathbf{A} \cdot \mathbf{B} = \mathbf{B} \cdot \mathbf{A} \qquad (1.10)$$

(四)向量的外積：兩個向量 **A** 與 **B** 除了可以用上述方法求內積以外，為了配合實用上的需要，有時還要求它們的*外積*（outer product）。圖 1-6 所示者為一個平行四邊形，其相鄰兩邊長度分別為 A 及 B，由簡單的公式我們可以知道它的面積應為

$$S = Ah = A(B\sin\alpha) = AB\sin\alpha \qquad (1.11)$$

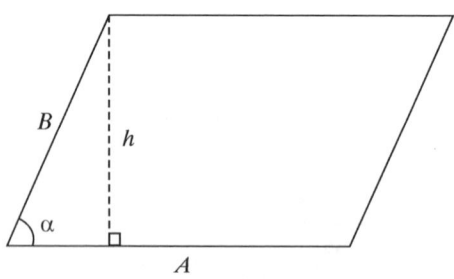

圖 1-6　平行四邊形

也就是說，平行四邊形面積等於其兩鄰邊長度以及該兩鄰邊夾角的正弦的總乘積。我們規定夾角 α 應介於 0 至 π 之間。

照一般粗淺的想法，(1.11)式中所得的面積 S 好像應該是沒有方向觀念，但稍微仔細想一想，面積應該是有方向的。比如說，當你將一枚硬幣置於桌子上時，就會有「朝上」的一面，也有「朝下」的一面，這「朝上」、「朝下」就是很明顯的方向觀念，而且，我們很自然的規定此方向為面的法線方向。因此，(1.11)式應該寫成如下的向量式

$$S = (AB\sin\alpha)\, \mathbf{a}_n = \mathbf{A} \times \mathbf{B} \quad (\mathbf{a}_n \text{ 為單位法線向量}) \quad (1.12)$$

（唸做 "**A** cross **B**"），稱為 **A** 與 **B** 之外積。向量的外積仍為向量，其大小如 (1.11) 式所示，其方向與 **A**、**B** 兩向量均成垂直。如圖 1-7 所示。為便於記憶起見，我們規定，當右手手指由 **A** 掃至 **B** 時，拇指所指即為 $\mathbf{A} \times \mathbf{B}$ 的方向；反之，若右手手指由 **B** 掃至 **A**，則拇指的指向就是 $\mathbf{B} \times \mathbf{A}$ 的方向。根據此一規定，我們馬上可以得到下一關係：

$$\mathbf{B} \times \mathbf{A} = -\mathbf{A} \times \mathbf{B} \quad (1.13)$$

亦即，外積之運算是不可交換的。

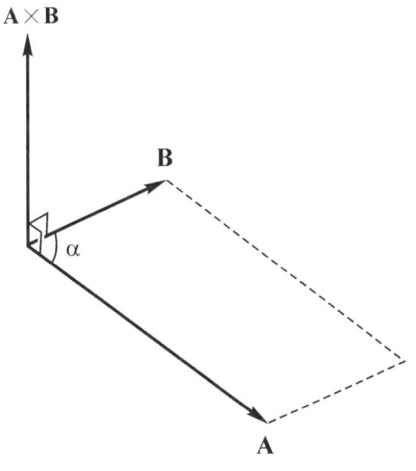

圖 1-7　向量之外積

【練習題 1.2】若 |**A**+**B**| 及 |**A**−**B**| 代表向量 **A**+**B** 及 **A**−**B** 的大小，則：

(a)$|\mathbf{A}-\mathbf{B}|$ 是否恆等於 $|\mathbf{B}-\mathbf{A}|$？(b)$|\mathbf{A}+\mathbf{B}|=|\mathbf{A}-\mathbf{B}|$ 時，$\mathbf{A}$ 與 $\mathbf{B}$ 的夾角是幾度？
答：(a)是；(b)90°。

【練習題 1.3】設 $\mathbf{a}_x$ 及 $\mathbf{a}_y$ 分別代表 x 及 y 方向之單位向量，試求：
(a) $\mathbf{a}_x \cdot \mathbf{a}_y$　(b) $\mathbf{a}_x \cdot \mathbf{a}_x$；(c) $\mathbf{a}_x \times \mathbf{a}_x$。
答：(a)0；(b)1；(c)0。

第三節　直角坐標系統（一）

　　向量的基本運算大致上已如上一節所述，然在實際計算時，我們往往發現很多技術上的困難。比如說，向量加、減時，必須利用三角形法作圖，當遇到許多向量相加減時，所作圖形必然錯綜複雜，難以精確掌握。又如求向量內積或外積時，必須先量出兩個向量的夾角 α，而一般 α 並非特別角，更增加計算上的困擾。因此，我們必須尋求一個妥善的辦法來克服此一問題，就是利用**坐標系統**（coordinate system）來處理。

　　由於電磁學計算上的需要，我們要考慮三種不同的三度空間的坐標系統，即**直角坐標系**（rectangular coordinate system）、**圓柱坐標系**（cylindrical coordinate system），以及**球坐標系**（spherical coordinate system）。

　　直角坐標系統中，有三個互相垂直的坐標軸，即 x、y、z 等三個軸，分別由三個單位向量 $\mathbf{a}_x$，$\mathbf{a}_y$，$\mathbf{a}_z$ 標示其方向，如圖 1-8 所示。為求統一起見，我們規定三個坐標軸的方向應該遵照下列順序：

$$\mathbf{a}_x \times \mathbf{a}_y = \mathbf{a}_z \text{ , } \mathbf{a}_y \times \mathbf{a}_z = \mathbf{a}_x \text{ , } \mathbf{a}_z \times \mathbf{a}_x = \mathbf{a}_y \tag{1.14}$$

亦即必須符合 $\to x \to y \to z$ 的輪換次序，此種坐標系統就叫做右手坐

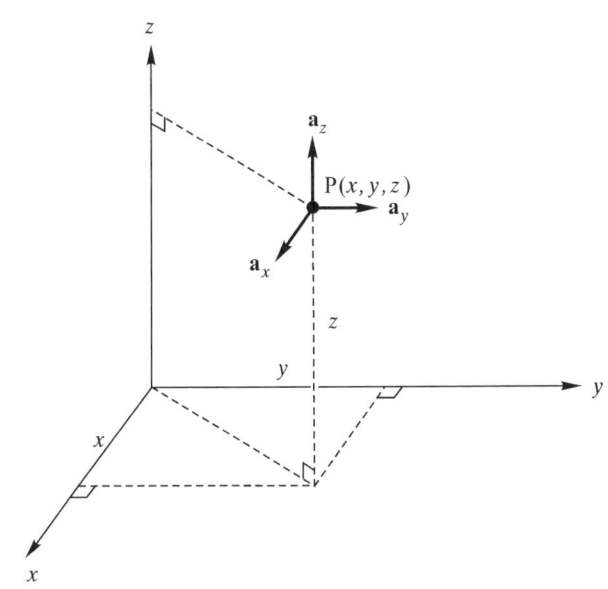

圖 1-8　直角坐標系統

標系統（見圖 1-8）。

現在，讓我們來看看向量如何用坐標系統來處理。利用向量可以平移的原理，我們可以將任意向量 A 平移至坐標系統的原點，如圖 1-9 所示。然後從向量 A 的尖端向下作一垂直線與 xy 平面相交於一點，再從此交點向 x 軸及 y 軸分別再做垂線，我們因而可得到三個互相垂直的向量 $A_x\mathbf{a}_x$，$A_y\mathbf{a}_y$，$A_z\mathbf{a}_z$，稱為向量 A 的分向量（vector components），此三個分向量的大小分別是 A_x，A_y，A_z，稱為向量 A 的分量（components）。由圖 1-9 可知，向量 A 其實可由上述三個分向量相加而得，即

$$\mathbf{A} = A_x\mathbf{a}_x + A_y\mathbf{a}_y + A_z\mathbf{a}_z \tag{1.15}$$

若任何向量在運算以前都能化為如（1.15）式之形式，在計算上就可以有極大的方便。例如，在上一節中所提到的基本運算，都可以變得很有系統，很有條理。今分述如下：設

10 電磁學

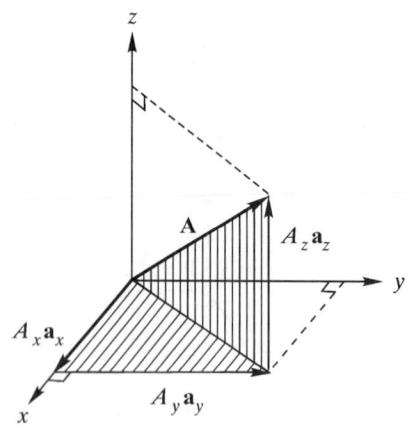

圖 1-9　向量的分解

$$\mathbf{A} = A_x\mathbf{a}_x + A_y\mathbf{a}_y + A_z\mathbf{a}_z$$
$$\mathbf{B} = B_x\mathbf{a}_x + B_y\mathbf{a}_y + B_z\mathbf{a}_z$$

則
$$\mathbf{A} \pm \mathbf{B} = (A_x \pm B_x)\,\mathbf{a}_x + (A_y \pm B_y)\,\mathbf{a}_y + (A_z \pm B_z)\,\mathbf{a}_z \quad (1.16)$$

$$\mathbf{A} \cdot \mathbf{B} = A_xB_x + A_yB_y + A_zB_z \quad (1.17)$$

$$\mathbf{A} \times \mathbf{B} = (A_yB_z - A_zB_y)\,\mathbf{a}_x + (A_zB_x - A_xB_z)\,\mathbf{a}_y + (A_xB_y - A_yB_x)\,\mathbf{a}_z \quad (1.18)$$

注意在上述向量加減之運算當中，唯有方向相同的分向量才能相加減；亦即，x 分量只能與 x 分量相加減，y 分量與 y 分量相加減等等，如（1.16）式所示。

若 $\mathbf{B} = \mathbf{A}$，則由（1.9）式及（1.17）式可知 $\mathbf{A} \cdot \mathbf{A} = A^2 = A_x^2 + A_y^2 + A_z^2$，因此一向量 $\mathbf{A}$ 的大小可由其分量表示如下：

$$A = \sqrt{A_x^2 + A_y^2 + A_z^2} \quad (1.19)$$

再將（1.8）式、（1.17）式及（1.19）式合併，即得兩向量 $\mathbf{A}$、$\mathbf{B}$ 之夾角為

$$\alpha = \cos^{-1}\frac{\mathbf{A} \cdot \mathbf{B}}{AB} = \cos^{-1}\frac{A_xB_x + A_yB_y + A_zB_z}{\sqrt{A_x^2 + A_y^2 + A_z^2}\sqrt{B_x^2 + B_y^2 + B_z^2}} \quad (1.20)$$

向量外積之公式，即（1.18）式，看起來較長，為便於記憶起見，我們可將它化為行列式：

$$\mathbf{A} \times \mathbf{B} = \begin{vmatrix} \mathbf{a}_x & \mathbf{a}_y & \mathbf{a}_z \\ A_x & A_y & A_z \\ B_x & B_y & B_z \end{vmatrix} \quad (1.21)$$

算出來的結果與（1.18）式完全相同。

【練習題 1.4】設 $\mathbf{A} = 2\mathbf{a}_x - 5\mathbf{a}_y + 3\mathbf{a}_z$，$\mathbf{B} = -3\mathbf{a}_x - 4\mathbf{a}_y + \mathbf{a}_z$，試求：
(a)B；(b) $\mathbf{A} + \mathbf{B}$；(c) $\mathbf{A} - \mathbf{B}$。
答：(a) $\sqrt{26}$；(b) $-\mathbf{a}_x - 9\mathbf{a}_y + 4\mathbf{a}_z$；(c) $5\mathbf{a}_x - \mathbf{a}_y + 2\mathbf{a}_z$。

【練習題 1.5】設 $\mathbf{A} = \mathbf{a}_x + 4\mathbf{a}_y + 3\mathbf{a}_z$，$\mathbf{B} = 2\mathbf{a}_x + \mathbf{a}_y - 2\mathbf{a}_z$，試求兩者之夾角。
答：90°。

【練習題 1.6】已知 $\mathbf{A} = 2\mathbf{a}_x - 3\mathbf{a}_y + \mathbf{a}_z$，$\mathbf{B} = -4\mathbf{a}_x - 2\mathbf{a}_y + 5\mathbf{a}_z$，試求：
(a) $\mathbf{A} \times \mathbf{B}$；(b) $\mathbf{a}_x \times \mathbf{A}$。
答：(a) $-13\mathbf{a}_x - 14\mathbf{a}_y - 16\mathbf{a}_z$；(b) $-\mathbf{a}_y - 3\mathbf{a}_z$。

第四節　直角坐標系統（二）

坐標系統的運用，可以使許多數學運算變得很有條理，已在前一

節說明過了；在這一節裏面，我們還要介紹其他的重要公式，作爲以後計算時之根據。

首先，我們要介紹的是**位置向量**（position vector），也就是用來表示某一點之位置的向量。在電磁學裏面，比如說我們要表示一個電荷的位置，就可以用位置向量；或者要說明電磁場中某一點，也用到位置向量。在一般人的觀念裏，總以爲「位置」和「向量」怎麼會拉上關係？其實，從數學的眼光來看，其關係是必然的。例如我們說：「他在我右前方十米處」，那麼「右前方」就是方向，「十米」就是大小；像這樣，要標明「他」的位置，必須同時說出大小及方向，亦即必須用到向量，就是位置向量。

用坐標系統來表示位置向量，更是簡單明瞭，如圖 1-10 所示。設任意一點 P 之坐標爲 (x,y,z) 那麼從原點 O 至 P 點可作一向量，**r** 就是對應於 P 點的位置向量。比較圖 1-10 與圖 1-9，我們即可仿照（1.15）式，寫出位置向量的公式：

$$\mathbf{r} = x\mathbf{a}_x + y\mathbf{a}_y + z\mathbf{a}_z \tag{1.22}$$

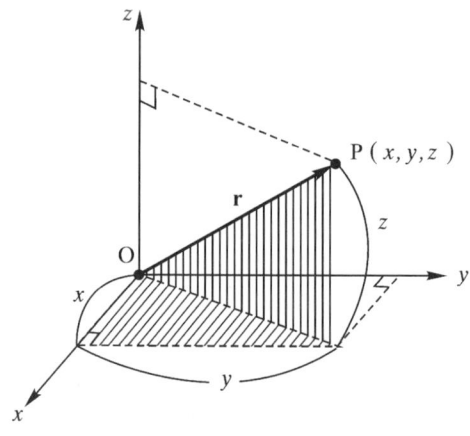

圖 1-10　位置向量

位置向量有單位，就是長度的單位，在 MKSA 制中，是公尺（米）。

在電磁學的應用上，可用位置向量來標示一個電荷的位置，若電

荷不斷的在運動，其位置時時刻刻都在改變，則其位置向量也跟著不斷地在變，如圖 1-11(a) 所示。假設電荷原來的位置在 P_1，其位置向量為

$$\mathbf{r}_1 = x_1\mathbf{a}_x + y_1\mathbf{a}_y + z_1\mathbf{a}_z \tag{1.23}$$

當移動到 P_2 時，位置向量即變成

$$\mathbf{r}_2 = x_2\mathbf{a}_x + y_2\mathbf{a}_y + z_2\mathbf{a}_z \tag{1.24}$$

那麼，它的位置移動情形，可用向量 $\mathbf{r}_{12}$ 表示。由圖 1-11(a) 中的三角形關係，可知 $\mathbf{r}_1 + \mathbf{r}_{12} = \mathbf{r}_2$，或

$$\mathbf{r}_{12} = \mathbf{r}_2 - \mathbf{r}_1 = (x_2 - x_1)\mathbf{a}_x + (y_2 - y_1)\mathbf{a}_y + (z_2 - z_1)\mathbf{a}_z \tag{1.25}$$

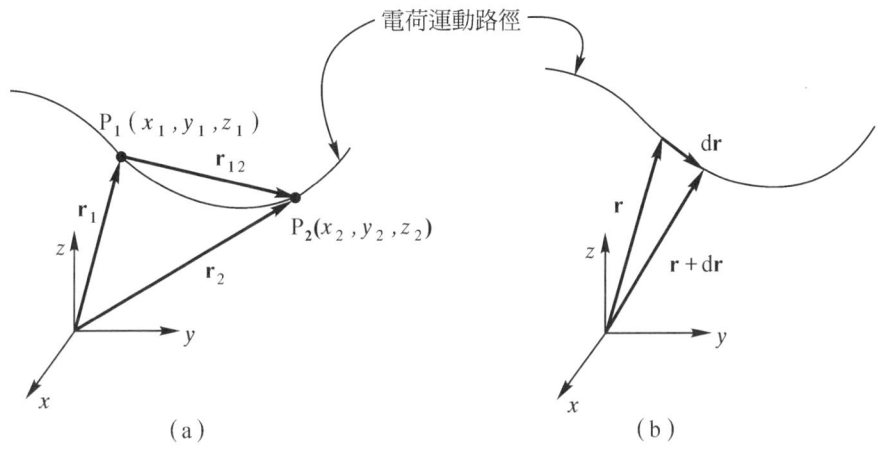

圖 1-11　(a)位移向量及(b)微位移向量（線元）

這個向量表示電荷位置由 P_1 移動至 P_2 時距離之大小及方向，稱為位移向量（displacement vector）。注意位移向量 $\mathbf{r}_{12}$ 只是說明**位置**由 P_1 至 P_2 的移動，並不說明中間的移動過程，因此，它與電荷之運動路徑不一定要相符。由圖 1-11(a)中可以看出，電荷運動路徑是一條曲線，然而位移向量 $\mathbf{r}_{12}$ 卻是直的，其大小

$$r_{12} = \sqrt{(x_2 - x_1)^2 + (y_2 - y_1)^2 + (z_2 - z_1)^2} \qquad (1.26)$$

即為 P_1 與 P_2 間之直線距離。

　　一般位移向量既無法表示一電荷之曲線運動過程，已如前述；那麼，怎麼樣的向量才可以呢？這可以從圖 1-11(a) 及 (b) 觀察出來。設想 P_2 點沿著運動路徑逐漸靠近 P_1 點，則 $\mathbf{r}_{12}$ 與運動路徑間的差距自然會跟著縮小；最後，當 P_2 幾乎與 P_1 合而為一時，$\mathbf{r}_{12}$ 與運動路徑間的差距亦必縮小至可以忽略，用微分的觀點來說，此時的位移向量 $\mathbf{r}_{12}$ 即為一微分量 $d\mathbf{r}$，其方向就在運動路徑的切線方向，且其長度即為運動路徑上的一小段，如圖 1-11(b)所示。由（1.22）式微分，可知

$$d\mathbf{r} = dx\,\mathbf{a}_x + dy\,\mathbf{a}_y + dz\,\mathbf{a}_z \qquad (1.27)$$

稱為線元（line element），單位是公尺。將線元 $d\mathbf{r}$ 除以時間 dt，則為電荷運動的速度（velocity），即

$$\mathbf{v} = \frac{d\mathbf{r}}{dt} = \frac{dx}{dt}\mathbf{a}_x + \frac{dy}{dt}\mathbf{a}_y + \frac{dz}{dt}\mathbf{a}_z \qquad (1.28)$$

將速度 $\mathbf{v}$ 對時間 t 再微分一次，則得加速度（acceleration）：

$$\mathbf{a} = \frac{d\mathbf{v}}{dt} = \frac{d^2\mathbf{r}}{dt^2} \qquad (1.29)$$

　　由（1.27）式我們看到線元 $d\mathbf{r}$ 含有三個互相垂直的分量，即 dx，dy 及 dz 組合起來，可以構成一個方體，如圖 1-12 所示。這個方體的表面有三種不同的面積，即 $dydz$，$dzdx$ 及 $dxdy$，其方向（即法線方向）分別為 $\mathbf{a}_x$，$\mathbf{a}_y$ 及 $\mathbf{a}_z$，因此綜合起來，可以寫成

$$d\mathbf{S} = dy\,dz\,\mathbf{a}_x + dz\,dx\,\mathbf{a}_y + dx\,dy\,\mathbf{a}_z \qquad (1.30)$$

稱為面元（surface element）。方體的體積

$$dV = dx\,dy\,dz \qquad (1.31)$$

稱為體元（volume element）。線元、面元及體元在以後許多積分運算裏面，都常常用得到。

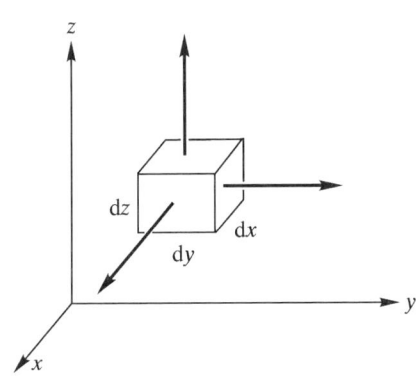

圖 1-12　面元及體元

例 1.1　已知兩點 P_1（2, −5, 3）及 P_2（2, −2, −1），求由 P_1 指向 P_2 之單位向量 $\mathbf{a}_{12}$。

解：由（1.25）式知由 P_1 指向 P_2 之位移向量為

$$\mathbf{r}_{12} = 3\mathbf{a}_y - 4\mathbf{a}_z$$

其大小為 $r_{12} = \sqrt{3^2 + (-4)^2} = 5$，故所求之單位向量為

$$\mathbf{a}_{12} = \frac{\mathbf{r}_{12}}{r_{12}} = \frac{3}{5}\mathbf{a}_y - \frac{4}{5}\mathbf{a}_z$$

例 1.2　已知一電子在磁場中之位置可由位置向量 $\mathbf{r} = a\cos\omega t\, \mathbf{a}_x + a\sin\omega t\, \mathbf{a}_y$ 表示，其中 a 為定值，ω 為角頻率，亦為定值，求：
(a)速度 $\mathbf{v}$；(b)加速度 $\mathbf{a}$；(c)運動路徑之形狀。

解：(a) $\mathbf{v} = \dfrac{d\mathbf{r}}{dt} = -a\omega\sin\omega t\, \mathbf{a}_x + a\omega\cos\omega t\, \mathbf{a}_y$

　　(b) $\mathbf{a} = \dfrac{d\mathbf{v}}{dt} = -a\omega^2\cos\omega t\, \mathbf{a}_x + a\omega^2\sin\omega t\, \mathbf{a}_y$

　　(c) 參考（1.22）式可知 $x = a\cos\omega t$，$y = a\sin\omega t$，平方相加得 $x^2 + y^2 = a^2$，故知運動路徑為一半徑 a 之圓形。

16　電磁學

【練習題 1.7】試求由原點至（1, 2, 3）點之單位向量。
答：$\frac{1}{\sqrt{14}}(\mathbf{a}_x + 2\mathbf{a}_y + 3\mathbf{a}_z)$。

【練習題 1.8】已知自由落體之位置向量 $\mathbf{r} = -\frac{1}{2}gt^2\mathbf{a}_y$，其中 g 為定值，試求：(a)速度；(b)加速度。
答：(a) $\mathbf{v} = -gt\mathbf{a}_y$；(b) $\mathbf{a} = -g\mathbf{a}_y$。

第五節　圓柱坐標系統

　　上一節所介紹的直角坐標系統是一般數學上常用的坐標系統；但是在電磁學裏面，情況卻略有不同，比如說，一根普通的長直電線，放大來看都是圓柱形的，它附近電磁場的分佈也都具有**圓柱形對稱**（cylindrical symmetry），也就是說，其電磁場的強度只與徑向距離有關。在這種情況之下，很自然的必須應用**圓柱坐標系統**（cylindrical coordinate system）比較合適。顧名思義，圓柱坐標系統與圓柱有密切的關係，如圖 1-13 所示。在此一坐標系統裏面，空間的任何一點 P 均可用徑向距離 r，圓心角 ϕ，及軸向距離 z 來標示。若令 r 保持定值，當 ϕ 由 0 變至 2π 時，即可畫出一個圓，然後再將這個圓上下移動（即任意變化 z 值），其軌跡就是一個圓柱形了。

　　利用圓柱坐標系統來處理圓柱形的問題是最恰當不過了。例如，我們只要寫出 $r=a$，就是半徑等於 a 無限長的一個圓柱面；我們寫 $\phi=$ 定值，就是代表切過圓柱軸心的一個平面，如圖 1-13 中之陰影部份所示；而 $z=$ 定值即可表示出圓柱形的上底或下底。

　　從向量運用的觀點來看，圓柱坐標系統也與圓柱形具有密切的關係，在圓柱坐標系統裏面，我們可以規定三個單位向量；由圓柱之中心

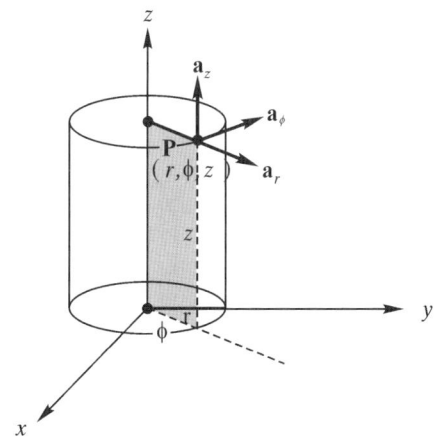

圖 1-13　圓柱坐標系統

軸向外輻射的方向稱為 $\mathbf{a}_r$，與圓柱表面相切環繞中心軸的方向稱為 $\mathbf{a}_\phi$，沿著中心軸平行的方向稱為 $\mathbf{a}_z$，這三個單位向量很明顯的互相垂直，且符合下列關係：

$$\mathbf{a}_r \times \mathbf{a}_\phi = \mathbf{a}_z \ ; \ \mathbf{a}_\phi \times \mathbf{a}_z = \mathbf{a}_r \ ; \ \mathbf{a}_z \times \mathbf{a}_r = \mathbf{a}_\phi \tag{1.32}$$

利用這三個單位向量，我們可以很方便的寫出電磁學的式子。例如，我們可將圖 1-13 中所示的圓柱形視為一根長直導線的一段。若導線帶有電荷，那麼電場 $\mathbf{E}$ 必然是在輻射的方向，我們就可以簡單的寫出 $\mathbf{E} = E_r \mathbf{a}_r$。又如，當此導線中有電流（當然是 $\mathbf{a}_z$ 方向）流過時，產生的磁場 $\mathbf{H}$ 剛好是在環繞中心軸的 $\mathbf{a}_\phi$ 方向，因此我們可以寫 $\mathbf{H} = H_\phi \mathbf{a}_\phi$。總而言之，我們得到一個基本概念，就是與圓柱形有關的問題，就用圓柱坐標系統來處理。

在圓柱坐標系統中，我們也可以找出線元、面元及體元。參考圖 1-14，可得：

線元：$d\mathbf{L} = dr\,\mathbf{a}_r + r\,d\phi\,\mathbf{a}_\phi + dz\,\mathbf{a}_z$ （1.33）

面元：$d\mathbf{S} = r\,d\phi\,dz\,\mathbf{a}_r + dr\,dz\,\mathbf{a}_\phi + r\,dr\,d\phi\,\mathbf{a}_z$ （1.34）

體元：$dV = r\,dr\,d\phi\,dz$ （1.35）

18 電磁學

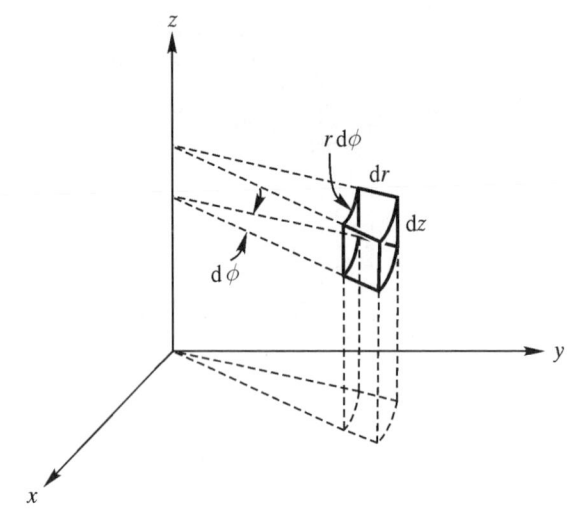

圖 1-14　圓柱坐標系統中之線元

例 1.3　一圓柱形底半徑為 a，高為 h，試由積分求出：
(a)底面積；(b)側面積；(c)體積。

解：(a)底面積之面元為 d**S** 的第三個分量，即 $r\,dr\,d\phi$，積分得
$$A = \int_0^{2\pi}\int_0^a r\,dr\,d\phi = \pi a^2$$
　　(b)側面積之面元為 d**S** 的第一個分量，即 $r\,d\phi\,dz$，此時 $r=a$，積分得
$$A' = \int_0^h\int_0^{2\pi} a\,d\phi\,dz = 2\pi ah$$
　　(c)體積可由體元 dV 積分而得：
$$V = \int_0^h\int_0^{2\pi}\int_0^a r\,dr\,d\phi\,dz = \pi a^2 h$$

例 1.4　應用圓柱坐標，求出由 z 軸上 $z=h$ 之點指向 $(r,\phi,0)$ 之單位向量，如圖 1-15 所示。

解：先寫出起點與終點的位置向量：
$\mathbf{r}_1 = h\mathbf{a}_z$，$\mathbf{r}_2 = r\mathbf{a}_r$，
則 $\mathbf{r}_{12} = \mathbf{r}_2 - \mathbf{r}_1 = r\mathbf{a}_r - h\mathbf{a}_z$
其大小為 $\mathbf{r}_{12} = \sqrt{r^2 + h^2}$，故知所求單位向量為

$$\mathbf{a}_{12} = \mathbf{r}_{12} / r_{12} = (r\mathbf{a}_r - h\mathbf{a}_z)/\sqrt{r^2 + h^2}$$

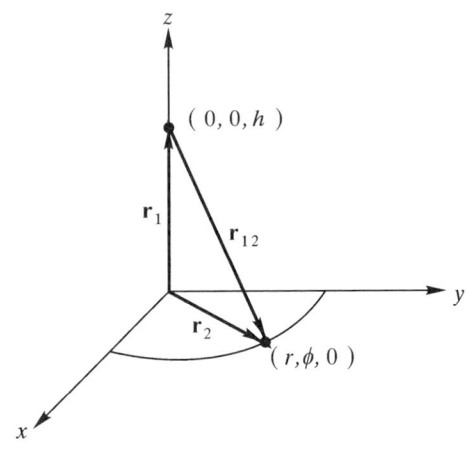

圖 1-15　例 1.4 用圖

第六節　球坐標系統

　　從第五節中，我們已經看到，圓柱坐標系統是用來處理圓柱形的問題，那麼，毫無疑問的，球坐標系統（spherical coordinate system）就是用來處理球形的問題了。例如，一個球形導體帶電時，在它四周所建立的電場自然應該具有球形對稱（spherical symmetry）的性質，也就是說，此電場的強度只與距離有關，而與方位無關。此時，用球坐標來表示是最恰當的了。

　　要瞭解球坐標系統，最現成的例子，就是地球的經緯線。要定出地球上任何一點的位置，必須說出其經度、緯度及標高等三個數據，缺一不可。同樣的，在球坐標系統裏面，要定出空間任何一點，我們也

20　電磁學

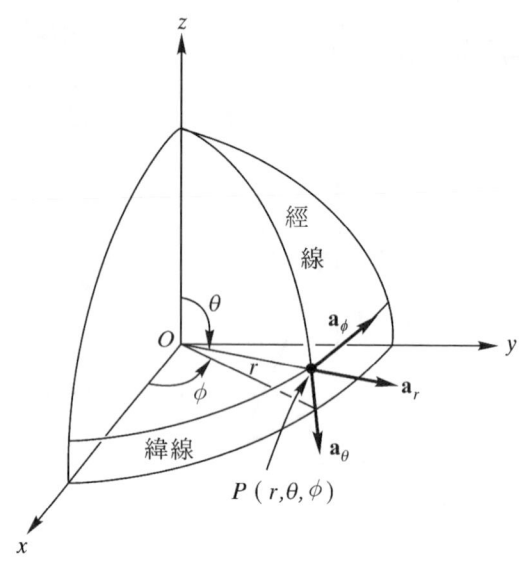

圖 1-16　球坐標系統

必須用三個數一組的坐標，即 (r,θ,ϕ)，如圖 1-16 所示，其中 r 為該點與原點（球心）的距離（相當於地球上一點的標高，但標高不由地心算起，而是由海平面算起）；θ 為該點的「緯度」，以正 z 軸 0° 開始，至負 z 軸為止，共計 180°，即 $0 \leq \theta \leq \pi$（這種算法與地球緯度不同，地球分南、北緯，各 90°）；ϕ 為該點的「經度」，以正 x 方向為 0° 開始，可繞一周 360°，即 $0 \leq \phi \leq 2\pi$（這種定法也與地球經度略有不同，地球分東、西經，各 180°）。注意各經線的長度都相同；但緯線則各不相同：$\theta = \pi/2$ 時緯線最長，而 $\theta = 0$ 及 π 時最短，等於零。易言之，緯線之半徑係隨緯度 θ 而變，由圖 1-17 中可知緯度為 θ 時之緯線半徑為 $r\sin\theta$。

利用球坐標系統，我們可以用最簡單的形式寫出與球形有關的式子。例如：$r = a$，代表半徑為 a 的球面；$\theta = $ 定值，表示一個錐面，此圓錐面係由圖 1-17 中有斜線之三角形繞 z 軸一周而成；$\phi = $ 定值，表示一個包含 z 軸的平面。

在球坐標系統裏，也有三個基本的單位向量（見圖 1-16）；$\mathbf{a}_r$ 是由球心向外輻射的方向；$\mathbf{a}_\theta$ 是在經線的切線方向；$\mathbf{a}_\phi$ 是在緯線的切線

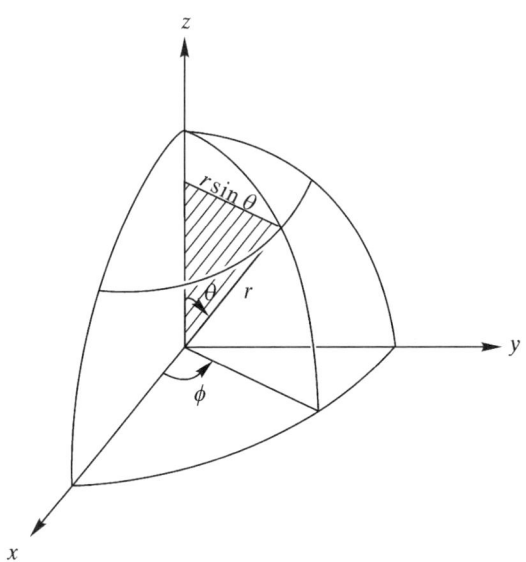

圖 1-17　緯線半徑隨著 θ 而變

方向。這三個單位向量也是互相垂直的。以地球作比喻，當你站在地面上某一點 $P(r, \theta, \phi)$ 時，$\mathbf{a}_r$ 是指向上，$\mathbf{a}_\theta$ 是指向南，而 $\mathbf{a}_\phi$ 則指向東。在電磁學裏面也有一個最佳的例子，就是天線輻射的問題；當一個短天線沿 z 軸置於球心時，它所輻射出來的電磁波必沿著 $\mathbf{a}_r$ 方向傳播，而電磁波之電場及磁場則分別在 $\mathbf{a}_\theta$ 及 $\mathbf{a}_\phi$ 的方向。請注意上述三個單位向量有如下之關係：

$$\mathbf{a}_r \times \mathbf{a}_\theta = \mathbf{a}_\phi \ ;\ \mathbf{a}_\theta \times \mathbf{a}_\phi = \mathbf{a}_r \ ;\ \mathbf{a}_\phi \times \mathbf{a}_r = \mathbf{a}_\theta \tag{1.36}$$

最後由圖 1-18，我們可以找出球坐標系統之線元、面元及體元如下：

線元：　$d\mathbf{L} = dr\,\mathbf{a}_r + r\,d\theta\,\mathbf{a}_\theta + r\sin\theta\,d\phi\,\mathbf{a}_\phi$ 　　　　　　　（1.37）

面元：　$d\mathbf{S} = r^2\sin\theta\,d\theta\,d\phi\,\mathbf{a}_r + r\sin\theta\,dr\,d\phi\,\mathbf{a}_\theta + r\,dr\,d\theta\,\mathbf{a}_\phi$ （1.38）

體元：　$dV = r^2\sin\theta\,dr\,d\theta\,d\phi$ 　　　　　　　　　　　　　（1.39）

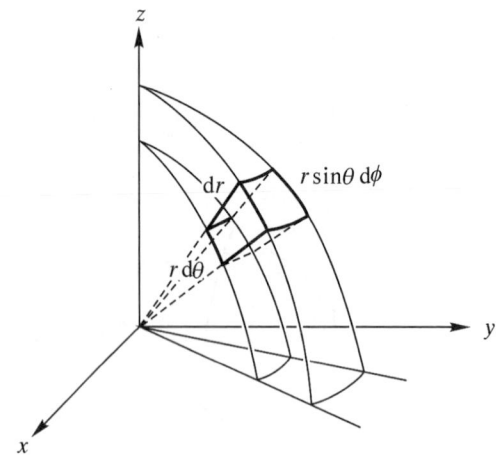

圖 1-18　球坐標系統中之線元

例 1.5　試由積分求半徑 a 之球的：(a)表面積；(b)體積。

解：(a)球表面之面元為 d**S** 的第一個分量，其中 $r=a$，積分得
$$S = \int_0^{2\pi} \int_0^{\pi} a^2 \sin\theta \, d\theta \, d\phi = 4\pi a^2$$

(b)球體積可由體元 dV 積分而得：
$$V = \int_0^{2\pi} \int_0^{\pi} \int_0^{a} r^2 \sin\theta \, dr \, d\theta \, d\phi = \frac{4}{3}\pi a^3$$

例 1.6　如圖 1-19 所示，一個甜筒狀的物體係由一半徑 a 之球體中挖出，其下半部為圓錐形，上半部為球形。設圓錐角為 θ_o，試求甜筒之：(a)表面積；(b)體積。

解：(a)甜筒之表面積係由圓錐面積 S_C 及部份球面積 S_S 相加而得；由（1.38）式之 $\mathbf{a}_\theta$ 分量積分得：

$$S_C = \int_0^{2\pi} \int_0^{a} r\sin\theta_o \, dr \, d\phi = \pi a^2 \sin\theta_o$$

又，由（1.38）式之 $\mathbf{a}_\phi$ 分量積分得：

$$S_S = \int_0^{2\pi} \int_0^{\theta_o} r^2 \sin\theta \, d\theta \, d\phi = \int_0^{2\pi} \int_0^{\theta_o} a^2 \sin\theta \, d\theta \, d\phi$$
$$= 2\pi a^2 (1 - \cos\theta_o)$$

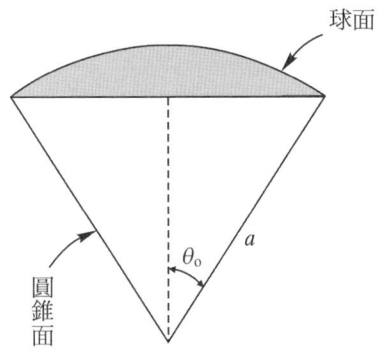

圖 1-19　例 1.6 用圖

故知甜筒之總表面積為：

$$S = S_C + S_S = \pi a^2[\sin\theta_o + 2(1-\cos\theta_o)]$$

(b)由（1.39）式積分得：

$$V = \int_0^{2\pi}\int_0^{\theta_o}\int_0^a r^2 \sin\theta \, dr \, d\theta \, d\phi = \frac{2\pi}{3}a^3(1-\cos\theta_o)$$

第七節　純量場與向量場（選擇性教材）

在日常用語裏面，「場」通常指場所而言，如籃球場、大賣場等等；但是在電磁學及其他科學領域裏，卻不是這個意思。**在科學及技術的領域裏面，場（field）是指分佈於空間的某種狀態，可以用空間變數（如 x, y, z）及時間 t 來描述者**。假如這種狀態係以純量來表示，稱為純量場（scalar field），在直角坐標系中，可以寫成

$$f = f(x, y, z, t) \tag{1.40}$$

假如這種狀態係以向量來表示，則稱為向量場（vector field），在直角坐標系中，可以寫成

$$\mathbf{F} = F_x(x, y, z, t)\, \mathbf{a}_x + F_y(x, y, z, t)\, \mathbf{a}_y + F_z(x, y, z, t)\, \mathbf{a}_z \tag{1.41}$$

在圓柱坐標系及球坐標系中，亦可類推。通常這些函數在某些特定範圍內都是連續的，並可任意微分；但是在範圍的邊界上，這些函數卻往往是不連續的，而必須服從某些邊界條件（boundary conditions）。

上述（1.40）式及（1.41）式中若不含時間變數 t，我們稱之為靜態場（static field）；但若含有時間變數 t 在內，則我們稱之為動態場（timevarying field）。在電磁學裏面，靜態場與動態場的區分異常重要：靜態的電場或磁場可以單獨存在；但動態的電場則會產生感應磁場，動態的磁場也會產生感應電場，即是所謂的電磁感應（electromagnetic induction）。

為便於具體看出一純量場或向量場在某一範圍內之全貌，我們可以用適當的圖形來加以描繪。由於作圖上之種種限制，我們僅以二維的靜態場作說明：

$$f = f(x, y) \tag{1.42}$$

$$\mathbf{F} = F_x(x, y)\, \mathbf{a}_x + F_y(x, y)\, \mathbf{a}_y \tag{1.43}$$

在此情況下，通常，純量場是用一群等值線（level lines）來描繪；而向量場則用一群場線（field lines）來描繪。茲分述如下：

二維純量場之圖示

所謂等值線，是在一純量場中，函數值相等之各點所連成的曲線；其方程式為：

$$f(x, y) = c\ (\text{定值}) \tag{1.44}$$

一般人最常見的等值線是地圖上的等高線，如圖 1-20 所示；假如你沿著等高線走，則路一定是水平的；而假如你往等高線的垂直方向走，

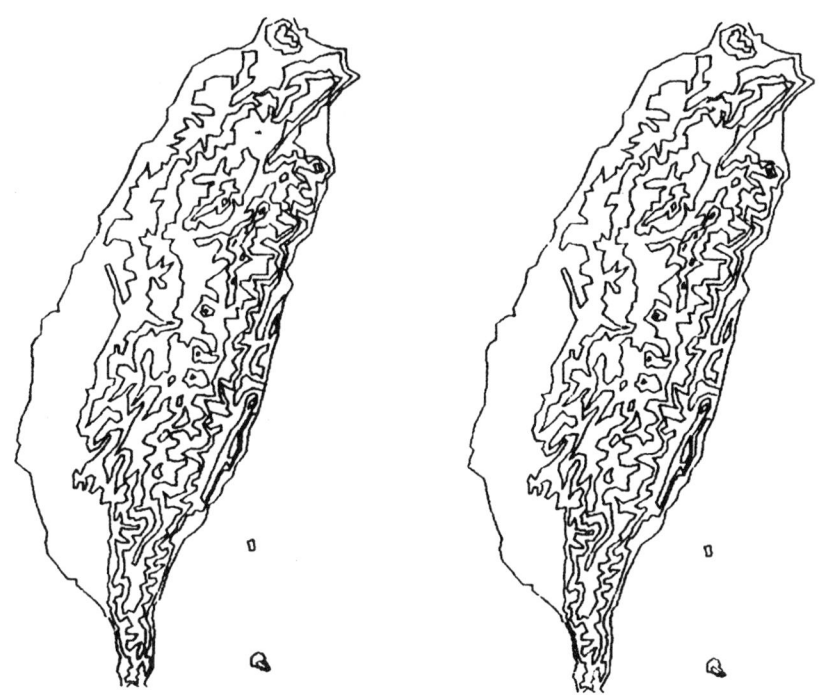

圖 1-20 臺灣地形之等高線圖。由於左右兩圖有些微的視差處理，因此看的時候假如令兩眼之視線平行，可以產生立體的效果

路的坡度則最陡。另外，我們也知道，等高線密集的地方（如圖 1-20 臺灣的東南部地區），地形起伏較為劇烈；而等高線較疏散的地方，地形則較為平緩。圖 1-20 是利用視差法所繪的 3D 立體圖，假如將兩眼視線調整至平行，分別注視兩圖，可以看出地形的凸起。

在電磁學中最有名的等值線為電場裏的等位線（equipotentials），將於第二章中討論。推廣而言，假如我們討論的是三維的電場，那麼電位相等之各點所連成的就不是曲線而是曲面了；我們稱之為等位面（equipotential surface）。

例 1.7　設一純量場為 $f(x, y) = 5xy$，試求等值線方程式，並繪其圖。

26　電磁學

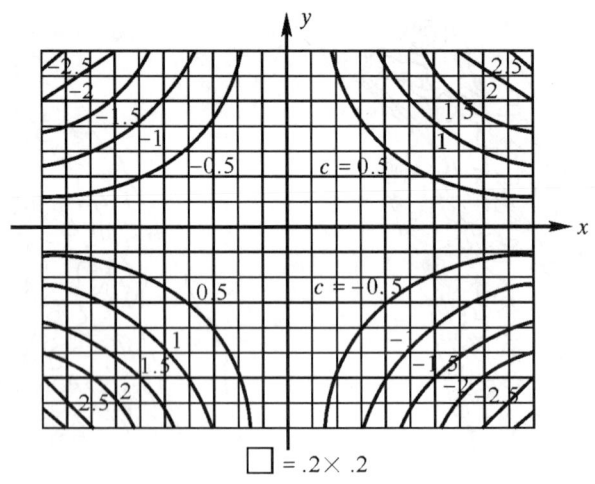

圖 1-21　例 1.7 所求出之等值線圖

解：根據（1.44）式可得等值線方程式：
$f(x, y) = 5xy = \tilde{c}$（定值）
$\therefore y = c/x \qquad (c = \tilde{c}/5)$ （1.45）

（1.45）式代表一群**等軸雙曲線**，如圖 1-22 所示。

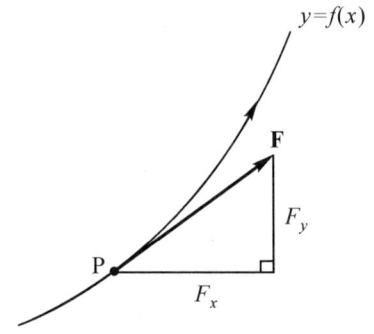

圖 1-22　二維向量場之場線方程式推導圖示

二維向量之圖示

所謂場線，就是用來代表一向量場的一群曲線，根據下列兩個規則繪出者：

一、曲線上各點的切線方向為向量場在該點的方向；
二、各曲線間的疏密代表該處向量場的大小。

如圖 1-22 所示，設場線方程式為 $y = f(x)$，則其斜率為 dy/dx，也等於 F_y/F_x，故

$$\frac{dy}{dx} = \frac{F_y}{F_x} \tag{1.46}$$

此為一階之常微分方程式，積分即得場線方程式 $y = f(x)$。

在電磁學中，常見的向量場大致上有兩種。一種稱為**力場**（force field），如電場強度 **E** 及磁場強度 **H**，其場線稱為**力線**（lines of force）；因此，描繪電場強度 **E** 的場線就稱為電力線，描繪磁場強度 **H** 的場線就稱為磁力線。另一種向量場稱為**通量密度**（flux density），如電通密度 **D** 及磁通密度 **B**，其場線稱為**通線**（flux lines）。另外，電流密度 **J** 以及電磁波的功率密度 P 亦屬此類。這些向量場均將在後面幾章中討論。

例 1.8 設二維向量場 $\mathbf{F} = \dfrac{x}{(x^2+y^2)^{3/2}}\mathbf{a}_x + \dfrac{y}{(x^2+y^2)^{3/2}}\mathbf{a}_y$，試求場線方程式，並繪其圖。

解：由題意，$F_x = \dfrac{x}{(x^2+y^2)^{3/2}}$，$F_y = \dfrac{y}{(x^2+y^2)^{3/2}}$，代入（1.46）式中：

$\dfrac{dy}{dx} = \dfrac{y}{x}$，移項並積分：

$\int \dfrac{dy}{y} = \int \dfrac{dx}{x} + \ln c$（$c$ = 任意常數）

$\ln y = \ln x + \ln c = \ln(cx)$

$\therefore y = cx$ \tag{1.47}

（1.47）式代表一群通過原點的直線，如圖 1-23 所示。

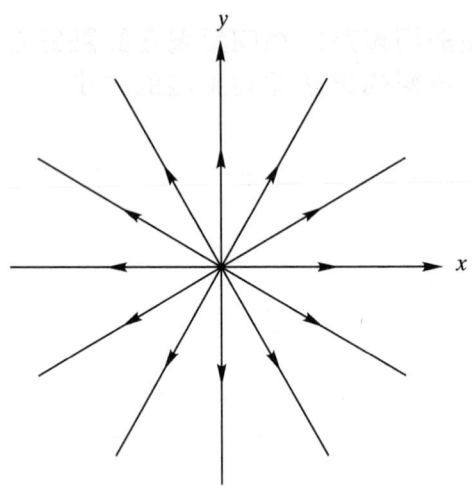

圖 1-23　例 1.8 所求出之場線分佈圖

習題

1. 已知 $\mathbf{A} = \mathbf{a}_x + \mathbf{a}_y$，$\mathbf{B} = \mathbf{a}_x + 2\mathbf{a}_z$，$\mathbf{C} = 2\mathbf{a}_y + \mathbf{a}_z$，求 (a) $(\mathbf{A} \times \mathbf{B}) \times \mathbf{C}$；(b) $\mathbf{A} \times (\mathbf{B} \times \mathbf{C})$；(c) $\mathbf{A} \cdot \mathbf{B} \times \mathbf{C}$。

2. 已知 $\mathbf{A} = 10\mathbf{a}_y + 2\mathbf{a}_z$，$\mathbf{B} = -4\mathbf{a}_y + 0.5\mathbf{a}_z$，試利用 (a) 內積，及 (b) 外積，求出兩向量之夾角。

3. 試求由 P(2，-5，-2) 指向 Q(14，-5，3) 之單位向量。

4. 已知一平行四邊形，其中三個頂點為 A(2，2，-1)，B(-3，1，0)，C(1，4，2)，試求其面積。

5. 若向量 $\mathbf{A} = 10\mathbf{a}_x - 10\mathbf{a}_y + 5\mathbf{a}_z$ 及 $\mathbf{B} = 4\mathbf{a}_x - 2\mathbf{a}_y + 5\mathbf{a}_z$ 恰為一三角形的兩邊，求此三角形的面積。

6. 若一向量 $\mathbf{A}$ 與 x、y 及 z 軸之夾角分別為 α、β 及 γ，試證：$\cos^2 \alpha + \cos^2 \beta + \cos^2 \gamma = 1$。

7. 設空間一點以直角坐標表示時為 (x, y, z)，試證以圓柱坐標 (r, ϕ, z)

表示時，$r = \sqrt{x^2+y^2}$，$\phi = \tan^{-1}(y/x)$，$z = z$（不變）。

8. 圓柱坐標系統中，$(2, \pi/6, 0)$ 及 $(1, \pi, 2)$ 兩點間之距離為若干？

9. 設空間一點以直角坐標表示時為 (x, y, z)，試證以球坐標 (r, θ, ϕ) 表示時，$r = \sqrt{x^2+y^2+z^2}$，$\theta = \cos^{-1}(z/\sqrt{x^2+y^2+z^2})$，$\phi = \tan^{-1}(y/x)$。

10. 在球坐標系統中，試求兩點 $(1, \pi/4, 0)$ 及 $(1, 3\pi/4, \pi)$ 間之距離。

11. 已知向量場 $\mathbf{F} = r\mathbf{a}_r - 3\mathbf{a}_z$ 係以圓柱坐標表示，試以單位向量表示該向量場在 $(4, 60°, 2)$ 處之方向。

12. 向量場 $\mathbf{A} = (100r^{-2})\mathbf{a}_r$ 係以球坐標表示，求此向量場在點 $(-3, 4, 10)$ 之大小。

13. 已知一等加速運動之物體沿著 x 軸方向運動，其初位置為 x_0，初速度為 v_0，加速度為 a，則該物體之位置向量可表示為 $\mathbf{r} = (x_0 + v_0 t + \frac{1}{2}at^2)\mathbf{a}_x$，試求 (a) 速度；(b) 加速度。

第二章

真空中之靜電場

第一節　前　言

　　電磁學是討論電磁場之基本性質、相互感應及與物質之交互作用的一門科學。更簡單的說，電磁學是研究電磁現象的一門科學。

　　電磁作用支配大部份的自然現象，例如，我們都知道，不論生物或無生物，都是由各種原子、分子結合而成，而結合這些原子或分子的力（稱為化學鍵）根本上就是電磁力；生物體中的生命現象如新陳代謝之進行、神經系統信號的傳遞，甚至於大腦的思考，肌肉的活動等等，電磁力都扮演非常重要的角色。另外如閃電、極光之產生，雨、雪之形成以及大自然中之各種現象等等，也都是電磁現象的結果。至於現代科技上各式各樣的電器、儀表、機器、電腦等，無一不是電磁現象的應用，因此，研習電磁學是一把開啟自然之秘的鑰匙，也是從事科技之人員不可或缺的基本訓練。

　　電與磁的現象均由電荷（charge）產生。靜止的電荷所產生的電場稱為靜電場，它不具有產生磁場的特性；作等速運動的電荷不但可以產生靜電場，同時也產生靜磁場，但此兩種場不互相感應；而作加速或減速或來回運動之電荷則產生動態的電磁場，互相感應，形成電磁輻射。可見，電荷是所有電磁現象之起源（source）。

那麼，電荷又是什麼呢？我們可以這麼說：電荷是自然界中各種物質所具有的一種產生電磁現象的基本性質。上面我們提到過，所有物質都是由各種原子所構成，而原子本身又是由許多更基本的粒子所構成；大致說來，不管什麼原子，都是由帶正電的質子及中性的中子組成原子核，周圍則為帶負電的電子所環繞。我們注意到，質子所帶的正電荷係質子的本性之一，它不能脫離質子而單獨存在；電子所帶的負電荷亦然。一個質子或電子帶有電荷，就像它具有質量一樣，是一件極其自然的事情。

電荷有正、負兩種，同性電荷相斥，異性電荷相引。假如有一個物體原來帶有正電荷，它必隨時會吸引其周圍游離的負電荷，直到所有正、負電荷完全抵消變成中性為止。因此，在正常狀態之下，自然界所有的物質應該都是**中性**（neutral）的。但我們必須瞭解，所謂中性並不是說不帶電，而是指該物體所帶的正、負電荷恰好相等的意思。是故，當任何一種物質放在電磁場中時，物質中隱含的電荷都會受到影響，而產生各式各樣的反應。物質對電磁場的反應相當複雜，在本章中暫不討論。

本章僅討論真空中的靜電場。

第二節 庫侖定律

真正電磁學的研究是西元 1785 年由法國人夏爾·庫侖（Charles Coulomb）開始。他由實驗發現，當兩個點電荷在真空中（或大約在空氣中）相距 r 時，兩者間的作用力（稱為靜電力或庫侖力）F 係與兩電荷量 Q_1 及 Q_2 均成正比，而與距離 r 的平方成反比，寫成數學式子，即為

$$F = k\frac{Q_1 Q_2}{r^2} \tag{2.1}$$

其中 k 為比例常數，其數值隨著所用的單位制而有所不同。以往利用 CGS 單位制時，為了計算上暫時的方便，曾經令 k 等於 1；但是後來發

現，這暫時的方便卻帶來以後極大的麻煩，尤其談到磁學的時候，更是亂成一團。因此之故，近代的電磁學揚棄了 CGS 單位制，而改用 MKSA 制。在 MKSA 單位制中，距離 r 用米（m）為單位，靜電力 F 用牛頓（N）為單位，電量 Q_1（Q_2）以庫侖（C）為單位，如此一來，比例常數 k 即可由實驗決定出來。現在公認的 k 值是

$$k = 9 \times 10^9 \, \text{N} \cdot \text{m}^2/\text{C}^2 \qquad (2.2)$$

在（2.1）式中，分母是 r^2，這個 r^2 頗有幾何上的意義；我們注意到，一個點電荷所建立的電場具有球形對稱的性質，也就是說，若以該電荷為球心，以 r 為半徑作一個球面時，球面上各處的電場的大小都是一樣的。記得球面面積是 $4\pi r^2$；經驗告訴我們，如果能在（2.1）式的分母部分安插一個球面面積公式，以後將大有用處。基於此一理由，我們很自然的令 $k = 1/4\pi\varepsilon_0$，那麼（2.1）式就變成

$$F = \frac{1}{4\pi\varepsilon_0} \frac{Q_1 Q_2}{r^2} \qquad (2.3)$$

如此一來，分母就有 $4\pi r^2$ 了。而常數 ε_0 也可很容易算出來：

$$\varepsilon_0 = \frac{1}{4\pi k} = \frac{10^{-9}}{36\pi} \, \text{F/m} \qquad (2.4)$$

這稱為真空中的<u>容電係數</u>（permittivity），其單位為「法拉/米」，其中法拉（farad）為電容的單位，可見容電係數 ε_0 與電容具有密切的關係。

在<u>庫侖</u>所作的實驗當中還有一個重要但常為人所忽略的結果，他發現兩點電荷間的靜電力不論為引力或斥力，其方向都在兩電荷的連線上，如圖 2-1 所示，這一點我們希望用數學表示出來。方法很簡單，依（1.2）式，我們只要將（2.3）式等號右邊乘一個適當的單位向量就行了。我們令 Q_1 至 Q_2 之位移向量為 $\mathbf{r}_{12}$，如圖 2-1 所示，則單位向量

$$\mathbf{a}_{12} = \frac{\mathbf{r}_{12}}{r_{12}} \qquad (2.5)$$

即代表靜電力 $\mathbf{F}_{12}$ 之方向或 $\mathbf{F}_{21}$ 的反方向，故（2.3）式寫成向量式時，即變成

$$\mathbf{F}_{12} = -\mathbf{F}_{21} = \frac{1}{4\pi\varepsilon_0} \frac{Q_1 Q_2}{r_{12}^2} \mathbf{a}_{12} \qquad (2.6)$$

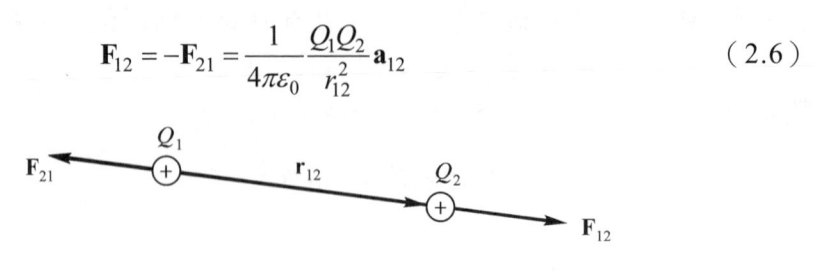

圖 2-1　兩點電荷間之靜電力

這個式子就代表庫侖定律（Coulomb's law）。特別注意庫侖定律只能用來計算兩個點電荷之間的靜電力，非點電荷的問題必須另外用積分來處理。

例 2-1　兩點電荷 $Q_1 = 20\,\mu\text{C}$ 及 $Q_2 = -300\,\mu\text{C}$ 分別置於 $(0, 1, 2)$ 及 $(2, 0, 0)$，坐標值以米為單位，試求相互作用之靜電力。

解：先計算 Q_1 作用於 Q_2 之靜電力 $\mathbf{F}_{12}$；因

$$\mathbf{r}_{12} = 2\mathbf{a}_x - \mathbf{a}_y - 2\mathbf{a}_z，\quad r_{12} = \sqrt{2^2 + (-1)^2 + (-2)^2} = 3$$

單位向量 $\mathbf{a}_{12} = \mathbf{r}_{12} / r_{12} = \frac{1}{3}(2\mathbf{a}_x - \mathbf{a}_y - 2\mathbf{a}_z)$，

故 $\mathbf{F}_{12} = \dfrac{1}{4\pi\varepsilon_0} \dfrac{Q_1 Q_2}{r_{12}^2} \mathbf{a}_{12} = 9\times 10^9 \times \dfrac{(20\times 10^{-6})(-300\times 10^{-6})}{3^2} \mathbf{a}_{12}$

$= 6\left(\dfrac{-2\mathbf{a}_x + \mathbf{a}_1 + 2\mathbf{a}_y}{3}\right)$ N

由庫侖定律又知 Q_2 作用於 Q_1 之靜電力為

$$\mathbf{F}_{12} = -\mathbf{F}_{21} = 6\left(\frac{2\mathbf{a}_x - \mathbf{a}_y - 2\mathbf{a}_z}{3}\right) \text{N}$$

例 2-2　四個點電荷均為 $20\,\mu\text{C}$，分別置於 $x = \pm 4$ 及 $y = \pm 4$（單位均為米），試求位於 $(0, 0, 3)$ 處一個 $100\,\mu\text{C}$ 之點電荷所受的靜電力，如圖 2-2 所示。

解：由庫侖定律，由位於 $y = +4$ 之點電荷所產生之靜電力為

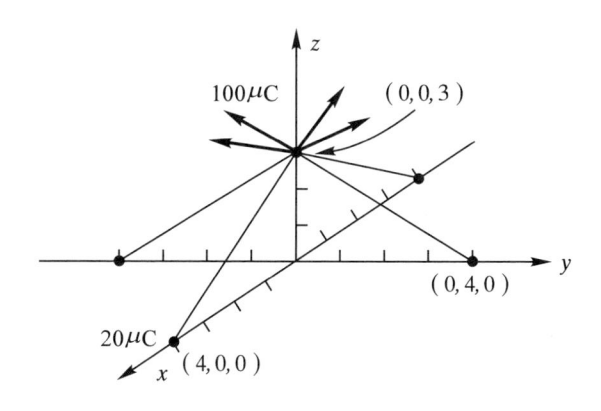

圖 2-2　例 2.2 用圖

$$\mathbf{F}_1 = 9 \times 10^9 \times \frac{(20 \times 10^{-6})(100 \times 10^{-6})}{5^2}(\frac{-4\mathbf{a}_y + 3\mathbf{a}_z}{5})$$

$$= \frac{18}{25}(\frac{-4\mathbf{a}_y + 3\mathbf{a}_z}{5}) \text{ N}$$

同理，由 $y = -4$，$x = +4$ 及 $x = -4$ 之點電荷所產生之靜電力分別為

$$\mathbf{F}_2 = \frac{18}{25}(\frac{4\mathbf{a}_y + 3\mathbf{a}_z}{5}) \text{ N}$$

$$\mathbf{F}_3 = \frac{18}{25}(\frac{-4\mathbf{a}_x + 3\mathbf{a}_z}{5}) \text{ N}$$

$$\mathbf{F}_4 = \frac{18}{25}(\frac{4\mathbf{a}_x + 3\mathbf{a}_z}{5}) \text{ N}$$

故總靜電力為

$$\mathbf{F} = \mathbf{F}_1 + \mathbf{F}_2 + \mathbf{F}_3 + \mathbf{F}_4 = \frac{216}{125}\mathbf{a}_z = 1.73\mathbf{a}_z \text{ N}$$

【練習題 2.1】 點電荷 $Q_1 = 50\,\mu\text{C}$ 置於 $(-1, 1, -3)$ $Q_2 = -10\,\mu\text{C}$ 置於 $(3, 1, 0)$ 坐標值以米為單位，求 Q_1 所受的靜電力。

【練習題 2.2】 十個點電荷均為 $500\,\mu\text{C}$ 等距分佈於半徑 2 米之圓周上，在此圓

之軸上距圓平面 2 米處，置有 –20 μC 之點電荷，試求此點電荷所受的靜電力。
答：$-79.5\mathbf{a}_z$ N。

第三節　電場強度

電荷與電荷之間有靜電力之相互作用，已知前一節所述。但這裏有一個基本的問題，就是這種作用力究竟是如何傳遞的；也就是說，兩個電荷並不直接接觸，而是相隔一段距離，它們仍然可以相互產生作用力，這種**超距力**（force-at-a-distance）究竟是如何由一個電荷傳遞至另一個電荷？

答案就在**電場**（electric field）這個觀念。當一個電荷 Q 存在於空間一點時，即在其四周散佈一種稱為「電場」的物理狀態，如圖 2-3(a)所示。（電荷如何散佈電場，這是一個比較深入的問題，在此不擬詳述；目前我們只要直接接受這個既成的事實：電荷必定在其四周散佈電場。）電場中具有能量，因此，當我們將另一電荷 Q_t 置於該電場中時，就受到電場的作用而產生靜電力 $\mathbf{F}_t$。從這個觀點來看，電場實際上就是傳遞靜電力的媒介。推廣而言，任何超距力（如重力、磁力、核力等）都必定有各種力場的存在作為傳遞力的媒介；易言之，超距力之所以會超距，就是由於有力場存在的關係。

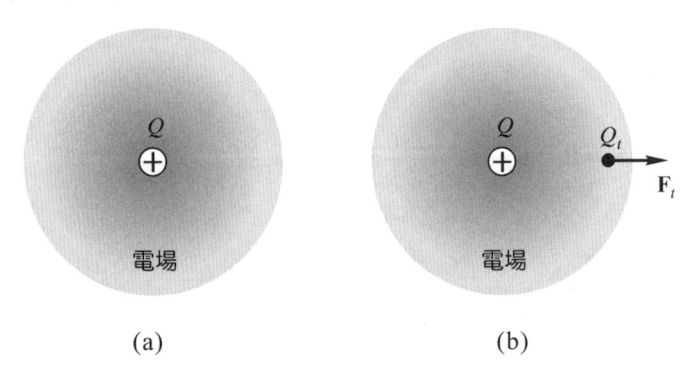

圖 2-3　電場的觀念。(a)電荷 Q 建立電場；(b)電場使試驗電荷 Q_t 受力

電場的強弱,直接影響到它所傳遞的靜電力的大小;電場愈強,所能傳遞的靜電力就越大。假設在圖 2-3(a)中,我們想知道與電荷 Q 所散佈的電場強度,唯一的方法就是在其附近放置一個試驗電荷(test charge),看它所受的靜電力 $\mathbf{F}_t$ 的大小如何,如圖 2-3(b) 所示。若 $\mathbf{F}_t$ 很大,表示該點電場很強;反之則表示電場很弱。易言之,電場強度 **E** 應與 $\mathbf{F}_t$ 成正比。另外,試驗電荷 Q_t 是屬於臨時質性;當試驗完畢求得 $\mathbf{F}_t$ 以後,Q_t 就必須除去。綜合以上所述,我們很自然的寫出電場強度 **E** 如下:

$$\mathbf{E} = \frac{\mathbf{F}_t}{Q_t} \qquad (2.7)$$

茲舉一例說明之。設 Q 為一點電荷;在距離 R 處置一試驗電荷 Q_t,由庫侖定律知 Q_t 所受的靜電力為

$$\mathbf{F}_t = \frac{1}{4\pi\varepsilon_0} \frac{QQ_t}{R^2} \mathbf{a}_R \qquad (2.8)$$

其中 $\mathbf{a}_R$ 為由 Q 指向 Q_t 之單位向量。代入(2.7)式可知電場強度為

$$\mathbf{E} = \frac{1}{4\pi\varepsilon_0} \frac{Q}{R^2} \mathbf{a}_R \qquad (2.9)$$

這就是點電荷 Q 在其四周所散佈的電場的強度,注意此電場強度為一向量,其方向視電荷 Q 之正負而定。若 Q 為正電荷,電場係向外輻射的方向;若 Q 為負,則為反方向,如圖 2-4 所示。

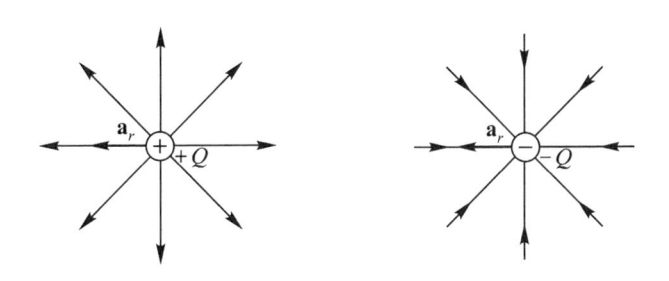

圖 2-4 正、負點電荷所建立之電場

由（2.7）式，我們馬上可以看出，電場強度的單位為牛頓/庫侖（N/C），但有時可用伏特/米（V/m）。

例 2.3 設點電荷 Q 置於 (x_0, y_0, z_0)，試求任意點 (x, y, z) 之電場強度。

解：由 (x_0, y_0, z_0) 至 (x, y, z) 之位移向量為

$$\mathbf{R} = (x-x_0)\,\mathbf{a}_x + (y-y_0)\,\mathbf{a}_y + (z-z_0)\,\mathbf{a}_z$$

故

$$R = \sqrt{(x-x_0)^2 + (y-y_0)^2 + (z-z_0)^2}$$

故得所求電場強度為

$$\mathbf{E} = \frac{Q}{4\pi\varepsilon_0} \frac{(x-x_0)\,\mathbf{a}_x + (y-y_0)\,\mathbf{a}_y + (z-z_0)\,\mathbf{a}_z}{[(x-x_0)^2 + (y-y_0)^2 + (z-z_0)^2]^{3/2}}$$

例 2.4 點電荷 $Q_1 = 0.35\,\mu\text{C}$ 置於 $(0, 4, 0)$，$Q_2 = -0.55\,\mu\text{C}$ 置於 $(3, 0, 0)$，試求 $(0, 0, 5)$ 之電場強度。

解：先計算由 Q_1 建立的電場 $\mathbf{E}_1$；$\mathbf{r}_{12} = -4\mathbf{a}_y + 5\mathbf{a}_z$，故

$$r_{12} = \sqrt{(-4)^2 + 5^2} = \sqrt{41},$$

$$\mathbf{E}_1 = \frac{Q_1}{4\pi\varepsilon_0 r_{12}^2}\,\mathbf{a}_{12} = 9 \times 10^9 \times \frac{0.35 \times 10^{-6}}{41}\left(\frac{-4\mathbf{a}_y + 5\mathbf{a}_z}{\sqrt{41}}\right)$$

$$= -48.0\mathbf{a}_y + 60.0\mathbf{a}_z\ \text{V/m}$$

同理，可求出 Q_2 建立的電場 $\mathbf{E}_2$ 為

$$\mathbf{E}_2 = 74.9\mathbf{a}_x - 124.9\mathbf{a}_z\ \text{V/m}$$

故知總電場強度為

$$\mathbf{E} = \mathbf{E}_1 + \mathbf{E}_2 = 74.9\mathbf{a}_x - 48.0\mathbf{a}_y - 64.9\mathbf{a}_z\ \text{V/m}$$

【練習題 2.3】 點電荷 $Q = 64.4\,\text{nC}$，置於 $(-4, 3, 2)$，試求原點 $(0, 0, 0)$ 之電場強度 $\mathbf{E}$。

答：$20.0\left(\dfrac{4\mathbf{a}_x - 3\mathbf{a}_y - 2\mathbf{a}_z}{\sqrt{29}}\right)$ V/m。

【練習題 2.4】 完全相同的兩個點電荷，電量均為 $Q(\text{C})$，分別置於 $x = 0$ 及

$x = d$,試求坐標為 $x(0 < x < d)$ 處之電場強度 **E**。

答:$(Q/4\pi\varepsilon_0)[1/x^2 - 1/(d-x)^2]\,\mathbf{a}_x$ V/m。

第四節　散佈之電荷的電場強度

　　在上一節的敘述中,我們只求到「點電荷」的電場強度;然而在一般應用上,電荷卻常常散佈開來,分佈在一條線上或一個面上,甚至分佈在一個三維空間裏,如此一來,要算出這些散佈電荷所建立的電場就不是(2.9)式所能解決的了。

　　要處理散佈的電荷,首先就要瞭解電荷密度(charge density)的觀念。假定電荷散佈在一條直線(或曲線)上,此種分佈之電荷稱為線電荷(line charge)。設在線電荷上,線元 dL 中所含的電量為 dQ,我們稱為 dQ/dL 為線電荷密度 ρ_L,即

$$\rho_L = \frac{dQ}{dL} \tag{2.10}$$

單位為庫侖/米(C/m),故簡單的說,所謂線電荷密度,就是線電荷上每單位長度所帶的電量。若要求出整條線電荷所帶的總電量,只要將(2.10)式移項積分即可,

$$Q = \int dQ = \int \rho_L\, dL \tag{2.11}$$

我們記得線元 dL 是一個長度幾近於零的一個量,故在應用上可將它視為一點,它所帶的電荷 dQ 即可視為點電荷;如此一來,它所建立的電場 d**E**(參見圖 2-5)即可利用點電荷公式(2.9)式來求:

$$d\mathbf{E} = \frac{1}{4\pi\varepsilon_0}\frac{dQ}{R^2}\mathbf{a}_R \tag{2.12}$$

其中 $dQ = \rho_L dL$。將（2.12）式積分，即可得出總電場 **E**：

$$\mathbf{E} = \frac{1}{4\pi\varepsilon_0} \int \frac{\rho_L \mathrm{d}L}{R^2} \mathbf{a}_R \tag{2.13}$$

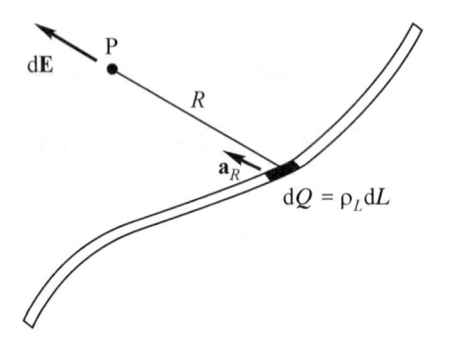

圖 2-5 線電荷及其建立之電場

同樣的道理，假如電荷係分佈在一個平面（或曲面上），我們即稱之為面電荷（surface charge），如圖 2-6 所示。若在面電荷上，面元 dS 所含的電量為 dQ，則面電荷密度為

$$\rho_S = \frac{\mathrm{d}Q}{\mathrm{d}S} \tag{2.14}$$

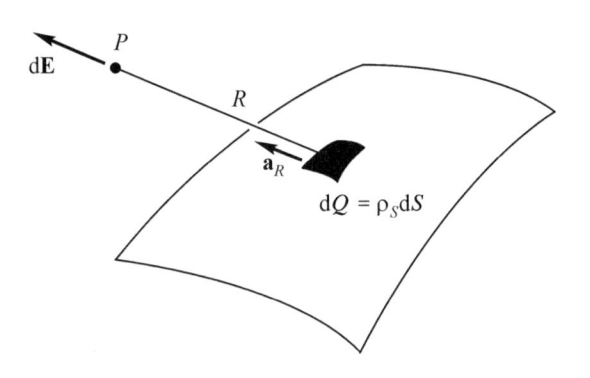

圖 2-6 面電荷及其建立之電場

單位為 庫侖/米² （C/m^2）；故 ρ_S 可解釋為單位面積所帶的電荷。將

（2.14）式移項積分，即可算出整個面上所帶的總電量：

$$Q = \int dQ = \int \rho_S \, dS \tag{2.15}$$

由於面元 dS 上所帶的電量 dQ 可視為點電荷，故其建立的電場 d**E**（參見圖 2-6）也可套用（2.9）式，然後將 d**E** 積分即得總電場：

$$\mathbf{E} = \frac{1}{4\pi\varepsilon_0} \int \frac{\rho_S \, dS}{R^2} \mathbf{a}_R \tag{2.16}$$

電荷分佈於三維空間時也是一樣，如圖 2-7 所示。設體元 dV 中所含的電量為 dQ，則體電荷密度（有時直接稱為電荷密度）為

$$\rho = \frac{dQ}{dV} \tag{2.17}$$

單位為 庫侖/米³（C/m³），我們可以說，所謂電荷密度 ρ 就是單位體積中所帶的電量。在一體積中之總電量可由積分求得：

$$Q = \int dQ = \int \rho \, dV \tag{2.18}$$

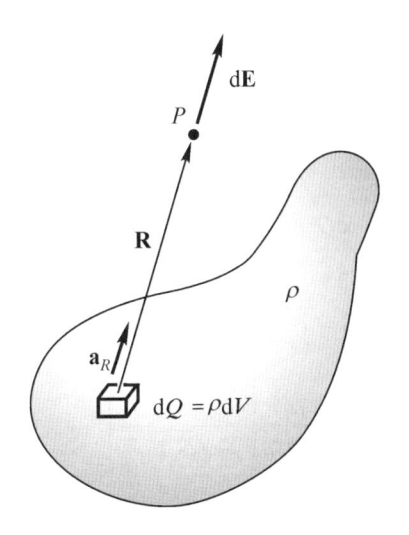

圖 2-7 體電荷及其建立之電場

42 電磁學

仿照（2.13）及（2.16）兩式，可得總電場強度為：

$$\mathbf{E} = \frac{1}{4\pi\varepsilon_0} \int \frac{\rho \, dV}{R^2} \mathbf{a}_R \tag{2.19}$$

例 2.5 設一無限長之直線上電荷係均勻分佈，亦即其線電荷密度 ρ_L 為定值，試求其所建立之電場強度；如圖 2-8 所示。

解：利用圓柱坐標系統，在 P 點由位於 $+z$ 之電荷 dQ 所建立之電場強度為

$$d\mathbf{E} = \frac{dQ}{4\pi\varepsilon_0 R^2} \left(\frac{r\mathbf{a}_r - z\mathbf{a}_z}{\sqrt{r^2+z^2}} \right)$$

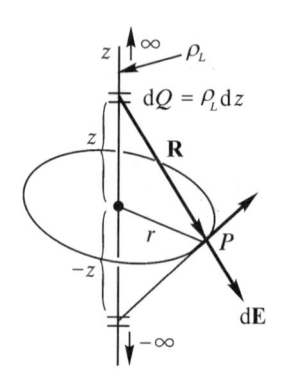

圖 2-8　例 2.5 用圖

而另一位於 $-z$ 之電荷 dQ 亦建立一電場，兩者之 z 分量恰相抵消，故只對 $\mathbf{a}_r$ 分量積分即可，

$$\mathbf{E} = \int_{-\infty}^{+\infty} \frac{\rho_L r \, dz}{4\pi\varepsilon_0 (r^2+z^2)^{3/2}} \mathbf{a}_r$$

$$= \frac{\rho_L r}{4\pi\varepsilon_0} \left[\frac{z}{r^2 \sqrt{r^2+z^2}} \right]_{-\infty}^{+\infty} \mathbf{a}_r$$

$$= \frac{\rho_L}{2\pi\varepsilon_0 r} \mathbf{a}_r$$

例 2.6 半徑為 a 之圓形線電荷其電荷密度 ρ_L 為定值，試求其軸上任意一點之電場強度；如圖 2-9 所示。

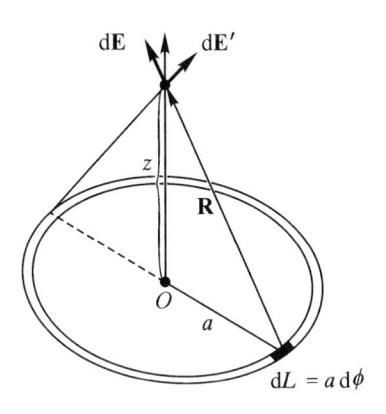

圖 2-9 例 2.6 用圖

解：利用圓柱坐標系統，線元 $dL = r\,d\phi = a\,d\phi$，故

$$d\mathbf{E} = \frac{1}{4\pi\varepsilon_0}\frac{\rho_L a\,d\phi}{R^2}\left(\frac{a\mathbf{a}_r + z\mathbf{a}_z}{\sqrt{a^2+z^2}}\right)$$

由於對稱關係，線元 dL 之對面圓周上亦有另一電荷產生電場 $d\mathbf{E}'$，而 $d\mathbf{E}$ 與 $d\mathbf{E}'$ 之 r 分量恰相抵消，故只對 z 分量積分即可：

$$\mathbf{E} = \frac{\rho_L a}{4\pi\varepsilon_0}\frac{z\mathbf{a}_z}{(a^2+z^2)^{3/2}}\int_0^{2\pi} d\phi$$

$$= \frac{\rho_L}{2\varepsilon_0}\frac{az}{(a^2+z^2)^{3/2}}\mathbf{a}_z$$

【練習題 2.5】 兩個無限長的直線電荷，電荷密度均為 $\rho_L = 4\,\text{nC/m}$，均平行於 z 軸，其一置於 $x=0$，$y=4\,\text{m}$，另一置於 $x=0$，$y=-4\,\text{m}$，試求點 $(4, 0, z)$ 之電場強度 $\mathbf{E}$。
答：$18\,\mathbf{a}_x\,\text{V/m}$。

【練習題 2.6】 一無限長的直線電荷 $\rho_L = 3.30\,\text{nC/m}$，置於 $x=3\,\text{m}$，$y=4\,\text{m}$，試

求原點（0, 0, 0）之電場強度 **E**。
答：$-7.13\mathbf{a}_x - 9.50\mathbf{a}_y$ V/m。

【練習題 2.7】在例 2.6 中，(a)試求該線電荷所帶的總電量 Q；(b)若 $z \gg a$，則電場強度 **E** 為何？
答：(a) $2\pi a \rho_L$；(b) $Q/4\pi\varepsilon_0 z^2$。

【練習題 2.8】在例 2.6 中，設 $Q = 10^{-11}$ C，$a = 5$ cm，試求 $z = \pm 5$ cm 處之電場強度 **E**。
答：$\pm 12.7 \mathbf{a}_z$ V/m。

例 2.7 設有一半徑為 a 之圓盤，其上均勻帶有電荷密度為 ρ_S，試求其中心軸上距圓盤為 h 處的電場強度 **E**；如圖 2-10 所示。

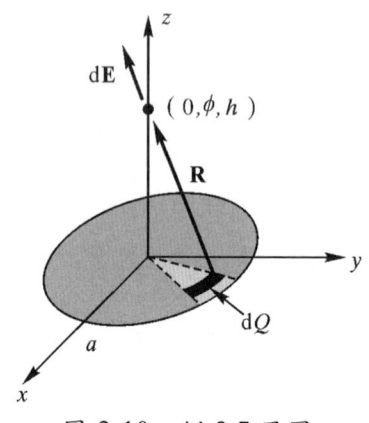

圖 2-10　例 2.7 用圖

解：此圓盤之面元為 $dS = r\,dr\,d\phi$，其所帶的電量為
$dQ = \rho_S\,dS = \rho_S r\,dr\,d\phi$，故知

$$d\mathbf{E} = \frac{\rho_S r\,dr\,d\phi}{4\pi\varepsilon_0 (r^2 + h^2)} \left(\frac{-r\mathbf{a}_r + h\mathbf{a}_z}{\sqrt{r^2 + h^2}} \right)$$

由對稱關係，$\mathbf{a}_r$ 分量在積分以後等於零，故只對 $\mathbf{a}_z$ 分量積分即可：

$$\mathbf{E} = \frac{\rho_S h}{4\pi\varepsilon_0} \int_0^{2\pi} \int_0^a \frac{r\,\mathrm{d}r\,\mathrm{d}\phi}{(r^2+h^2)^{3/2}} \mathbf{a}_z$$

$$= \frac{\rho_S h}{2\varepsilon_0}\left(\frac{1}{h} - \frac{1}{\sqrt{a^2+h^2}}\right)\mathbf{a}_z \qquad (2.20)$$

注意由例 2.7 我們可以導出一個均勻的無限大平面電荷的電場強度。在（2.20）式中，若令圓盤半徑 $a \to \infty$，則電場強度變成

$$\mathbf{E} = \frac{\rho_S}{2\varepsilon_0}\mathbf{a}_z \qquad (2.21)$$

此即為無限大均勻平面電荷的電場。由（2.21）式中可以看出，此一電場強度之大小為一個定值（$\rho_S/2\varepsilon_0$），其方向為一個固定方向（$\mathbf{a}_z$）。像這種大小與方向均為一定的電場，稱為均勻電場（uniform electric field）。

在一般應用上，例如一個電容器是由兩片金屬箔構成，充電以後，兩金屬箔各帶等量的異性電荷；也就是說，其中一片金屬箔之電荷密度為 $+\rho_S$ 時，另一則為 $-\rho_S$。今令其分別置於 $z=0$ 及 $z=a$，則在 $z>a$ 之範圍中，由兩金屬箔建立的電場分別為

$$\mathbf{E}_+ = \frac{\rho_S}{2\varepsilon_0}\mathbf{a}_z \; , \quad \mathbf{E}_- = -\frac{\rho_S}{2\varepsilon_0}\mathbf{a}_z \; ,$$

故總電場

$$\mathbf{E} = \mathbf{E}_+ + \mathbf{E}_- = 0$$

同樣的，在 $z<0$ 的範圍中，

$$\mathbf{E}_+ = -\frac{\rho_S}{2\varepsilon_0}\mathbf{a}_z \; , \quad \mathbf{E}_- = \frac{\rho_S}{2\varepsilon_0}\mathbf{a}_z$$

故總電場 $\mathbf{E} = \mathbf{E}_+ + \mathbf{E}_- = 0$。易言之，在電容器之兩金屬箔之外，電場恆等於零；只有在電容器之內部 $(0<x<a)$ 才有電場。此時

$$\mathbf{E}_+ = \mathbf{E}_- = \frac{\rho_S}{2\varepsilon_0}\mathbf{a}_z$$

$$\mathbf{E} = \mathbf{E}_+ + \mathbf{E}_- = \frac{\rho_S}{\varepsilon_0}\mathbf{a}_z \tag{2.22}$$

這是電容器充電以後，其內部的電場強度，是一個相當重要的基本公式。

例 2.8 均勻平面電荷 $\rho_S = (1/3\pi)\ \text{nC/m}^2$ 置於 $z = 5\ \text{m}$，均勻直線電荷 $\rho_L = -\frac{25}{9}\ \text{nC/m}$ 置於 $z = -3\ \text{m}$，$y = 3\ \text{m}$，試求點 $(x, -1, 0)$ m 之電場強度 $\mathbf{E}$。

解：總電場強度 $\mathbf{E}$ 係由平面電荷建立的電場強度 $\mathbf{E}_S$ 及直線電荷的電場強度 $\mathbf{E}_L$ 合成。由圖 2-11 知。

$$\mathbf{E}_S = \frac{\rho_S}{2\varepsilon_0}(-\mathbf{a}_z) = -6\mathbf{a}_z\ \text{V/m}$$

$$\mathbf{E}_L = \frac{\rho_L}{2\pi\varepsilon_0 r}\mathbf{a}_r = 8\mathbf{a}_y - 6\mathbf{a}_z\ \text{V/m}$$

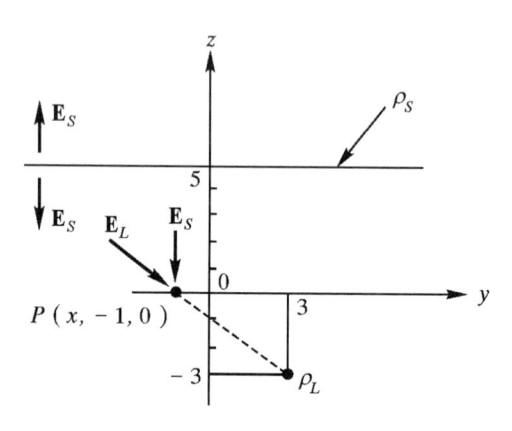

圖 2-11 例 2.8 用圖

其中 $\mathbf{a}_r = \frac{1}{5}(-4\mathbf{a}_y + 3\mathbf{a}_z)$，故

$$\mathbf{E} = \mathbf{E}_S + \mathbf{E}_L = 8\mathbf{a}_y - 12\mathbf{a}_z\ \text{V/m}$$

例 2.9 已知電荷密度 $\rho = 6x^2 y\ \mu\text{C/m}^3$，試求體積 $0 \leq x \leq 1\,\text{m}$，$0 \leq y \leq 1\,\text{m}$，$0 \leq z \leq 1\,\text{m}$ 中所含的總電量。

解：因為 $dQ = \rho\,dV$，故

$$Q = \int_0^1 \int_0^1 \int_0^1 6x^2 y\,dx\,dy\,dz = 1\ \mu\text{C}$$

例 2.10 已知電荷密度 $\rho = (4/r^2)\,e^{-5r} \sin^2\theta \cos^2\phi\ \text{nC/m}^3$，試求總電量。

解：題意是求分佈於空間的所有電量，故

$$\begin{aligned}
Q &= \iiint \rho\,dV \\
&= \int_0^{2\pi} \int_0^{\pi} \int_0^{\infty} \frac{4}{r^2} e^{-5r} \sin^2\theta \cos^2\phi\,(r^2 \sin\theta\,dr\,d\theta\,d\phi) \\
&= 3.35\ \text{nC}
\end{aligned}$$

【練習題 2.9】 設 $\rho = 5xy/z^2\ \mu\text{C/m}^3$，試求長方體 $1 \leq x \leq 3$，$0 \leq y \leq 2$，$1 \leq z \leq 2$ 中所包含的電量。

答：$20\ \mu\text{C}$。

【練習題 2.10】 設 $\rho = 10rz\cos\phi\ \mu\text{C/m}^3$，求體積 $0 \leq r \leq 2$，$0 \leq \phi \leq 30°$，$1 \leq z \leq 4$ 中之總電量。

答：$100\ \mu\text{C}$。

【練習題 2.11】 平面電荷 $\rho_S = (-1/3\pi)\ \text{nC/m}^2$ 置於 $z = 5\,\text{m}$，直線電荷 $\rho_L = (-25/9)\ \text{nC/m}$ 置於 $z = -3\,\text{m}$，$y = 3\,\text{m}$，求點（0，-1，0）m 處之電場強度 **E**。

答：$8\mathbf{a}_y\ \text{V/m}$。

【練習題 2.12】 在例 2.7 中，(a)求圓盤上之總電量 Q；(b)若 $a \ll h$，則電場強度 **E** 變為如何？

答：(a) $\pi a^2 \rho_s$；(b) $(Q/4\pi\varepsilon_0 h^2)\,\mathbf{a}_z$。

第五節 電位

在前兩節裏面,我們介紹了一些電場的計算,我們發現在所有的問題當中,僅管電荷的分佈都相當單純(如均勻長直線電荷,均勻平面電荷等等,都是最單純的狀況),但計算卻都不太簡單;如果電荷分佈再稍微複雜一點,計算就更困難了!其主要的原因大致有二;第一,所有電場之計算公式,如式(2.13),(2.16)及(2.19)等,其分母都含有 R^2,這個二次方往往就是計算上麻煩的來源;如能降低一次方,一定簡化不少。第二,電場是向量場,向量場的處理在先天上就比純量場麻煩。從應用上的觀點來說,也是一樣,要量測一向量比量測一純量要複雜的多。因此,無論從理論或實用的觀點來講,我們有必要尋求一個新的物理量(必須是純量)來描述電場的分佈狀況,這個純量就是**電位**(potential)。

要說明電位的觀念,就必須從**電位能**(potential energy)談起。而要談電位能,更必須先介紹日常生活中常看到的重力位能。今假設有一個質量為 m 的物體靜止於地面上,它必然會受到地心引力 $\mathbf{F}_g$ 的作用。若重力加速度為 $g(=9.8\,\text{m/s}^2)$,則地心引力為

$$\mathbf{F}_g = -mg\mathbf{a}_y \tag{2.23}$$

如圖 2-12 所示。現在如果想把這個物體移至某一高度,就必須用人或機器或其他,提供一個力 $\mathbf{F}$ 來抬高它;因這力 $\mathbf{F}$ 是由物體外界來作用於該物體的,故稱為**外力**(external force)。若令外力 $\mathbf{F}$ 與重力 $\mathbf{F}_g$ 大小相等方向相反,即 $\mathbf{F} = -\mathbf{F}_g = mg\mathbf{a}_y$,則物體 m 被抬高時,並無動能的變化。在第一章第二節裏,我們已經知道用力推動物體即可作功,而功即是物體能量的來源。在圖 2-12 中,若外力 $\mathbf{F}$ 將物體抬上一小段距離 $d\mathbf{L} = dy\mathbf{a}_y$,則由(1.7)式知所作的功應為

$$dW = \mathbf{F} \cdot d\mathbf{L} = -\mathbf{F}_g \cdot d\mathbf{L} \tag{2.24}$$

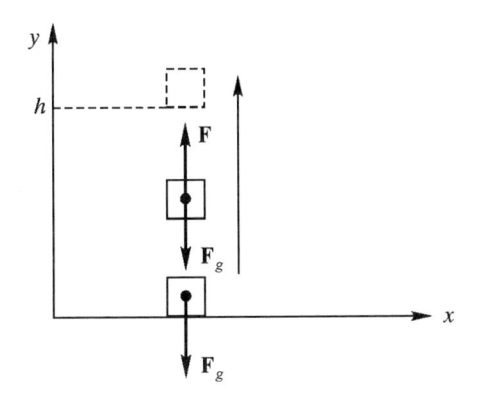

圖 2-12　重力場中之位能觀念

若物體被抬至高度 h，則外力 **F** 所作的總功可由（2.24）式積分而得，即

$$W = -\int \mathbf{F}_g \cdot d\mathbf{L} = \int_0^h (mg\mathbf{a}_y) \cdot (dy\,\mathbf{a}_y) = mgh - 0 = mgh \tag{2.25}$$

這個功即轉變為物體的能，但上面我們已說明該物體被抬上時，並無動能的變化，故（2.25）式中所示的功便不是轉變為動能，而是轉變為位能 U_P，即

$$U = mgh \tag{2.26}$$

物體被抬得越高（h 越大），位能 U 就隨著越大；像這種因物體位置之高低而具有之能量就叫做重力位能。

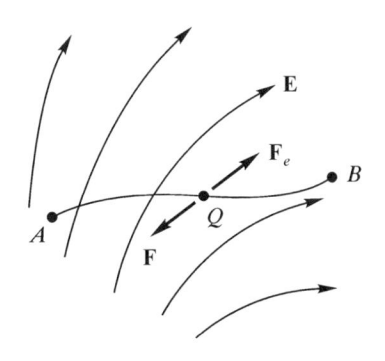

圖 2-13　電場中之位能觀念

同樣的觀念也可以應用到電場裏面來，如圖 2-13 所示。當一電荷 Q 置於電場 $\mathbf{E}$ 中時，必受靜電力

$$\mathbf{F}_e = Q\mathbf{E} \tag{2.27}$$

之作用，正如同物體 m 在重力場中受重力 $\mathbf{F}_g$ 作用一樣。此時假如有一外力 $\mathbf{F}$，其大小與靜電力相同，但方向相反，即 $\mathbf{F} = -\mathbf{F}_e = -Q\mathbf{E}$，則此外力將電荷 Q 由 A 點移至 B 點所作的功可仿照（2.25）式求得，即

$$W_{AB} = -\int_A^B \mathbf{F}_e \cdot d\mathbf{L} = -Q\int_A^B \mathbf{E} \cdot d\mathbf{L} \tag{2.28}$$

此功即轉變成電荷 Q 在電場 $\mathbf{E}$ 中電位能由 A 點到 B 點的增加，就如同（2.25）式中所示之功 W 轉變成重力位能由地面（$U=0$）至高度 $h(U=mgh)$ 之增加一樣。令電荷在 A 點時之電位能為 U_A，移至 B 點時為 U_B，則增加量為 $U_B - U_A$，故（2.28）式可寫成

$$W_{AB} = U_B - U_A = -Q\int_A^B \mathbf{E} \cdot d\mathbf{L} \tag{2.29}$$

為實用上的方便，以 Q 遍除（2.29）式中各項，得

$$\frac{W_{AB}}{Q} = \frac{U_B - U_A}{Q} = -\int_A^B \mathbf{E} \cdot d\mathbf{L} \tag{2.30}$$

我們規定：單位電荷在某點（A 點或 B 點或其他）之電位能（U/Q）即稱為該點的電位，電位的單位為伏特（V）。在 A 點時，U_A/Q 稱為 A 點的電位 V_A，在 B 點時，U_B/Q 稱為 B 點的電位 V_B，故由（2.30）式可知

$$V_B - V_A = -\int_A^B \mathbf{E} \cdot d\mathbf{L} \tag{2.31}$$

即為 B、A 兩點間的**電位差**（potential difference），又稱**電壓**（voltage）。

在（2.25）式中，我們看到重力位能有一等於零的位置，就是地面，稱為**零參考點**（zero reference point）。同樣的，在電磁學裏，我們也可以

規定一個電位的零參考點 R，也就是規定在 R 點之電位 $V_R = 0$。例如，在（2.31）式中，我們若令 A 點為參考點 R，則

$$V_B = -\int_R^B \mathbf{E} \cdot d\mathbf{L} \tag{2.32}$$

稱為 B 點的電位。電位的單位，很明顯的，仍然是伏特（V）。同樣的，在（2.29）式中，若令 A 點為參考點 R，則將電荷 Q 由參考點移至任一 B 點時，所作的功（即電荷 Q 在 B 點之電位能）為

$$U_B = -Q\int_R^B \mathbf{E} \cdot d\mathbf{L} = QV_B \tag{2.33}$$

例 2.11 在電場 $\mathbf{E} = (\frac{x}{2} + 2y)\mathbf{a}_x + 2x\mathbf{a}_y$（V/m）中，將一電荷 $Q = -20\,\mu\text{C}$。(a) 由原點沿直線移至（4, 2, 0）；(b) 由原點沿 x 軸移至（4, 0, 0），再轉到（4, 2, 0），所作的功各若干？如圖 2-14。

解：將本題之電場 **E** 及線元公式 $d\mathbf{L} = dx\,\mathbf{a}_x + dy\,\mathbf{a}_y + dz\,\mathbf{a}_z$ 代入（2.29）式，得：

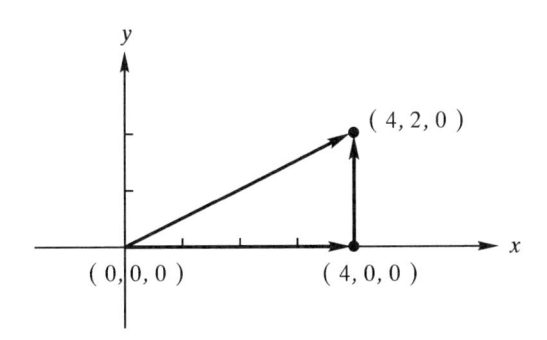

$$W = -(-20)\int\left[(\frac{x}{2} + 2y)\mathbf{a}_x + 2x\mathbf{a}_y\right] \cdot (dx\mathbf{a}_x + dy\mathbf{a}_y)$$

圖 2-14　例 2.11 用圖

$$= -(-20)\int\left[(\frac{x}{2}+2y)\mathrm{d}x + 2x\,\mathrm{d}y\right] \tag{2.34}$$

(a)由（0, 0, 0）至（4, 2, 0）時，路徑直線方程式為 $y=\frac{1}{2}x$，微分，$\mathrm{d}y=\frac{1}{2}\mathrm{d}x$ 代入（2.34）式中，得

$$W = -(-20)\int_0^4\left[\frac{x}{2}\mathrm{d}x + 2(\frac{x}{2})\mathrm{d}x + 2x(\frac{1}{2}\mathrm{d}x)\right] = 400\,\mu\mathrm{J}$$

(b)由（0, 0, 0）移至（4, 0, 0）時，路徑方程式為 $y=0$，故 $\mathrm{d}y=0$ 代入（2.34）式中，得

$$W_1 = -(-20)\int_0^4\left[(\frac{x}{2}+2\times 0)\mathrm{d}x + 2x\times 0\right] = 80\,\mu\mathrm{J}$$

由（4, 0, 0）移至（4, 2, 0）時，路徑方程式為 $x=4$，故 $\mathrm{d}x=0$，代入（2.34）式中，得

$$W_2 = -(-20)\int_0^2\left[(\frac{4}{2}+2y)\times 0 + 2\times 4\,\mathrm{d}y\right] = 320\,\mu\mathrm{J}$$

故所作的功為

$$W = W_1 + W_2 = 80 + 320 = 400\,\mu\mathrm{J}$$

在上面這個例題裏面，有一個相當值得注意的地方，就是(a)，(b)兩部份的答案都一樣；也就是說，在靜電場 **E** 中，將電荷 Q 由起點移至終點時，無論經由那一個路徑，所作的功都是一樣；靜電場都具有這種性質，稱為保守場（conservative field）。

我們也可以從另外一個角度來說明保守場。在上面例 2-11 裏，假如我們從原點出發，先將電荷 Q 移至（4, 0, 0），作了 $80\,\mu\mathrm{J}$ 的功，然後移至（4, 2, 0），作了 $320\,\mu\mathrm{J}$ 的功，最後移回原點，作了－$400\,\mu\mathrm{J}$ 的功（注意負號），恰好完成一個封閉的迴路（closed loop），此時所作的功總共是 $80+320-400=0$；也就是說，在保守場中，將電荷沿一封閉迴路移動至回到原出發點時，所作的功恆等於零。用數學式子寫出來，就是

第二章 真空中之靜電場　53

$$\oint \mathbf{E} \cdot d\mathbf{L} = 0 \tag{2.35}$$

此式係直接令（2.29）式等於零而得。請注意積分符號中央的小圓圈，它表示「封閉迴路」的意思。

所有靜電場都是保守場；而磁場及由磁場感應而產生的電場都是非保守場（non-conservative field），在非保守場（暫時以 **B** 表示之）中，將一電荷移動而回到原來的出發點時，所作的功並不等於零，即

$$\oint \mathbf{B} \cdot d\mathbf{L} \neq 0$$

例 2.12 設一向量場 $\mathbf{E}=(k/r)\mathbf{a}_y$（圓柱坐標系統），試求距離為 r 之 A 點與 $2r$ 之 B 點的電位差。

解：由（2.31）式可知

$$V_A - V_B = -\int_{2r}^{r} (\frac{k}{r}\mathbf{a}_r) \cdot (dr\,\mathbf{a}_r) = k \ln 2$$

設 k 為正值，表示 $V_A > V_B$，A 點電位較 B 點高。

例 2.13 設一無限長均勻線電荷 ρ_L 置於 z 軸上，A 點（2, 0, 0）之電位為 $V_A = 15\,\text{V}$，B 點（0.5, 0, 0）之電位為 $V_B = 30\,\text{V}$，試求 C 點（1, 0, 0）之電位。

解：無限長均勻線電荷之電場為（見例 2.5）

$$\mathbf{E} = \frac{\rho_L}{2\pi\varepsilon_0 r}\mathbf{a}_r$$

故 $V_B - V_A = 30 - 15 = -\int_{2}^{0.5} (\frac{\rho_L}{2\pi\varepsilon_0 r}\mathbf{a}_r) \cdot (dr\,\mathbf{a}_r) = \frac{\rho_L}{2\pi\varepsilon_0}\ln 4$

解之，得 $\dfrac{\rho_L}{2\pi\varepsilon_0}\ln 2 = 7.5\,\text{V}$

同理 $V_C - V_A = V_C - 15 = \dfrac{\rho_L}{2\pi\varepsilon_0}\ln 2 = 7.5\,\text{V}$

故得 $V_C = 22.5\,\text{V}$

54　電磁學

例 2.14 已知一電場 $\mathbf{E} = (-16/r^2)\mathbf{a}_r$ V/m（球坐標系統），設電位之零參考點在無限遠處，試求：(a)A點（2,0,0）之電位；(b)B點（4,0,0）之電位。

解：由（2.32）式，令零參考點 R 在無限遠處，則

(a) $V_A = -\int_{\infty}^{2} (\frac{-16}{r^2})\mathbf{a}_r \cdot (dr\,\mathbf{a}_r) = -8$ V

(b) $V_B = -\int_{\infty}^{4} (\frac{-16}{r^2})\mathbf{a}_r \cdot (dr\,\mathbf{a}_r) = -4$ V

【練習題 2.13】已知無限長的均勻線電荷 $\rho_L = 10^{-9}$ C/m，置於 z 軸上，求 $A(2, \pi/2, 0)$ 及 $B(4, \pi, 5)$ 兩點間之電位差。
答：12.5 V。

【練習題 2.14】一點電荷置於原點，A點（2,0,0）之電位為 15 V，B點（1/2,0,0）之電位為 30V，試求 C點（1,0,0）之電位。
答：20 V。

【練習題 2.15】點電荷 $Q = 5$ nC 置於原點，設電位之參考點在無限遠處，求 A點（5,0,0）及 B點（15,0,0）間之電位差。
答：6 V。

第六節　散佈之電荷的電位

　　在前一節中，我們已經知道如何由電場 **E** 來求電位，如（2.13）式。在本節中，我們想換個角度，如何由電荷的分佈，直接來求電位。
　　我們從最簡單的點電荷開始。由（2.9）式我們已經知道點電荷的電場了，以球坐標表示之，即為

$$\mathbf{E} = \frac{Q}{4\pi\varepsilon_0 r^2} \mathbf{a}_r \qquad (2.36)$$

若令電位的零參考點在無限處,則由(2.32)式,可知

$$V = -\int_{\infty}^{r} (\frac{Q}{4\pi\varepsilon_0 r^2}) \mathbf{a}_r \cdot (\mathrm{d}r\, \mathbf{a}_r)$$

積分得
$$V = \frac{Q}{4\pi\varepsilon_0 r} \qquad (2.37)$$

這個公式雖只適用於計算點電荷的電位,卻可加以整理而應用到其他任意的電荷分佈狀況;其原因是無論線電荷也好,面電荷也好,甚至於三維空間之電荷分佈也好,其線元、面元或體元上所帶的電荷 $\mathrm{d}Q$ 均可視為點電荷,故由 $\mathrm{d}Q$ 所產生的電位 $\mathrm{d}V$ 可以套用(2.37)式而成

$$\mathrm{d}V = \frac{\mathrm{d}Q}{4\pi\varepsilon_o R} \qquad (2.38)$$

其中 $\mathrm{d}Q = \rho_L \mathrm{d}L$(線電荷),或 $\rho_S \mathrm{d}S$(面電荷),或 $\rho \mathrm{d}v$(體電荷),將(2.38)式積分,即得線電荷、面電荷及體電荷所產生的電位;分別是

$$V = \int \frac{\rho_L \mathrm{d}L}{4\pi\varepsilon_0 R} \qquad (2.39)$$

$$V = \int \frac{\rho_S \mathrm{d}S}{4\pi\varepsilon_0 R} \qquad (2.40)$$

$$V = \int \frac{\rho \mathrm{d}v}{4\pi\varepsilon_0 R} \qquad (2.41)$$

例 2.15 半徑 a 之圓環上均勻分佈電荷,其線電荷密度為 ρ_L,試求其中心軸上距圓環平面為 z 之處的電位。

解:由圖 2-15 中可知, $\mathrm{d}L = a\,\mathrm{d}\phi$,$R = \sqrt{a^2 + z^2}$,故由(2.39)式:

56 電磁學

$$V = \frac{\rho_L}{4\pi\varepsilon_0}\int_0^{2\pi}\frac{a\,d\phi}{\sqrt{a^2+z^2}} = \frac{\rho_L a}{2\varepsilon_0\sqrt{a^2+z^2}}$$

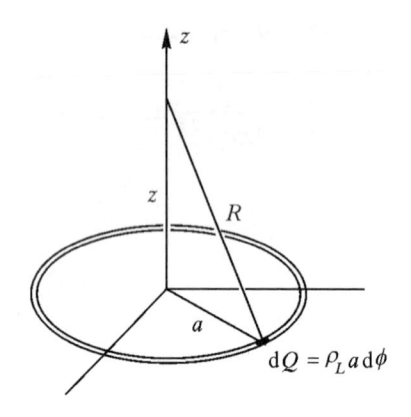

圖 2-15　例 2.15 用圖

例 2.16　半徑 a 之圓盤上均勻分佈電荷，面電荷密度為 ρ_S，試求其中心軸上距圓盤 z 處之電位。

解：由圖 2-16 中可知，$dS = r\,dr\,d\phi$，$R = \sqrt{r^2+z^2}$，故由（2.40）式：

$$V = \frac{\rho_S}{4\pi\varepsilon_0}\int_0^{2\pi}\int_0^a \frac{r\,dr\,d\phi}{\sqrt{r^2+z^2}} = \frac{\rho_S}{2\varepsilon_0}(\sqrt{a^2+z^2}-z)$$

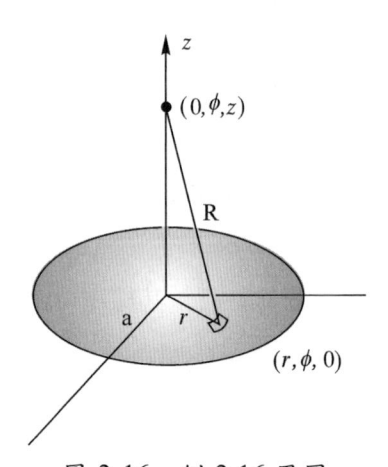

圖 2-16　例 2.16 用圖

第二章　真空中之靜電場　57

【練習題 2.16】邊長為 a 之正方形四個角落各置一正電荷 Q，試求兩對角線交點之電位。
答：$\sqrt{2}Q/\pi\varepsilon_0 a$。

【練習題 2.17】邊長為 a 之正三角形三個項角各置一正電荷 Q，試求其中心點的電位。
答：$3\sqrt{3}Q/4\pi\varepsilon_0 a$。

【練習題 2.18】(a)在例 2.15 中，若圓環上所帶的總電量為 $40/3$ nC，圓環半徑 $a = 2$ m，求高度 $z = 5$ m 處之電位；(b)若將全部電荷集中於原點，則 $z = 5$ m 處之電位又如何？
答：(a) 22.3 V；(b) 24 V。

【練習題 2.19】若將上題中之電量均勻分佈於半徑 2 m 之圓盤表面上，求 $z = 5$ m 處之電位。
答：23.1 V

第七節　電位梯度及電場強度

　　到目前為止，我們已經知道，要描述一個電場的分佈狀況，我們可採用一向量場（即電場強度 **E**）或一純量場（電位 V）；既然 **E** 與 V 都是用來表示一個電場的分佈狀況，那麼兩者之間必然有著非常密切的關係。在第五節中，我們已經看過第一種關係，見（2.32）式，亦即：電場強度經適當的積分，就變成電位。在（2.32）式中，B 係泛指任何一點，為簡便計，可以省略不寫，而積分的下限 R 係電位的零參考點，將它的坐標代入積分的結果必然等於零。有了這些基本認識，（2.32）式即可簡寫成

$$V = -\int \mathbf{E} \cdot d\mathbf{L} \qquad (2.42)$$

從普通的微積分觀念，我們都知道積分與微分是互為反運算；既然我們已經知道電場強度 $\mathbf{E}$ 經（2.42）式積分就可得電位 V，那麼，反過來說，電位微分就可以得到電場強度了。問題是，如何微分呢？現就以直角坐標系作為例子，令電場強度為

$$\mathbf{E} = E_x \mathbf{a}_x + E_y \mathbf{a}_y + E_z \mathbf{a}_z \qquad (2.43)$$

則（2.42）式即可化為

$$V = -\int (E_x\,dx + E_y\,dy + E_z\,dz) \qquad (2.44)$$

將（2.44）式對 x 偏微分，可得

$$\frac{\partial V}{\partial x} = -E_x \qquad (2.45)$$

注意對 x 偏微分時，y，z 均視為定值，故 $dy = dz = 0$。同理，將（2.44）式分別再對 y 及 z 偏微分，又可得

$$\frac{\partial V}{\partial y} = -E_y \qquad (2.46)$$

及

$$\frac{\partial V}{\partial z} = -E_z \qquad (2.47)$$

最後，將（2.45）至（2.47）各式一齊代入（2.43）式，即得電場強度

$$\mathbf{E} = -(\frac{\partial V}{\partial x}\mathbf{a}_x + \frac{\partial V}{\partial y}\mathbf{a}_y + \frac{\partial V}{\partial z}\mathbf{a}_z) \qquad (2.48)$$

正如前述，電場強度果然是由電位 V「微分」而得；不過由（2.48）式看起來，這「微分」不是普通單純的微分，而是偏微分再融合向量的觀念，所以不宜再稱之為「微分」，應該給予它一個適當的名稱，叫做**梯度**（gradient）。我們規定，以後凡是一個純量場 V 作如下的運算，其結果就

稱為 V 的梯度：

$$V \text{ 的梯度} = \text{grad } V = \frac{\partial V}{\partial x}\mathbf{a}_x + \frac{\partial V}{\partial y}\mathbf{a}_y + \frac{\partial V}{\partial z}\mathbf{a}_z \qquad (2.49)$$

在數學上，為了使梯度的符號更簡化，通常規定

$$\nabla = \frac{\partial}{\partial x}\mathbf{a}_x + \frac{\partial}{\partial y}\mathbf{a}_y + \frac{\partial}{\partial z}\mathbf{a}_z \qquad (2.50)$$

其中 ∇ 這個符號是將希臘字母 Δ（delta）顛倒而成，唸做（del）。如此一來，(2.48) 式即可簡寫成

$$\mathbf{E} = -\text{grad } V = -\nabla V \qquad (2.51)$$

意即：電場強度等於電位的負梯度，這是電場強度與電位的第二重關係，也是靜電學裏相當重要的一個公式。

要瞭解這個公式的意義，讓我們先認識一下**等位面**（equipotential surface）。所謂等位面就是在一電場中所有電位相等的點所集合而成的曲面。設一電場中之電位為 $V(x, y, z)$，那麼

$$V(x, y, z) = c \text{（定值）} \qquad (2.52)$$

就代表等位面了。舉例而言，一點電荷的電位由 (2.37) 式可知為 $V = Q/4\pi\varepsilon_0 r$，其中距離 $r = \sqrt{x^2 + y^2 + z^2}$。故等位面方程式應為 $V = Q/4\pi\varepsilon_0 r$ ＝定值 c，即 $r = Q/4\pi\varepsilon_0 c =$ 另一定值 a，或

$$x^2 + y^2 + z^2 = a^2$$

可知一點電荷電場中，等位面都是球面，如圖 2-17 所示。從這個圖裏面，我們發現兩個非常重要的觀念：(1)**電場強度 E 恆與等位面垂直**；因此，假如沿著電場的方向移動時，我們會發現電位的變化最大。易言之，我們可以說，電場中某一點的電位梯度 ∇V 為一向量，其方向恆與等位面垂直；其大小等於電位在該點之最大變化率。(2)**電場強度 E 係由高電位指向低電位**，此一關係可由 (2.51) 式中的負號來表示。

60 電磁學

下面是三個坐標系統中，梯度的計算公式，注意每一項的分母，都與各坐標系統之線元公式有關。

$$\nabla V = \frac{\partial V}{\partial x}\mathbf{a}_x + \frac{\partial V}{\partial y}\mathbf{a}_y + \frac{\partial V}{\partial z}\mathbf{a}_z \quad (\text{直角坐標系統}) \qquad (2.53)$$

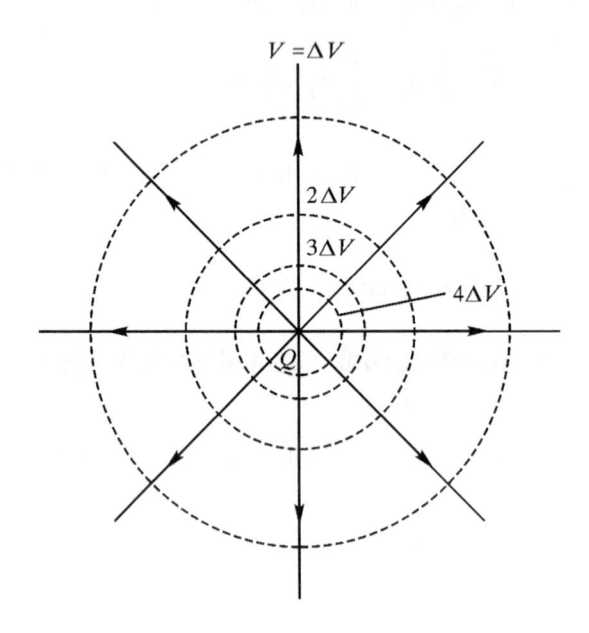

圖 2-17 點電荷之等位面

$$\nabla V = \frac{\partial V}{\partial r}\mathbf{a}_r + \frac{\partial V}{r\partial \phi}\mathbf{a}_\phi + \frac{\partial V}{\partial z}\mathbf{a}_z \quad (\text{圓柱坐標系統}) \qquad (2.54)$$

$$\nabla V = \frac{\partial V}{\partial r}\mathbf{a}_r + \frac{\partial V}{r\partial \theta}\mathbf{a}_\theta + \frac{\partial V}{r\sin\theta\,\partial \phi}\mathbf{a}_\phi \quad (\text{球坐標系統}) \qquad (2.55)$$

特別注意，雖然在上述三種坐標系統裏面，都可用 ∇V 來代表 V 的梯度，但是如果只寫一個 ∇ 符號的話，則僅在直角坐標系統中才具有意義，即（2.50）式。

例 2.17 試求平面 $2x-3y+z=6$ 之單位法線向量；如圖 2-18 所示。

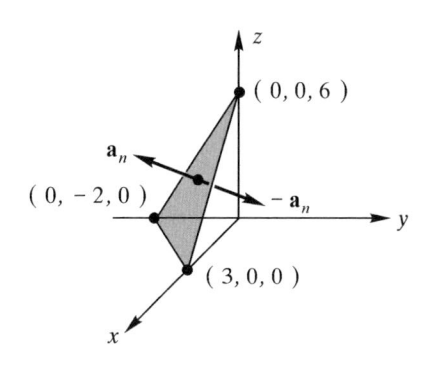

圖 2-18　例 2.17 用圖

解：將平面方程式 $2x-3y+z=6$ 與（2.52）式比較，可知

$$V(x,y,z)=2x-3y+z \text{，} c=6$$

故

$$\nabla V = 2\mathbf{a}_x - 3\mathbf{a}_y + \mathbf{a}_z$$

必為平面 $2x-3y+z=6$ 之法線向量，其大小為

$$|\nabla V| = \sqrt{2^2+(-3)^2+1^2} = \sqrt{14}$$

故知單位法線向量為

$$\mathbf{a}_n = \frac{\nabla V}{|\nabla V|} = \frac{1}{\sqrt{14}}(2\mathbf{a}_x - 3\mathbf{a}_y + \mathbf{a}_z)$$

注意 $-\mathbf{a}_n = (-2\mathbf{a}_x + 3\mathbf{a}_y - \mathbf{a}_z)/\sqrt{14}$ 亦為一單位法線向量。

例 2.18 兩點電荷 $+Q$ 及 $-Q$ 分別置於 $z=\pm d/2$，利用球坐標，試求任意一點 $P(r,\theta,\phi)$ 之電位及電場強度。設 $r \gg d$。如圖 2-19 所示。

解：設 P 點與 $\pm Q$ 之距離分別為 R_1 及 R_2，則 P 點的電位為

$$V = \frac{Q}{4\pi\varepsilon_0}(\frac{1}{R_1} - \frac{1}{R_2}) = \frac{Q}{4\pi\varepsilon_0}\frac{R_2-R_1}{R_1 R_2}$$

62 電磁學

若 $r \gg d$,則分母之 $R_1 R_2$ 約等於 r^2,而由圖 2-19(b)可知分子 $R_2 - R_1$ 大約等於 $d\cos\theta$,故得電位為

$$V = \frac{Qd\cos\theta}{4\pi\varepsilon_0 r^2} \tag{2.56}$$

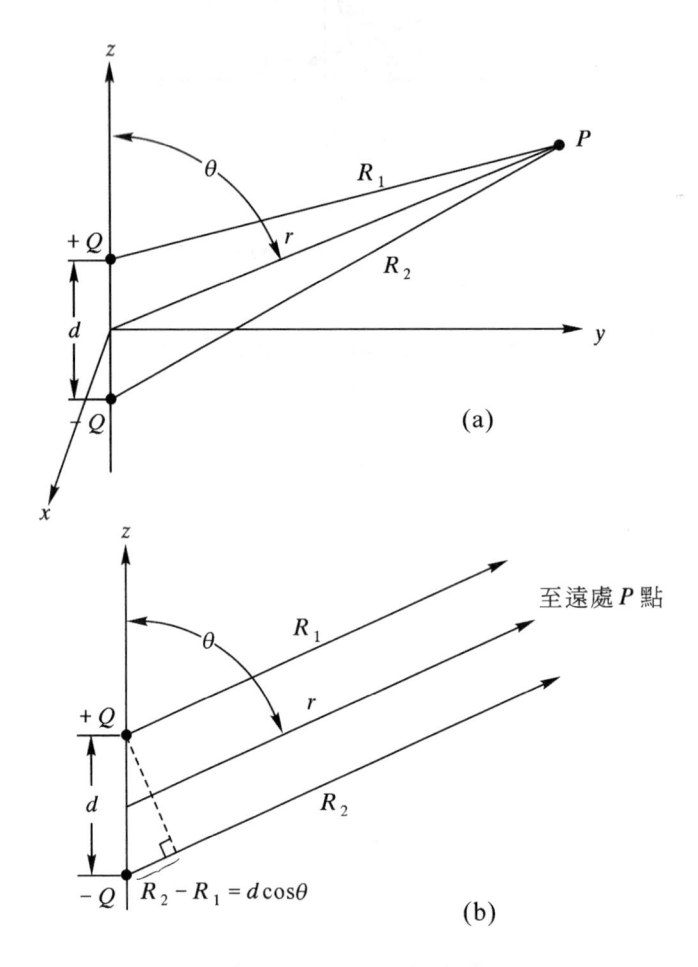

圖 2-19 例 2.18 用圖

其次,電場強度 **E** 可由(2.51)式求得

$$\mathbf{E} = -\nabla V = -(\frac{\partial V}{\partial r}\mathbf{a}_r + \frac{1}{r}\frac{\partial V}{\partial \theta}\mathbf{a}_\theta + \frac{1}{r\sin\theta}\frac{\partial V}{\partial \phi}\mathbf{a}_\phi)$$

$$= \frac{Qd}{4\pi\varepsilon_0 r^3}(2\cos\theta \, \mathbf{a}_r + \sin\theta \, \mathbf{a}_\theta) \tag{2.57}$$

【練習題 2.20】試求電場強度 $\mathbf{E}$，設電位 V 等於：(a) $2x+4y$（直角坐標系統）；(b) $-60\phi/\pi$（圓柱坐標系統）；(c) a/r（球坐標系統）。
答：(a) $-2\mathbf{a}_x - 4\mathbf{a}_y$；(b) $(60/\pi r)\mathbf{a}_\phi$；(c) $(a/r^2)\mathbf{a}_r$。

【練習題 2.21】試求圓柱面 $r=a$ 之單位法線向量 $\mathbf{a}_n$。
答：$\pm\mathbf{a}_r$。

【練習題 2.22】試求例 2.18 中電偶極的等位面方程式。
答：$r=C\sqrt{\cos\theta}$（C 為任意常數）。

上面例 2.18 中我們所討論的，是電磁學裏面很重要的一個東西，叫做電偶極（electric dipole）；這裏的「極」是指「點電荷」的意思。當兩個電量相等電性相反的點電荷之間維持一個很小的距離時，這種結構就稱為電偶極。舉例而言，當一個正離子與一個負離子相互吸引結合成分子（如 $H^+ + Cl^- \rightarrow HCl$）時，這個分子就是一個電偶極。由於自然界中之許多物質都是由一種或多種分子構成的，因此純粹電學的觀點而言，這些物質事實上就是一群電偶極的集合。

由於電偶極是由正、負兩個電荷所組成的，因此它在電場裏面會受到兩個大小相等方向相反的靜電力作用而產生轉矩，如圖 2-20 所示。根據規定，轉矩（torque）為一向量，其大小等於一力 $Q\mathbf{E}$ 與兩力間之垂直距離 d 的乘積，其方向以右手來定。例如在圖 2-20 中，電偶極受力後，很明顯的會有順時針轉動的趨勢，此時以右手之四個指頭指著順時針方向的話，拇指必垂直於紙面向下，這就是規定的轉矩方向。

上面說過，轉矩是 $Q\mathbf{E}$ 與 d 的乘積，但是卻不可直接寫成 $Qd\mathbf{E}$，因為 $Qd\mathbf{E}$ 的方向指向電場的方向（在圖 2-20 中為向右），不是轉矩的方向。要正確的寫出轉矩的方向，我們先規定

$$\mathbf{p} = Q\mathbf{d} \tag{2.58}$$

稱為電偶極的偶極矩（dipole moment），其大小就是 Qd，其方向硬性規定係由 $-Q$ 指向 $+Q$，如圖 2-20 中所示。如此一來，電偶極在電場中的轉矩即可正確的寫成

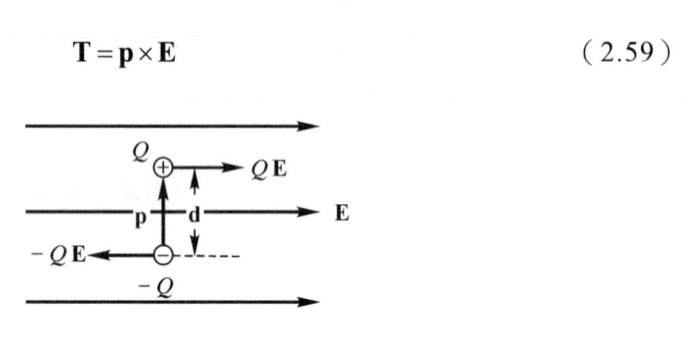

$$T = p \times E \tag{2.59}$$

圖 2-20　電偶極在電場中受轉矩之作用

第八節　電　能

在第五節裏面，我們已經知道將**一個點電荷** Q 由電位的零參考點（通常是無限遠處）移至某一點時，所作的功為[參考（2.33）式]：

$$W = QV \tag{2.60}$$

現在我們想知道**一群點電荷**聚集在一起時，其電位能應當如何計算。這個問題我們可以用如下的推論去作：首先，假設整個空間是一片真空，沒有任何電荷，也沒有任何電場，此時將一點電荷 Q_1 由無限遠處移至其預定的位置上時，所作之功等於零，即

$$W_1 = 0 \tag{2.61a}$$

現在，整個空間裏面不再是空無一物了，因為電荷 Q_1 已經在其四周建立電場，因此，當我們將第二個電荷 Q_2 由無限遠處移至其預定位置時，所

作的功依（2.60）式必為

$$W_2 = Q_2 V_{2,1} \qquad (2.61b)$$

其中 $V_{2,1}$ 為電荷 Q_1 在 Q_2 之預定位置上所產生的電位，依此類推，當我們將第三個電荷 Q_3 由無限遠處移來時，原先的 Q_1 及 Q_2 已經在 Q_3 預定到達的位置上，分別產生了電位 $V_{3,1}$ 及 $V_{3,2}$，因此，當 Q_3 被移至定位時，所作的功為

$$W_3 = Q_3(V_{3,1} + V_{3,2}) \qquad (2.61c)$$

同理，將第四個電荷 Q_4 由無限遠處移至定位時所作的功為

$$W_4 = Q_4(V_{4,1} + V_{4,2} + V_{4,3}) \qquad (2.61d)$$

等等，因此，將 N 個電荷全部移至其定位時，所作的功為

$$\begin{aligned} W &= W_1 + W_2 + W_3 + W_4 + \cdots \\ &= Q_2 V_{2,1} + Q_3 V_{3,1} + Q_3 V_{3,2} + Q_4 V_{4,1} + Q_4 V_{4,2} \\ &\quad + Q_4 V_{4,3} + \cdots \end{aligned} \qquad (2.62)$$

例 2.19 在邊長為 a 之等邊三角形的三個頂點各置一正電荷 Q，求此一組合所具有的電位能。

解：因

$$V_{2,1} = V_{3,1} = V_{3,2} = \frac{Q}{4\pi\varepsilon_0 a}$$

故

$$\begin{aligned} W &= W_1 + W_2 + W_3 = QV_{2,1} + QV_{3,1} + QV_{3,2} \\ &= 3Q \times \frac{Q}{4\pi\varepsilon_0 a} \\ &= \frac{3Q^2}{4\pi\varepsilon_0 a} \end{aligned}$$

此功即等於該三個電荷具有的電位能。

【練習題 2.23】 兩點電荷 Q_1，Q_2 相距 d，求其電位能 U。

答：$Q_1 Q_2 / 4\pi\varepsilon_0 d$。

注意，在（2.62）式中，

$$Q_3 V_{3,1} = Q_3 \frac{Q_1}{4\pi\varepsilon_0 R_{13}} = Q_1 \frac{Q_3}{4\pi\varepsilon_0 R_{31}} Q_1 V_{1,3} \tag{2.63}$$

等等；也就是說，1 與 3 可以互換。同理，我們也可證明 $Q_3 V_{3,2} = Q_2 V_{2,3}$，$Q_4 V_{4,1} = Q_1 V_{1,4}$，…等，故（2.62）式即可變成

$$\begin{aligned} W &= Q_1 V_{1,2} + Q_1 V_{1,3} + Q_2 V_{2,3} + Q_1 V_{1,4} + Q_2 V_{2,4} \\ &\quad + Q_3 V_{3,4} + \cdots \end{aligned} \tag{2.64}$$

將（2.62）及（2.64）兩式相加，得

$$\begin{aligned} 2W &= Q_1(V_{1,2} + V_{1,3} \ldots) + Q_2(V_{2,1}, V_{2,3} + \ldots) \\ &\quad + Q_3(V_{3,1} + V_{3,2} + \ldots) + \cdots \end{aligned} \tag{2.65}$$

式中每一括弧中電位之和即為其他所有電荷產生之總電位，例如

$$V_{1,2} + V_{1,3} + \ldots = V_1$$

即為 Q_2，Q_3 等電荷在 Q_1 之位置上所產生的總電位。因此，（2.65）式即可寫成

$$\begin{aligned} W &= \frac{1}{2}(Q_1 V_1 + Q_2 V_2 + Q_3 V_3 + \ldots) \\ &= \frac{1}{2}\sum_{m=1}^{N} Q_m V_m \end{aligned} \tag{2.66}$$

若點電荷數目 N 相當龐大，直接應用（2.66）式頗為不便，我們可以將整群電荷視為連續分佈，此時只要將（2.66）式中之 Q_m 換成 $dQ = \rho dv$，總和計算換成積分運算即可，也就是：

$$W = \frac{1}{2}\int \rho V \, dv \tag{2.67}$$

此式告訴我們，只要在空間有電荷的分佈，就有電位能 U 的存在；而此電位能 U 即等於將該組電荷由無限遠處移至其定位所作的總功 W。

例 2.20 設一電容器中之兩金屬箔面積 A 甚大而間隔甚小，經電壓 V_0 充電後，分別帶有 $+Q$ 及 $-Q$ 之電量，試求該電容器中貯存的電位能。

解：若兩金屬箔面積甚大而間隔甚小，則各金屬箔上電荷分佈相當均勻，故面電荷密度 $\rho_S = Q/A$ 可視為定值。又充電電壓 V_0 可寫成 $V_0 = V_+ - V_-$，其中 V_+ 及 V_- 分別為兩金屬箔的電位。由於本題中之電荷係呈平面分佈，故應用（2.67）式時，自動將 dv 改為面元 dS，即

$$\begin{aligned} W &= \frac{1}{2} \int [(+\rho_S)V_+ \, dS + (-\rho_S)V_- \, dS] \\ &= \frac{1}{2} \int [\rho_S(V_+ - V_-)] dS \\ &= \frac{1}{2} \rho_S V_0 \int dS \\ &= \frac{1}{2} \rho_S V_0 A \\ &= \frac{1}{2} Q V_0 \end{aligned} \quad (2.68)$$

此即等於電容器中貯存的電位能 U。

例 2.20 中所求的電位能是最簡單的一種；然一般而言，應用（2.67）式來計算並不見得是一個最好的辦法，原因是在計算電位能以前，必須先利用（2.41）式由電荷密度 ρ 求得電位 V，然後才能一起代入（2.67）式計算，無形之中，在手續上多了一道麻煩。這個麻煩我們可以用一個很巧妙的方法來解決；其基本觀念是：既然**電能是貯存在電場裏**，那麼直接用電場強度 E 來計算電能應該會更簡單。例如在例 2.20 中，設兩金屬箔之間隔為 d，則其中電場強度 E 必為

$$E = \frac{V}{d} \quad (2.69)$$

又由（2.22）式知，此電場強度又可表示為

$$E = \frac{\rho_S}{\varepsilon_0} \qquad (2.70)$$

由（2.69）及（2.70）兩式中可知，$V = Ed$ 及 $\rho_S = \varepsilon_0 E$，一起代入（2.67）式中（當然，dv 必須自動換成面元 dS，ρ 換成 ρ_S），即得

$$\begin{aligned} W &= \frac{1}{2} \int \rho_S V \ dS \\ &= \frac{1}{2} \int (\varepsilon_0 E)(Ed) dS \\ &= \frac{1}{2} \varepsilon_0 E^2 \int d \ dS \\ &= (\frac{1}{2} \varepsilon_0 E^2)(Ad) \end{aligned} \qquad (2.71)$$

其中 Ad 為電容器中電場所佔據的空間的體積，因此（2.71）式等號右邊第一個括弧所表示者即為單位體積中所含的電能，稱為**電能密度**（energy density）u_E，即

$$u_E = \frac{1}{2} \varepsilon_0 E^2 \qquad (2.72)$$

單位為焦耳/米^3（J/m^3）。由（2.71）式可知，電能密度乘體積，即為總電能；廣義而言，電能密度對體積積分，即為總電能，即

$$W = \int u_E \, dv \qquad (2.73a)$$
$$= \frac{1}{2} \int \varepsilon_0 E^2 \, dv \qquad (2.73b)$$

如此一來，只要求出電場強度 E，即可計算電能，這一點是（2.73）式比（2.67）式優越的地方。

例 2.21 設一半徑為 a 之金屬球經電壓 V_0 充電後，其球內電位即為 V_0，球外電位為 $V_0 a/r$，試求產生之電位能 U。

解：先求球內及球外的電場強度：

$$\mathbf{E} = -\nabla V = \begin{cases} 0 & \text{（球內）} \\ (V_0 a/r^2)\, \mathbf{a}_r & \text{（球外）} \end{cases}$$

故由（2.73b）式可得

$$W = U = 0 + \frac{\varepsilon_0}{2} \int_0^{2\pi} \int_0^{\pi} \int_a^{\infty} (\frac{V_0 a}{r^2})^2 r^2 \sin\theta\, dr\, d\theta\, d\phi$$

$$= 2\pi\varepsilon_0 V_0^2 a$$

【練習題 2.24】已知在真空中某電位分佈為 $V = 2x + 4y$（V），試求其中貯存之電能密度。

答：$10^{-8}/36\pi$ J/m³。

【練習題 2.25】在例 2.21 中，(a)試求金屬球上所帶的總電量 Q；(b)試證 $U = \frac{1}{2}QV_0$。

答：(a) $4\pi\varepsilon_0 V_0 a$。

第九節　電力線

我們知道，電場強度 **E** 是屬於向量場，在電場中每一點的電場強度，都可以用一個小箭頭來表示，如圖 2-21(a)，箭頭的長短表示電場強度的大小，箭頭的方向即為電場的方向。這種圖示法由於所畫的箭頭多而瑣碎，常覺得很麻煩，因此，在許多場合裏面，我們喜歡用如圖 2-21(b)所示的畫法，來描寫一個電場。這種畫法必須遵照兩個原則；第一，線條與線條之間的**密與疏**，代表電場的強與弱，第二，線條的**切線**方向，代表電場的方向。根據這兩個原則所畫出的一群曲線，我們稱之為**電力線**

（line of force）。

由於電力線只能夠畫在二維空間的紙面上，因此這種圖示法也僅能用來描繪二維之電場分佈。在直角坐標系統裏面，通常假定電場是在 xy 平面上分佈，即 $\mathbf{E} = E_x\mathbf{a}_x + E_y\mathbf{a}_y$，如圖 2-22 所示。由於電力線在任何一點之切線方向就是電場的方向，故由圖中可知 E_y/E_x 即為電力線之斜率 dy/dx，故得一微分方程式

$$\frac{dy}{dx} = \frac{E_y}{E_x} \tag{2.74}$$

解出此一微分方程式，所得 $y = f(x)$ 即為電力線方程式。

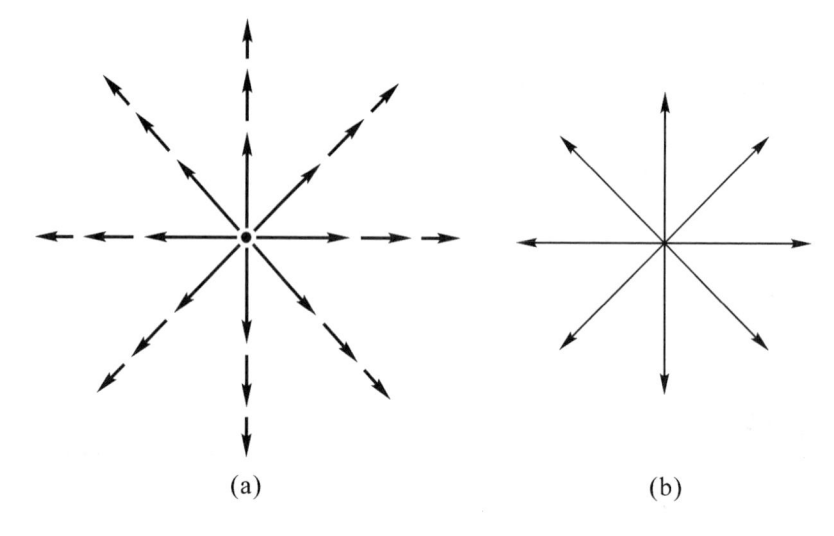

圖 2-21　電場之圖示。(a)向量場圖示法；(b)電力線圖示法

在圓柱坐標系統中，若電場為 $\mathbf{E} = E_r\mathbf{a}_r + E_\phi\mathbf{a}_\phi$，則電力線微分方程式為

$$\frac{dr}{r\,d\phi} = \frac{E_r}{E_\phi} \tag{2.75}$$

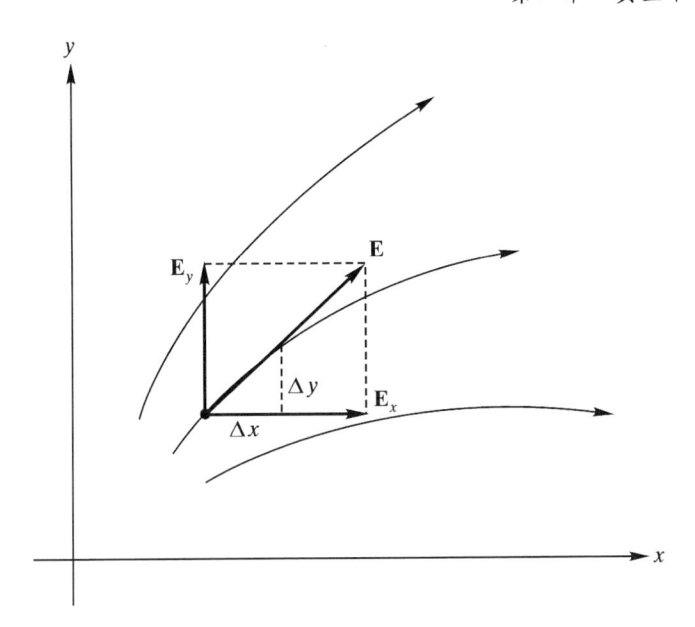

圖 2-22　電力線方程式之推導

同理，在球坐標系統中，若電場為 $\mathbf{E} = E_r \mathbf{a}_r + E_\theta \mathbf{a}_\theta$，則電力線微分方程式為

$$\frac{\mathrm{d}r}{r\,\mathrm{d}\theta} = \frac{E_r}{E_\theta} \tag{2.76}$$

例 2.22　設一電場為 $\mathbf{E} = 4x\mathbf{a}_x - 4y\mathbf{a}_y$，試求通過點(a)（1, 1）；(b)（6, 2）之電力線方程式。

解：因 $E_x = 4x$，$E_y = -4y$，故由（2.74）式得

$$\frac{\mathrm{d}y}{\mathrm{d}x} = \frac{-4y}{4x} = -\frac{y}{x}$$

移項，分離變數，得

$$\frac{\mathrm{d}y}{y} = -\frac{\mathrm{d}x}{x}$$

積分得

$$\ln y = -\ln x + \ln c = \ln(c/x)$$

故得電力線方程式

$$y = c/x \quad \text{或} \quad xy = c \tag{2.77}$$

其中 c 為一常數。由（2.77）式可知，變換不同的 c 值，我們可以畫出一群雙曲線形的電力線來。而通過（1, 1）點的一條電力線，其 $c=1$，故得該電力線方程式為 $xy=1$。同理，通過（6, 2）點的電力線，$c=12$，故其方程式為 $xy=12$。

例 2.23 電偶極之電場分佈如（2.57）式所示。試求該電場之電力線方程式。

解： 由（2.56）式知，$E_r/E_\theta = (2\cos\theta)/\sin\theta$，代入（2.75）式中，得

$$\frac{dr}{r\,d\theta} = 2\frac{\cos\theta}{\sin\theta}$$

將 $d\theta$ 移至等號右邊，積分得

$$\ln r = 2\ln|\sin\theta| + \ln c$$

整理得 $r = c\sin^2\theta$

此即為電偶極之電力線方程式，繪成圖形則如圖 2-23 所示。請注意電力線與等位線恆互成垂直。

【練習題 2.26】 已知 $\mathbf{E} = (1/x)\,\mathbf{a}_x - (1/y)\,\mathbf{a}_y$，試求電力線方程式。

答： $x^2 + y^2 = c$。

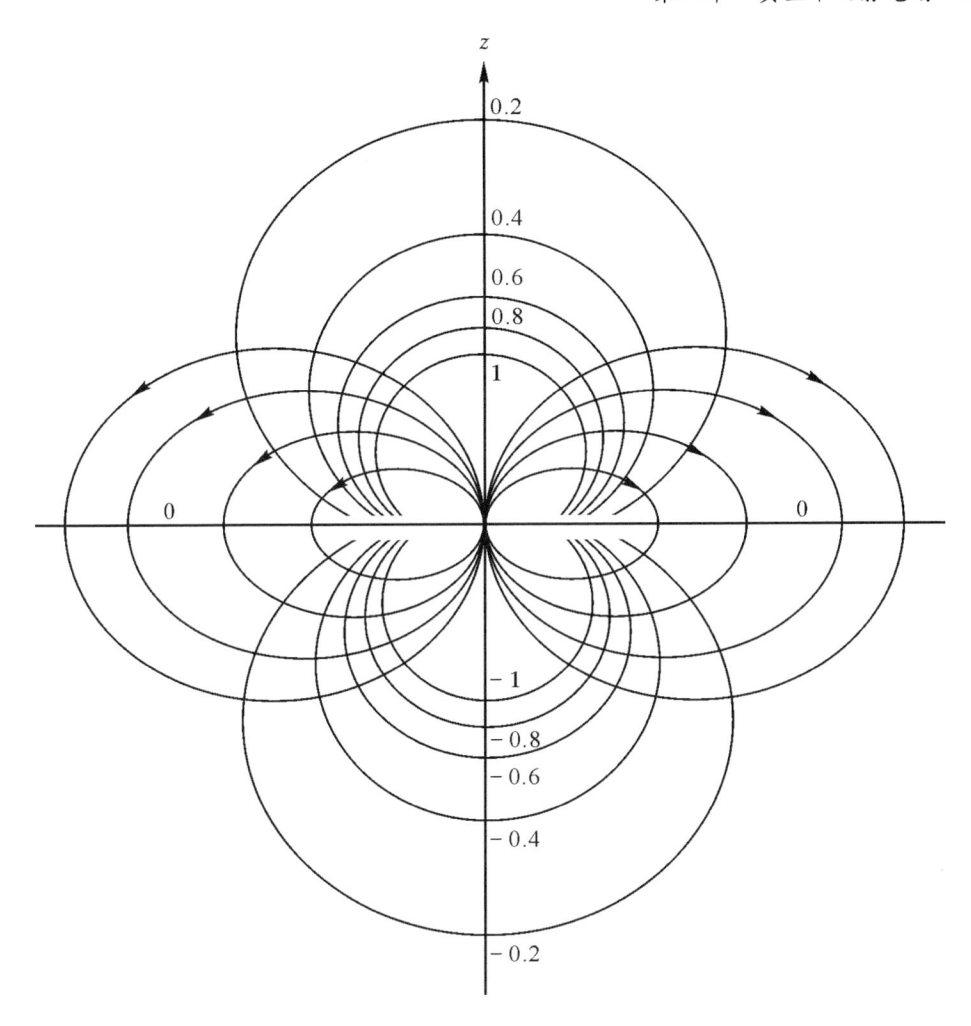

圖 2-23　電偶極之電力線（有箭頭者）及等位面

習　題

1. 設有 A、B 兩個小金屬球質量均為 m，各以長度 l 之細線懸於同一點，並令 A 球固定於懸點的正下方。今使兩球帶等量的電荷，發現 B 球被靜電力排斥

後，其懸線垂直方向成 θ 角，如圖 2-24 所示。試求 (a)靜電力的大小；(b)各球所帶的電量。

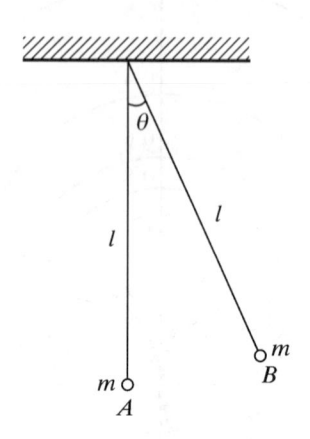

圖 2-24 習題第一題用圖

2. 質量均為 10^{-5} kg 的兩個小銅球各以長 10 cm 之細線懸掛於同一點，當兩球各帶有 10^{-11} C 的電量時，由於靜電力之互斥作用，使得兩細線張開一個小角度 α，試求此一小角度 α。

3. (a)邊長為 a 之正三角形其兩個底角各置一正點電荷 Q，則在頂角置一正電荷 q 時，所受之靜電力大小為何？
   (b)若正三角形之底角各置 $+Q$ 及 $-Q$ 之點電荷，則置於頂角之電荷 q 所受之靜電力又如何？

4. 在邊長 a 之正方形的四個角落上各置一電量 Q 之點電荷，則各點電荷所受之靜電力大小為何？

5. 邊長為 1 之正立方形的八個角落各置一電量為 Q 之正電荷，試求各電荷所受靜電力的大小。

6. 一無限長的直線電荷 $\rho_L = 20$ nC/m 置於 z 軸上，試求 (6, 8, 3) m 處之電場強度 **E**，分別以 (a)直角坐標；(b)圓柱坐標表示。

7. 兩無限長的直線電荷，其電荷密度均為 $\rho_L = 5$ nC/m，平行於 x 軸放置，其一位於 $z = 0$，$y = -2$ m，另一置於 $z = 0$，$y = 4$ m，求 (4, 1, 3) m 處之電場強度 **E**。

8. 一長度為 $2L$ 之均勻線電荷，置於 z 軸上，其電荷密度為 ρ_L，試求：(a)其垂直平分線上任意一點之電場強度 $\mathbf{E}$；(b) $z=h(h>L)$ 處之電場強度 $\mathbf{E}$。

9. 電荷密度為 $\rho_L = 20$ nC/m 之直線電荷置於 z 軸上，設其長度範圍為：(a) $z=\pm 5$ m 之間；(b) $z=\pm 5$ m 之外至無限大，試分別求出在（2, 0, 0）m 處之電場強度 $\mathbf{E}$。

10. 半徑 2m 之圓盤置於 $z=0$ 之平面上，所帶之電荷密度為 $\rho_S = 10^{-8}/r\ (\text{C/m}^2)$，求盤之中心軸上高度為 z 之處，電場強度 $\mathbf{E}$ 為何？

11. 半徑為 a 之半球殼上均勻分佈電荷，設所帶總電量為 Q，試求球心處電場強度之大小。

12. 已知電荷密度 $\rho = 50x^2\cos(\pi y/2)\,\mu\text{C/m}^3$，試求以原點為中心且邊長 2 m 之正立方體中所包含的總電量。

13. 已知電荷密度 $\rho = 2z\sin^2\phi\ \text{C/m}^3$，試求在體積 $1 \le r \le 3$ m，$0 \le \phi \le \pi/3$，$0 \le z \le 2$ m 中之總電量。

14. 已知在一球座標系統中，電荷密度 $\rho = \dfrac{\rho_0}{(r/r_0)^2}e^{-r/r_0}\cos\phi$，其中 ρ_0 及 r_0 為定值，試求總電量。

15. 在電場 $\mathbf{E} = y\mathbf{a}_x + x\mathbf{a}_y + 2\mathbf{a}_z$ V/m 中，將 2C 之電荷沿著圓周 $x^2+y^2=1$，$z=1$，由 A 點（1, 0, 1）移至 B 點（0.8, 0.6, 1）所作的功為何？

16. 在一電場 $\mathbf{E} = 6x^2\mathbf{a}_x + 6y\mathbf{a}_y + \mathbf{a}_z$ V/m 中，將 -0.3C 之電荷由（2, 0, 0）移至（0, 2, 0），若移動之路徑為：(a)直線段；(b)拋物線 $x^2+2y=4$，所作之功若干？

17. 五個點電荷電量均為 100 nC，分別置於 $x=2, 3, 4, 5$ 及 6 m 之各點上，求原點之電位。

18. 一點電荷 $Q=0.5$ nC 置於原點，令 $r=10$ m 處點為零電位參考點，試求 $r=5$ m 及 $r=15$ m 處之電位各多少。

19. 點電荷 $Q=4$ nC 置於（2, 3, 3）米（直角坐標系統），試求 A（2, 2, 3）及 B（-2, 3, 3）兩點的電位差。

20. 長度為 $2L$ 之均勻直線電荷上，電荷密度為 ρ_L，求其垂直平分線上，距離為 r 之點的電位。

21. 一均勻的線電荷彎成半徑 a 之半圓形，設電荷密度為 ρ_L，試求圓心處之電場強度的大小及電位。

22. 半徑為 a 之球殼上均勻帶有電荷，設面電荷密度為 ρ_S，試由積分求球心處之電位。

23. 半徑為 a 之圓柱面以 z 軸為其中心軸，其長度由 $z=-h$ 至 $z=h$，設圓柱面上之面電荷密度為 ρ_s，試求 $(0,0,k)$ 處之電場強度及電位。

24. 點電荷 $-2Q$ 置於原點，另外兩點電荷均為 $+Q$ 分別置於 $z=\pm d$，試利用球坐標，求任意一點 $P(r,\theta,\phi)$ 之電位 V。（設 $r \gg d$，此種電荷結構稱為電四極）。

25. 試求球面 $x^2+y^2+z^2=a^2$ 上之單位法線向量，以(a)直角坐標；(b)球坐標表示。

26. 設 $V=$ (a) x^2y+z+4；(b) $5\sin\phi\ e^{-r+z}$；(c) $(1/r)\sin\theta\ \cos\phi$，試求電場強度 $\mathbf{E}$。

27. 設邊長為 a 之正方形四個角落各置一正電荷 Q，試求：(a)正方形中心點之電場強度 $\mathbf{E}$；(b)該點之電位 V；(c)總電位能 U。

28. 試求在真空中，體積 $0 \le x \le 1$；$0 \le y \le 1$；$0 \le z \le 1$ 內所貯存的電位能，設：(a) $V=x+y$；(b) $V=x^2+y$。

29. 已知一電場 $\mathbf{E}=(x+y)\mathbf{a}_x+(x-y)\mathbf{a}_y$，試求電力線方程式。

30. 一無限長之均勻線電荷，其電場以直角坐標表示時，為 $\mathbf{E}=(\rho_L/2\pi\varepsilon_0)(x\mathbf{a}_x+y\mathbf{a}_y)/(x^2+y^2)$，試求電力線方程式。

第三章

高斯定律及其應用

第一節 前言

　　在第二章裏面，我們已經知道一個電場的分佈可用電場強度 **E** 或電位 **V** 來表示：空間一點之電場強度等於一個單位正電荷在該點所受的靜電力；而電位等於單位正電荷在該點之電位能。易言之，電場強度與電位係分別由力及能量的觀念衍化而來的；在某些場合裏，這些觀念總是顯得有點抽象，不夠具體。在本章裏面，我們將利用一個比較具體的**通量**觀念來表示一個電場的分佈狀況。由通量的觀念，我們可以導出重要的**高斯**定律，對電場的性質可以有更深入的瞭解。

　　其次，在上一章裏我們所討論的都是關於**真空中**靜電場的性質；然而就現實情況而言，在這個世界裏，充塞著各色各樣的物質，真空畢竟少見，因此，我們有必要將討論範圍加以擴大，看看在**物質中**靜電場的性質又是如何。

　　首先，我們知道，任何物質都是由原子或分子聚集結合而成，而原子或分子本身又包含許多帶正、負電的質子、電子，因此當一電場由物質外穿入物質內時，必然受到這些質子、電子的影響，而有所扭曲或改變。而電場在各種物質中所受的扭曲或改變的程度，完全看物質中原子或分子的排列情形及其相互結合之方式而定。

問題是，自然界中物質種類繁多，如果我們要一一的去研究電場在其中的變化，是一件非常龐大艱深的工作，不是一般人（尤其是初學者）所能接受的。然而，在各種物質裏電場變化各不相同之情況下，我們至少可以找出一個不因介質而變的量，也就是本章中所要討論的**電通量**，利用電通量不受介質影響的特性，我們可以更容易瞭解物質中電場。

第二節　電通量及電通密度

在西元 1837 年的時候，英國的大科學家法拉第（Michael Faraday）曾經做過一個實驗，他準備兩個同心金屬球殼，一大一小，大的金屬球殼可以拆開成兩個半球，也可以重新組合起來成一完整的球。另外，他也準備若干種不同的絕緣物質，即介電質（dielectric），用來填塞在兩同心球殼間的空間。

首先，他使小球帶正電，所帶的電量 Q 事先已知；然後在小球表面上敷上一層厚約 3/4 吋的絕緣物質，最後，將大球殼包在最外面；此時我們注意到，因為大小兩球殼之間為絕緣體；小球上所帶的電荷絕不會導到大球上，但是大球上卻有電荷產生，如圖 3-1(a) 所示；其成因是由於小球上的正電荷吸引了大球殼中的電子，使得大球殼的內壁出現了負電荷。同時，大球殼的外壁少了電子，出現了正電荷。像這樣，由於附近電荷的作用，使物體產生等量的正、負電荷的現象，稱為**靜電感應**（electrostatic induction），所產生的電荷稱為感應電荷（induced charge）。為了防止大球中之正、負感應電荷互相中和，法拉第將大球接地片刻，消除了外壁的正電荷，於是只剩下負電荷，如圖 3-1(b) 所示。法拉第發現，**不論填塞於兩球殼之間的介質是什麼**（甚至於不填任何介質），大球上的感應電荷都等於 $-Q$。若不計符號，此感應電荷與原來小球上的電量 Q 完全相同。為了解釋這個現象，法拉第推論，必定有某種由小球至大球的**位移**

（displacement）存在，使得小球上的正電荷可以在大球上感應出等量的負電荷來，而這種位移必須與所經過的介質**無關**。

在現代的電磁學中，我們就稱為位移通量（displacement flux），或電通量（electric flux）。電通量也可以用一組線條來表示，稱為通線（flux line），如圖 3-1 所示。所有通線都是由正電荷發出，而止於負電荷。每一條通線代表某一定量的電通量，因此算一算通線的數目，即可大致瞭解電通量的情形。

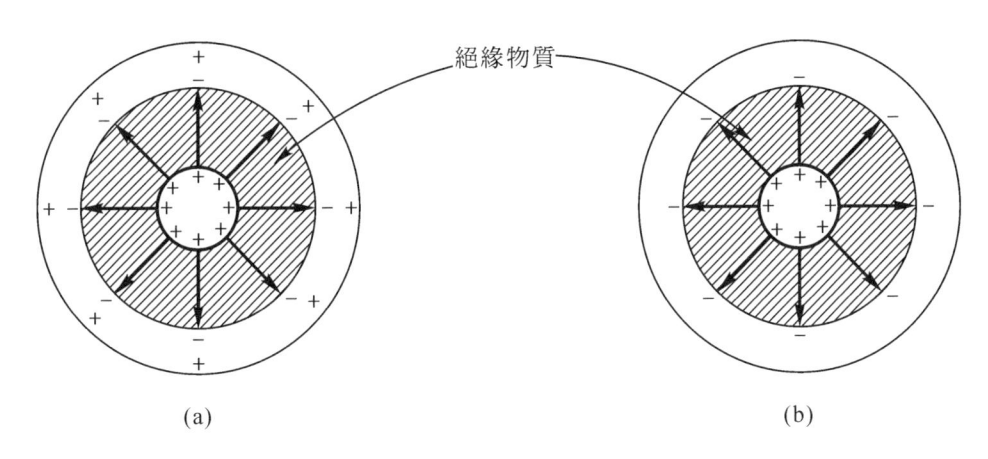

圖 3-1　法拉第實驗之說明

比如說，在圖 3-1 中，我們可以馬上看出來，由正電荷所發出的通線數目恰好等於止於負電荷之通線數目，那麼我們馬上就可以斷定，正電荷所發出之電通量等於負電荷所吸收的電通量。

為求明確起見，我們規定，一正電荷 Q 所發出的電通量（以希臘字母 Ψ 表示）就等於 Q，以數學式子表示，為

$$\Psi = Q \tag{3.1}$$

電通量的單位與電量的單位一樣，都是庫侖（C）。電通量有正、負之分；由（3.1）式可知，正電荷所發出的電通量取正號；負電荷吸收的電通量取負號。

特別值得注意的是，一個正電荷所發出的電通量，就如<u>法拉第</u>實驗的結

果所顯示，係與電荷周圍的環境無關；同時，與電荷本身的形狀也無關。舉例而言，一庫侖的正電荷置於真空中或置於水（或任何物質）中，它所發出的電通量都是一庫侖。又如，一庫侖的正電荷分佈成一圓環或分佈成一球面（或分佈成任何其他形狀），它所發出的電通量也都一樣是一庫侖。

在電磁學裏，有時為了應用上的方便，我們常常不直接說一正電荷所發出（或匯聚於一負電荷）的電通量是多少，而是用一個比較間接的方式來表達。這個方式是這樣的：首先想像該電荷被一個假想的**封閉**曲面所包圍，這個假想的封閉曲面可以是一個球面，或是一個有上下底的圓柱面，甚至可以是任何形狀，那麼很明顯的，穿過這個封閉曲面的總通線數，其實就是正電荷所發出（或匯聚於負電荷）的通線數。**穿出封閉曲面的電通量取正號，穿入者取負號。**

【練習題 3.1】一點電荷電量為 5 庫侖，置於原點，求第一卦限中之電通量。
答：5/8 C。

【練習題 3.2】設有正點電荷 Q 置於半徑為 (a)R；(b)$2R$ 之假想球面內（不一定在球心上），求通過球面之電通量。
答：(a)Q；(b)Q。

【練習題 3.3】一負點電荷 $-Q$ 置於一正立方體玻璃塊之中心，求：(a)通過玻璃塊表面之總電通量；(b)通過表面上單獨一面之電通量。
答：(a) $-Q$；(b) $-Q/6$。

【練習題 3.4】如圖 3-2 所示，一個任意形狀之曲面內部有 $+Q$ 及 $-Q$ 之點電荷各一，求通過該曲面之總電通量。
答：0。

設想有一正點電荷 Q 在真空中置於座標的原點，如圖 3-3 所示，則穿過半徑 r 之假想球面之總電通量必為 $\Psi = Q$。而球面面積為 $S = 4\pi r^2$，因此，通過單位面積之電通量必為

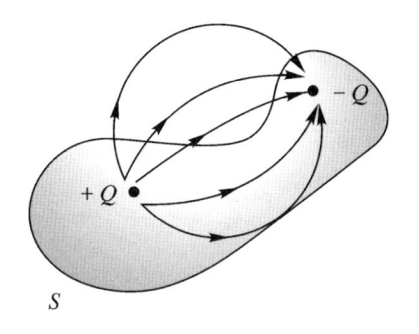

圖 3-2　練習題 3.4 用圖

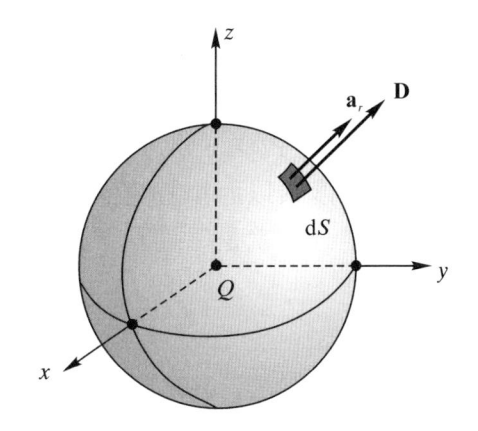

圖 3-3　電通密度的觀念

$$\frac{\Psi}{S} = \frac{Q}{4\pi r^2} \tag{3.2}$$

稱爲電通密度（electric flux density），或位移密度（displacement density）；單位爲庫侖/米^2（C/m^2）。在電磁學裏，電通密度通常視爲向量，以符號 **D** 表示。此向量的方向即爲通線的切線方向。例如在圖 3-3 中所示的點電荷，它所發出的通線都是由原點向四面八方輻射，用球座標來講，那就是 $\mathbf{a}_r$ 方向，因此（3.2）式寫成向量式應爲

$$\mathbf{D} = \frac{Q}{4\pi r^2} \mathbf{a}_r \tag{3.3}$$

將此式與該點電荷所建立的電場強度

$$\mathbf{E} = \frac{Q}{4\pi\varepsilon_0 r^2} \mathbf{a}_r \tag{3.4}$$

比較的結果，我們馬上得到如下的關係：

$$\mathbf{D} = \varepsilon_0 \mathbf{E} \tag{3.5}$$

亦即，在真空中電通密度與電場強度成正比。由這個關係我們可以說，在一電場中，通線與電力線兩者的分佈狀況必呈相似關係。注意（3.5）式

雖然是由最簡單的點電荷導出的，但是它是一個普遍適用的公式，也就是說，它可適用於任何真空中的電場。

從（3.2）式中，我們已知電通量除以面積就是電通密度；反過來說，電通密度乘以面積就應該是電通量了。正式一點說，電通密度與面元之內積的積分，就是電通量，用數學式子表示之，即為

$$\Psi = \int \mathbf{D} \cdot d\mathbf{S} \tag{3.6}$$

茲舉一例說明。圖 3-3 中所示的點電荷，其電通密度已如（3.3）式所示，利用（3.6）式可算出通過球面之總電通量：

$$\Psi = \int_0^{2\pi} \int_0^{\pi} \left(\frac{Q}{4\pi r^2} \mathbf{a}_r \right) \cdot (r^2 \sin\theta\, d\theta\, d\phi\, \mathbf{a}_r)$$

$$= \frac{Q}{4\pi} \int_0^{2\pi} \int_0^{\pi} \sin\theta\, d\theta\, d\phi = Q$$

與（3.1）式一致。由此可說明（3.6）式之適用性。

在均勻電場中，電場強度 $\mathbf{E}$ 為定值，故電通密度 $\mathbf{D} = \varepsilon_0 \mathbf{E}$ 亦為定值，那麼在（3.6）式之積分式中，$\mathbf{D}$ 即可提出積分符號外面，即

$$\Psi = \mathbf{D} \cdot \int d\mathbf{S} \tag{3.7}$$

設通線所通過的為一平面，則（3.7）式又可化簡為

$$\Psi = \mathbf{D} \cdot \mathbf{S} \tag{3.8}$$

設通線所通過的為一**封閉**曲面，則

$$\Psi = \mathbf{D} \cdot \oint d\mathbf{S} = 0 \tag{3.9}$$

式中積分符號上的小圓圈代表**封閉**曲面，注意 $d\mathbf{S}$ 在任何**封閉**曲面上的積分恆等於零。

【練習題 3.5】求通過圖 3-4 中所示之矩形內部的電通量，設(a) $\mathbf{D} = D_0\, \mathbf{a}_x$；(b) $\mathbf{D} = D_0\, \mathbf{a}_y$；(c) $\mathbf{D} = D_0\, \mathbf{a}_z$。

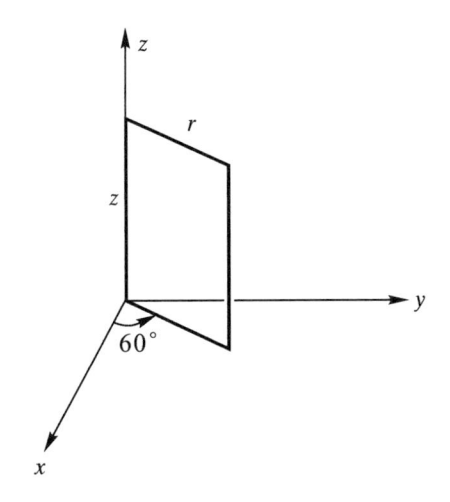

圖 3-4　練習題 3.5 用圖

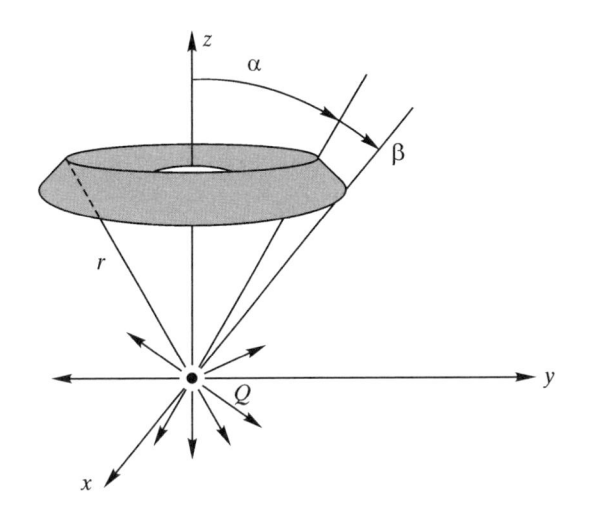

圖 3-5　練習題 3.6 用圖

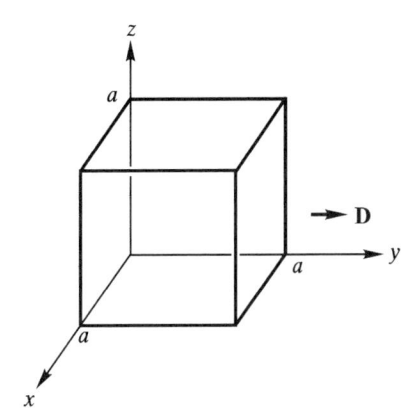

圖 3-6　練習題 3.7 及 3.8 用圖

答：(a) $(\sqrt{3}/2)\, rzD_0$；(b) $rzD_0/2$；(c) 0。

【練習題 3.6】一點電荷 Q 置於原點，如圖 3-5 所示，求通過圖中所示部份球面之電通量，設 $\alpha = 30°$，$\beta = 45°$。
答：$(\sqrt{3}-\sqrt{2})\, Q/4$。

【練習題 3.7】如圖 3-6 所示，設 $\mathbf{D} = D_0 \mathbf{a}_y$，求通過下列六個面的電通量各若干：(a) $x = 0$；(b) $x = a$；(c) $y = 0$；(d) $y = a$；(e) $z = 0$；(f) $z = a$。
答：(a)，(b)0；(c) $-a^2 D_0$；(d) $a^2 D_0$；(e)，(f)0。

【練習題 3.8】如圖 3-6，通過全部六個面（形成封閉狀態）的總電通量為何？
答：0。

第三節 高斯定律及其應用

由上一節中所介紹的法拉第實驗，我們已經知道，一正電荷 Q 所發出的電通量恆等於 Q。或者換個方式來講，若正電荷 Q 被一假想的**封閉曲面**（形狀不拘）所包圍，則通過該封閉曲面的總電通量恆等於 Q。由（3.1）式及（3.6）式，我們可以寫出

$$\oint \mathbf{D} \cdot d\mathbf{S} = Q \qquad (3.10)$$

式中積分符號上的小圓圈代表**封閉**曲面上的積分。（3.10）式就是所謂的高斯定律（Gauss's law），它告訴我們：**通過任意封閉曲面的總電通量，恆等於被包圍於該封閉曲面內之總電量。**

關於高斯定律，有三點值得特別注意；第一，假想的封閉曲面形狀是任意的，稱為高斯面（Gaussian surface）；第二，電荷 Q 以在高斯面內部者為限，在高斯面外的電荷不計，其理由很簡單，見圖 3-7；記得電通量是有正負之分的：穿入高斯面者取負號，穿出者取正號。由圖 3-7 中我們可以看到，當一條通線穿入高斯面時，必然會穿出，此條通線所代表的電通量恰好一負一正抵消，等於零，其他的通線也是同樣的情形。因此（3.10）式中的 Q 係專指高斯面內部之電荷。第三，電量 Q 係指自由電荷，不包括極化電荷。所謂極化電荷是介質（絕緣體）在電場中感應出來的電荷，

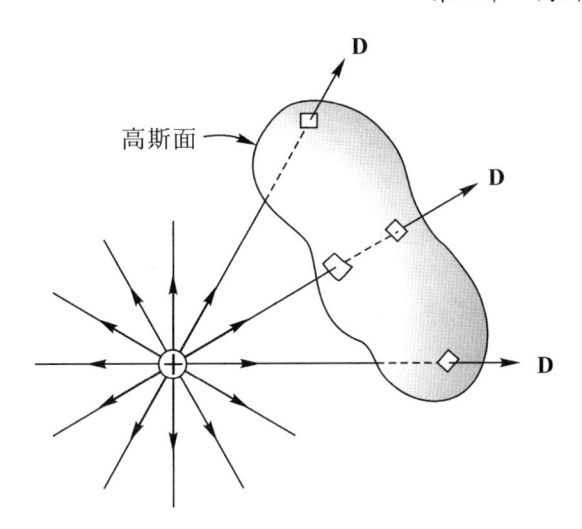

圖 3-7　設一封閉曲面（高斯面）內無電荷，則通過該曲面之總電通量恆等於零

我們將在下面第四節中討論。在真空中或導體中所帶的電荷則為自由電荷。

假如在高斯面內部，有兩個以上的點電荷存在，則（3.10）式應寫成

$$\oint \mathbf{D} \cdot d\mathbf{S} = \sum_n Q_n \tag{3.11}$$

假如高斯面內為線電荷、面電荷，或三維空間分佈的電荷，則（3.10）式應分別化為

$$\oint \mathbf{D} \cdot d\mathbf{S} = \int \rho_L \, dL \tag{3.12}$$
$$= \int \rho_s \, dS \tag{3.13}$$
$$= \int \rho \, dV \tag{3.14}$$

利用高斯定律，我們可以化簡許多的計算。例如，在上一章中，我們曾經利用積分求線電荷或面電荷所建立的電場強度，都要經過一番計算才能得到，見例 2.5 及（2.20）式。這些問題利用高斯定律就簡單多了。首先以無限長的均勻線電荷為例。我們注意到它所建立的電場分佈具有圓柱

形對稱性，因此我們所選用的高斯面自然應該是個圓柱面（包括上、下底），如圖 3-8 所示。設此圓柱面半徑為 r，高度為 L，則其側面積為 $2\pi rL$。令 1、2、3 代表圓柱面之上底、側面及下底，則由（3.12）式，

$$\oint \mathbf{D} \cdot d\mathbf{S} = \int_1 \mathbf{D} \cdot d\mathbf{S} + \int_2 \mathbf{D} \cdot d\mathbf{S} + \int_3 \mathbf{D} \cdot d\mathbf{S} = \rho_L \int dL = \rho_L L$$

由於在圓柱面之上、下底處，$\mathbf{D}$ 與 $d\mathbf{S}$ 垂直，$\mathbf{D} \cdot d\mathbf{S} = 0$；而在側面上，$\mathbf{D}$ 與 $d\mathbf{S}$ 平行，$\mathbf{D} \cdot d\mathbf{S} = DdS$，故上式即變成

$$\int_2 DdS = \rho_L L$$

或

$$D(2\pi rL) = \rho_L L$$

移項得

$$D = \frac{\rho_L}{2\pi r}$$

又由圖 3-8 知電通密度 $\mathbf{D}$ 係 $\mathbf{a}_r$ 方向，故得

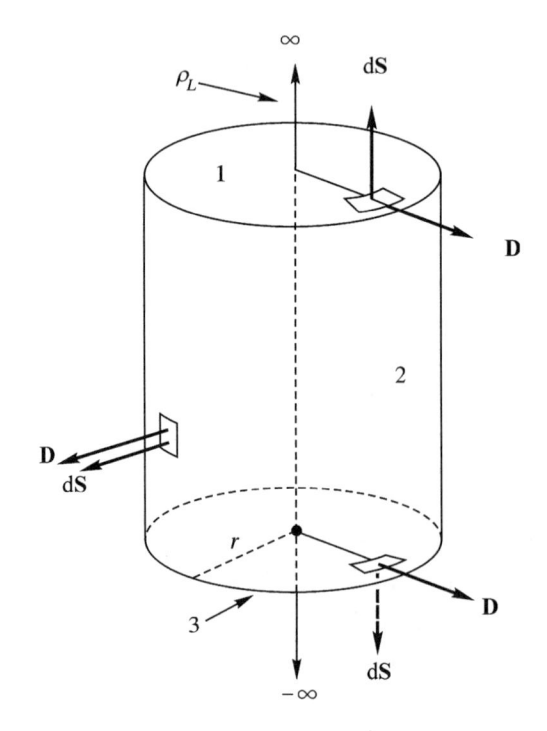

圖 3-8　利用高斯定律求無限長直線電荷之電場強度

$$\mathbf{D} = \frac{\rho_L}{2\pi r}\mathbf{a}_r \qquad (3.15)$$

由（3.5）式的關係，我們看出（3.15）式與例 2.5 的結果是一致的。

再以無限大的均勻平面電荷為例，如圖 3-9 所示，我們注意到它所發出的通線都是間隔均勻的直線，且與平面垂直，因此我們可以選定一個正圓柱形的高斯面，令其上、下底面積均為 S。此時，在圓柱之側面，$\mathbf{D}\cdot d\mathbf{S}=0$；而在上、下底處，$\mathbf{D}\cdot d\mathbf{S}=DdS$，故由（3.13）式得

$$\oint \mathbf{D}\cdot d\mathbf{S} = \int_{\text{上}} DdS + \int_{\text{下}} DdS = \rho_s S$$

由觀察可知通過圓柱上、下底之電通量是相等的，故上式即可變成

$$2DS = \rho_s S$$

或

$$D = \frac{\rho_s}{2}$$

寫成向量式，得

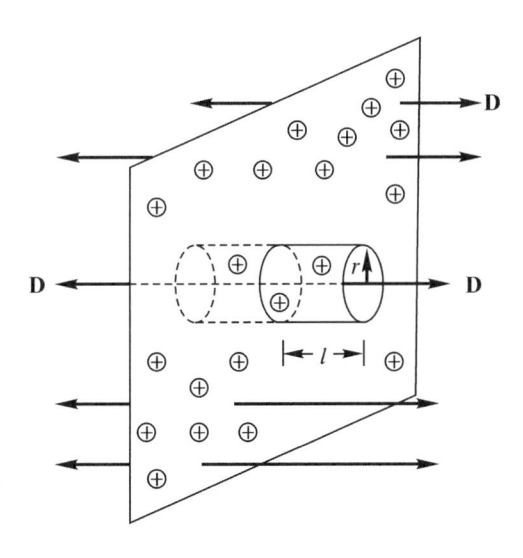

圖 3-9　利用高斯定律求無限大平面電荷之電場強度

88 電磁學

$$\mathbf{D} = \frac{\rho_s}{2}\mathbf{a}_n \qquad (3.16)$$

其中 $\mathbf{a}_n$ 為單位法線向量,用來表示通線與平面電荷之垂直關係。這個結果顯然與(2.20)式也是一致的。

下面,我們特別舉出幾個重要的例子。

例 3.1 一半徑為 a 之金屬球殼上帶有正電荷,如圖 3-10(a)所示。設面電荷密度為 ρ_s,求球外($r>a$)及球內($r<a$)之電場強度 E,電位 V 及總電能。

解:球外($r>a$)的情形。由於電荷分佈具有球形對稱,故所選用的高斯面必為球面無疑。此時高斯面上到處 $\mathbf{D}$ 與 $d\mathbf{S}$ 都是平行,$\mathbf{D} \cdot d\mathbf{S} = D\,dS$,故由(3.13)式得

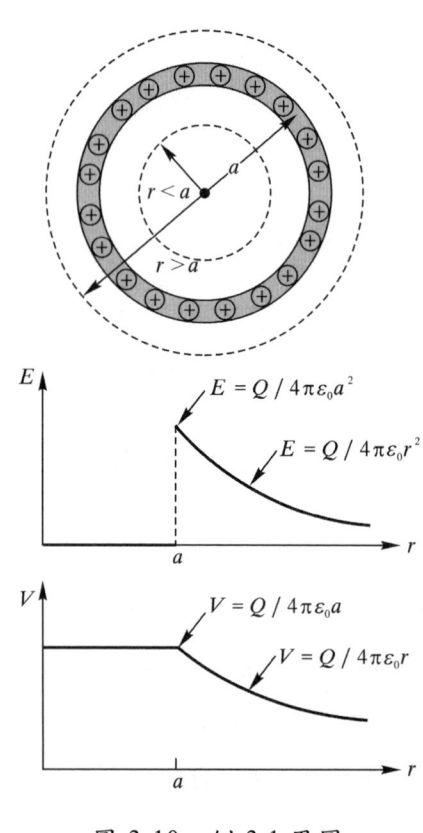

圖 3-10　例 3.1 用圖

$$\oint \mathbf{D} \cdot d\mathbf{S} = \oint D\,dS = D(4\pi r^2) = \int \rho_s \,dS = \rho_s(4\pi a^2)$$

請注意在上式之積分中，電通密度係對高斯面積分，而電荷密度因分佈於金屬球面上，故對金屬球面積分，兩者半徑不同。將上式移項化簡，即得電場強度

$$E = \frac{D}{\varepsilon_0} = \frac{\rho_s a^2}{\varepsilon_0 r^2} \qquad (3.17)$$

寫成向量式，為

$$\mathbf{E} = \frac{\rho_s a^2}{\varepsilon_0 r^2}\mathbf{a}_r = \frac{Q}{4\pi\varepsilon_0 r^2}\mathbf{a}_r \qquad (3.18)$$

其中 $Q = \rho_s(4\pi a^2)$ 為球殼上所帶的總電量。則（2.31）式可知電位：

$$V = -\int_{\infty}^{r}\left(\frac{\rho_s a^2}{\varepsilon_0 r^2}\mathbf{a}_r\right) \cdot (dr\,\mathbf{a}_r) = \frac{\rho_s a^2}{\varepsilon_0 r} = \frac{Q}{4\pi\varepsilon_0 r} \qquad (3.19)$$

由（3.18）及（3.19）式可以發現，帶電金屬球外（$r > a$）之電場分佈與點電荷完全一樣。

球內（$r < a$）的情形。由於球形對稱的關係，我們選用一個半徑 $r < a$ 的球面作為高斯面，特別注意此時高斯面內沒有任何電荷，故（3.13）式即變成

$$\oint \mathbf{D} \cdot d\mathbf{S} = \oint D\,dS = D(4\pi r^2) = 0$$

故知

$$D = 0 \quad 或 \quad E = 0 \qquad (3.20)$$

球內電位的計算要特別小心：

$$V = -\int_{\infty}^{r}\mathbf{E} \cdot d\mathbf{L} = -\left(\int_{\infty}^{a}\mathbf{E} \cdot d\mathbf{L} + \int_{a}^{r}\mathbf{E} \cdot d\mathbf{L}\right)$$

括弧中第一個積分係在 $r > a$ 的範圍，故電場強度 $\mathbf{E}$ 必須以（3.18）式代

入；而第二個積分係在 $r<a$ 之範圍，此時由（3.20）式知 $\mathbf{E}=0$，故上式可化為

$$V = -\int_\infty^a (\frac{\rho_s a^2}{\varepsilon_0 r^2}\mathbf{a}_r) \cdot (\mathrm{d}r\,\mathbf{a}_r) = \frac{\rho_s a}{\varepsilon_0} = \frac{Q}{4\pi\varepsilon_0 a} \qquad (3.21)$$

由此我們可以看出，金屬球殼內部電位為一定值，其值等於球面上的電位。

最後，我們利用（2.72）式計算此帶電金屬球殼所具有的電能。由於球內 $\mathbf{E}=0$，故電能完全貯存於球外。由（3.17）或（3.18）式代入（2.72）式可得

$$\begin{aligned}
W &= \frac{1}{2}\int \varepsilon_0 E^2 \mathrm{d}V \\
&= \frac{1}{2}\varepsilon_0 \int_0^{2\pi}\int_0^\pi \int_a^\infty (\frac{\rho_s a^2}{\varepsilon_0 r^2})(r^2\sin\theta\,\mathrm{d}r\,\mathrm{d}\theta\,\mathrm{d}\phi) \\
&= \frac{2\pi}{\varepsilon_0}\rho_s^{\,2} a^3 \\
&= \frac{1}{2}\times\frac{Q^2}{4\pi\varepsilon_0 a} \qquad\qquad\qquad (3.22a)\\
&= \frac{1}{2}QV \qquad\qquad\qquad\qquad\quad (3.22b)
\end{aligned}$$

其中，V 指球面上之電位，見（3.21）式

例 3.2 設在半徑為 a 之球形區域內，有均勻電荷分佈，其電荷密度為 ρ，但球形區域外為真空，試求：(a)球外（$r>a$）；(b)球內（$r<a$）之電場強度 $\mathbf{E}$ 及電位 V。

解：(a)球外（$r>a$）之情形。由於電荷分佈具有球形對稱，故我們選定的高斯面必為一半徑 r 之球面，此球面內部包含的電量即為 $Q=\rho(\frac{4}{3}\pi a^3)$，由（3.14）式得

$$\oint \mathbf{D}\cdot\mathrm{d}\mathbf{S} = D(4\pi r^2) = \rho(\frac{4}{3}\pi a^3)$$

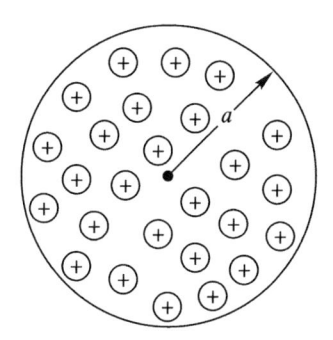

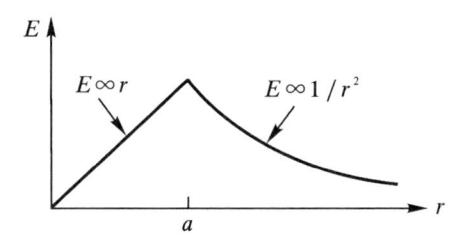

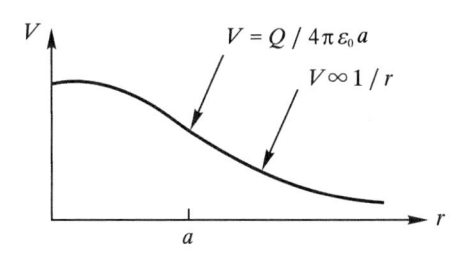

圖 3-11　例 3.2 用圖

故知

$$D = \varepsilon_0 E = \frac{\rho a^3}{3r^2} = \frac{Q}{4\pi r^2}$$

寫成向量式，即為

$$\mathbf{D} = \frac{\rho a^3}{3r^2}\mathbf{a}_r = \frac{Q}{4\pi r^2}\mathbf{a}_r \qquad (3.23a)$$

或

$$\mathbf{E} = \frac{\rho a^3}{3\varepsilon_0 r^2}\mathbf{a}_r = \frac{Q}{4\pi\varepsilon_0 r^2}\mathbf{a}_r \qquad (3.23b)$$

電位
$$V = -\int_{\infty}^{r} \mathbf{E} \cdot d\mathbf{L} = -\int_{\infty}^{r} (\frac{Q}{4\pi\varepsilon_0 r^2}) \mathbf{a}_r \cdot (dr\, \mathbf{a}_r) = \frac{Q}{4\pi\varepsilon_0 r} \qquad (3.24)$$

由上面的計算可知此一電荷分佈在 $r > a$ 之範圍所建立的電場與點電荷之電場完全一樣。

(b)球內（$r < a$）之情形。我們所選用的高斯面仍爲球面，但其半徑 $r < a$；此時，在高斯面內部的電量不是上述的 Q，而是 $\rho(\frac{4}{3}\pi r^3)$；故由（3.14）式得

$$\oint \mathbf{D} \cdot d\mathbf{S} = D(4\pi r^2) = \rho(\frac{4}{3}\pi r^3)$$

移項得

$$D = \varepsilon_0 E = \frac{\rho r}{3}$$

寫成向量式，即爲

$$\mathbf{D} = \frac{\rho r}{3} \mathbf{a}_r \quad \text{或} \quad \mathbf{E} = \frac{\rho r}{3\varepsilon_0} \mathbf{a}_r \qquad (3.25)$$

求電位時要特別注意：

$$V = -\int_{\infty}^{r} \mathbf{E} \cdot d\mathbf{L} = -(\int_{\infty}^{a} \mathbf{E} \cdot d\mathbf{L} + \int_{a}^{r} \mathbf{E} \cdot d\mathbf{L})$$

式中，括弧內的第一個積分必須以（3.23b）式代入；而第二個積分則必須以（3.25）式代入，得

$$\begin{aligned}
V &= -\left\{ \int_{\infty}^{a} (\frac{\rho a^3}{3\varepsilon_0 r^2} \mathbf{a}_r) \cdot (dr\, \mathbf{a}_r) + \int_{a}^{r} (\frac{\rho r}{3\varepsilon_0} \mathbf{a}_r) \cdot (dr\, \mathbf{a}_r) \right\} \\
&= \frac{\rho a^2}{3\varepsilon_0} + \frac{\rho}{3\varepsilon_0} (\frac{a^2}{2} - \frac{r^2}{2}) \\
&= \frac{\rho}{3\varepsilon_0} (\frac{3}{2} a^2 - \frac{r^2}{2})
\end{aligned} \qquad (3.26)$$

例 3.3 如圖 3-12 所示，一同軸電纜（coaxial cable）係由半徑分別為 a 及 b 之兩個金屬圓柱面套合而成，設所加的電壓為 V_0，求 (a)電場分佈情形；(b)電位分佈情形；(c)面電荷密度 ρ_{sa} 及 ρ_{sb}。

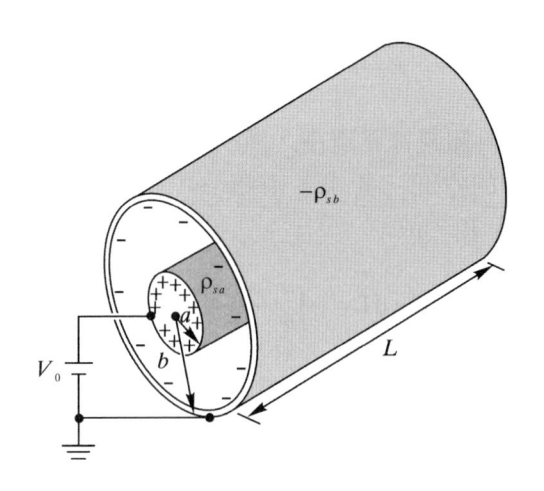

圖 3-12　例 3.3 用圖

解：(a)試取長度 L 的一段來考慮，由觀察可知，此電纜之電荷分佈具有圓柱形對稱，故應用高斯定律時，所選用的高斯面必然為一半徑 r 之圓柱面。在 $r < a$，亦即在內導體中，因高斯面內之電量為零，故由（3.13）式得

$$\oint \mathbf{D} \cdot d\mathbf{S} = D(2\pi rL) = 0$$

故知電場　$E = D/\varepsilon_0 = 0$

在 $a < r < b$，亦即在內、外兩導體間的空間，（3.13）式可化為

$$\oint \mathbf{D} \cdot d\mathbf{S} = D(2\pi rL) \; \rho_{sa}(2\pi a L)$$

故得

$$D = \frac{\rho_{sa} a}{r}$$

寫成向量式，即為

$$\mathbf{D} = \frac{\rho_{sa} a}{r}\mathbf{a}_r \quad \text{或} \quad \mathbf{E} = \frac{\rho_{sa} a}{\varepsilon_0 r}\mathbf{a}_r \tag{3.27}$$

在 $r>b$，亦即在電纜外的空間，由於所作的高斯面包含了內導體之正電荷及外導體之負電荷，其總和等於零，故由（3.13）式知

$$\oint \mathbf{D} \cdot d\mathbf{S} = D(2\pi rL) = 0$$

故
$$E = D/\varepsilon_0 = 0$$

由以上的討論可知同軸電纜中，所有的電場（以及電能）只分佈於兩個圓柱導體之間的空間。其次，由圖 3-12 中知，$r=b$ 之電位為零，而 $r=a$ 之電位為 V_0，故

$$V_0 = -\int_b^a \mathbf{E} \cdot d\mathbf{L} = -\int_b^a \left(\frac{\rho_{sa}a}{\varepsilon_0 r}\right)\mathbf{a}_r \cdot (dr\,\mathbf{a}_r) = \frac{\rho_{sa}a}{\varepsilon_0}\ln\frac{b}{a} \quad (3.28)$$

代入（3.27）式得電場強度為

$$\mathbf{E} = \frac{V_0}{r\ln(b/a)}\mathbf{a}_r \qquad (a<r<b) \quad (3.29)$$

(b) 由（2.31）及（3.29）兩式得在 $a<r<b$ 範圍中之電位為

$$V = -\int_b^r \mathbf{E} \cdot d\mathbf{L} = -\int_b^r \left[\frac{V_0}{r\ln(b/a)}\mathbf{a}_r\right] \cdot (dr\,\mathbf{a}_r) = V_0 \ln(b/r)/\ln(b/a) \quad (3.30)$$

(c) 由內導體表面所發出之總電通量為

$$\Psi = \int \mathbf{D} \cdot d\mathbf{S} = \varepsilon_0 \oint \mathbf{E} \cdot d\mathbf{S} = \varepsilon_0 \int_0^L \int_0^{2\pi} \left(\frac{V_0}{r\ln(b/a)}\mathbf{a}_r\right) \cdot (r\,d\phi\,dz\,\mathbf{a}_r)$$

$$= \frac{2\pi\varepsilon_0 V_0}{\ln(b/a)} L \quad (3.31)$$

而內導體表面所帶的總電量為

$$Q = \int \rho_{sa}\,dS = \rho_{sa}(2\pi aL) \quad (3.32)$$

因 $\Psi = Q$，〔見（3.1）式〕，故得

$$\rho_{sa} = \frac{\varepsilon_0 V_0}{a\ln(b/a)} \quad (3.33)$$

同理，由於外導體所吸收的電通量為 $-\Psi$，其上所帶電量為 $\rho_{sb}(2\pi bL)$，故得

$$\rho_{sb} = -\frac{\varepsilon_0 V_0}{b\ln(b/a)} \qquad (3.34)$$

其中之負號代表外導體係帶負電荷。

【練習題 3.9】 點電荷 Q 置於座標之原點，另有一均勻帶電 $Q'-Q$ 之金屬球殼，其球心為原點，半徑為 a，試求通過球形高斯面 $r=k$ 之總電通量，設：(a) $k<a$；(b) $k>a$。
答：(a) Q；(b) Q'。

【練習題 3.10】 如圖 3-13 所示，點電荷 $+Q$ 及 $-Q$ 之附近假定有 A、B、C、D 等四個高斯面，求通過這些高斯面之電通量各若干？
答：$+Q$；$-Q$；0；0。

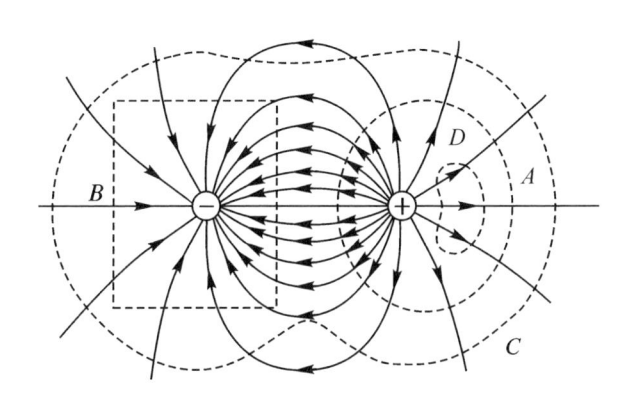

圖 3-13 練習題 3.10 用圖

【練習題 3.11】 三個均勻帶電之同軸圓柱面其半徑及面電荷密度如下：
$r=2$，$\rho_s=5$；$r=4$，$\rho_s=-2$；$r=5$，$\rho_s=-3$，試求在下列各處之電通密度 $\mathbf{D}$：
(a) $r=1$；(b) $r=3$；(c) $r=4.5$；(d) $r=6$。
答：(a) 0；(b) $(10/3)\,\mathbf{a}_r$；(c) $(4/9)\,\mathbf{a}_r$；(d) $(-13/6)\,\mathbf{a}_r$。

【練習題 3.12】設電通密度為 $\mathbf{D} =$：(a) $(20/r)(z/|z|)\,\mathbf{a}_z$；(b) $5z^2\sin(\phi/2)\,\mathbf{a}_r$，試求圓柱面 $r=3$，$-2 \leq z \leq 2$ 中之總電量。
答：(a) 754；(b) 320 C。

第四節 — 介質之極化

　　自然界的物質，由於其中原子或分子結合方式的不同，以致於有些物質中，電荷（通常是負電荷，即電子）可以自由的在物質中游動，此類物質稱為導體（conductor），導體中可以自由游動的電荷稱為**自由電荷**（free charge）。另外，在某些物質中，正、負電荷互相牽制的力量太大，均不能任意移動，此類物質即稱為絕緣體或**介電質**（dielectric），介電質中沒有自由電荷（偶而有的話，其數量也太少，不必理會），只有**束縛電荷**（bound charge），一正一負成對的被束縛在構成物質之分子中，如圖 3-14(a) 或 3-15(a) 所示。圖 3-14(a) 中所示者，稱為非極性分子（nonpolar molecule），其正、負電荷之間的距離等於零。一般而言，形狀、構造具有對稱性的分子，如 H_2，N_2，O_2 等，都屬於此類。圖 3-15(a) 所示者，稱為極性分子（polar molecule），其正、負電荷間的距離並不等於零，而構成一個電偶極。一般構造不對稱的分子，如 N_2O，H_2O 等，均屬此類。

　　通常，若無電場的作用，物質中的分子（不論極性的或非極性的）均呈散亂狀態分佈，各分子的電性互相抵消，使得物質呈中性。但當該物質置於電場中時，許多分子都會受到電場的作用；例如在圖 3-14(b) 中，非極性分子中的正負電荷即分別受到相反的靜電力的作用，而被沿電場方向拉長；而在圖 3-15(b) 中，我們可以看到極性分子也受到靜電力的作用，而轉到與電場平行的方向。其結果，不管是非極性分子也好，極性分子也

圖 3-14　(a)非極性分子其 (b)極化情形

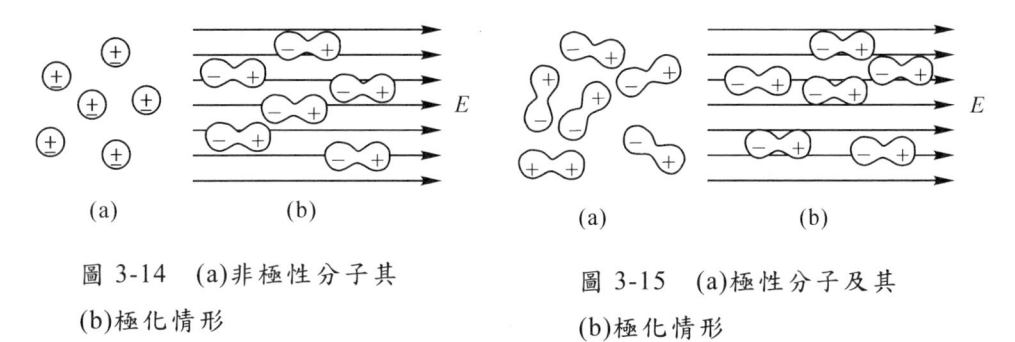

圖 3-15　(a)極性分子及其 (b)極化情形

好，在電場的作用之下，都變成一群排列整齊的電偶極。像這樣，物質中的分子電偶極沿著電場方向整齊排列的現象，就稱為**極化**（polarization）。

物質被極化以後，最顯而易見的結果，就是在其兩側各產生一層**極化電荷**（polarization charge），如圖 3-16 所示；一側為正極化電荷，另一側則為負極化電荷。若物質的極化相當均勻，也就是說，物質中電偶極的分佈相當均勻，則除了表面一層薄薄的極化電荷以外，物質內部所有的電荷恰好正負完全互相抵消而呈中性，如圖 3-16 所示。由於在介質中並無自由電荷，因此，這些表面極化電荷屬於束縛表面電荷，其面電荷密度以 ρ_{sb} 表示。

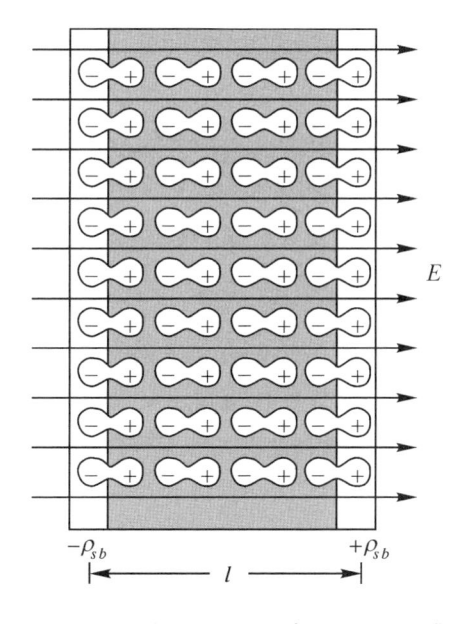

圖 3-16　介電物質極化後，其表面出現感應電荷

下面我們導出一個計算 ρ_{sb} 的公式。設在圖 3-16 中，介質中每單位體積所含的電偶極數目為 n；每一電偶極之偶極矩〔見（2.58）式〕為 $p=Qd$。我們注意到，由於一電偶極中，正、負電荷之間的距離為 d，故在介質右側之表皮內，厚度為 d 之薄層中，僅能包含電偶極的正電荷部分。今令介質右側表面之面積為 A，則在厚度為 d 之薄層中所含的正電荷數為 $n(Ad)$，也就是說，在介質右側表面上之表面感應電荷為 $Qn(Ad)$，或 $n(Ad)A$，再將面積 A 除去，即為面電荷密度 ρ_{sb}，故

$$\rho_{sb} = n(Qd) = np = P \tag{3.35}$$

式中，np 代表介質中單位體積內所包含之總電偶極矩；在電磁學裏面，我們通常以 P 表示之，叫做極化量（polarization），用來表示物質在電場中極化的程度；電場越強，物質中受極化的分子數目越多，極化量 P 自然就越大，於是表面上產生的感應電荷就越密。另外由於電偶極的偶極矩 $\mathbf{p}$ 為向量，其方向係由電偶極中之負電荷指向正電荷，是故，極化量也應該是個向量，即

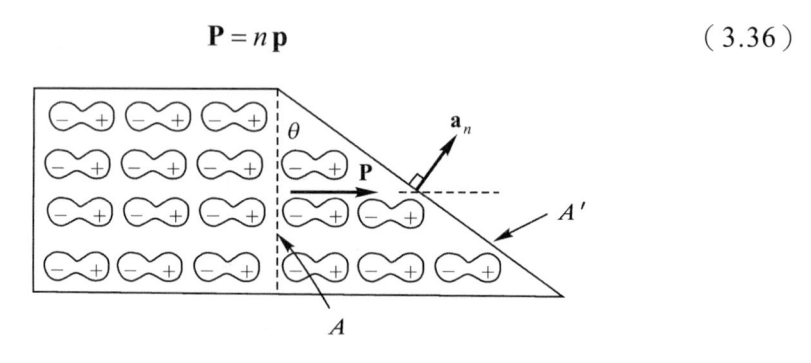

$$\mathbf{P} = n\mathbf{p} \tag{3.36}$$

圖 3-17　由於介質表面 A' 大於 A，但排列於 A' 及 A 上之電荷數目相同，故 A' 上之電荷密度小於 A 上之電荷密度

單位為庫侖/米^2（C/m^2）。這裏要特別注意的是，（3.35）式是根據圖 3-16 導出來的，若遇到圖 3-17 所示的情形就不同了，圖中介質之右側表面積變為 $A' = A/\cos\theta$，故其面電荷密度應為

$$\rho_{sb} = np\cos\theta = P\cos\theta = \mathbf{P}\cdot\mathbf{a}_n \tag{3.37}$$

式中，$\mathbf{a}_n$ 為介質表面之單位法線向量。

在理論上來講，介質在電場中受到極化時，其極化量可由（3.36）式得出，然由實用觀點而言，該式並不很恰當，原因是介質中每一分子的偶極矩 $\mathbf{p}$ 很不容易測出；因此，我們必須另外找一實用的公式才行。根據實際上的測量，我們發現，若介質為非晶體，且其質地很均勻，那麼將它置於電場 $\mathbf{E}$ 中時所產生的極化量 $\mathbf{P}$ 係與 $\mathbf{E}$ 直接成正比關係，即 $\mathbf{P}\propto\mathbf{E}$，或

$$\mathbf{P} = \chi_e \varepsilon_0 \mathbf{E} \tag{3.38}$$

其中 χ_e 無單位，稱為極化率（electric susceptibility），係隨介質種類之不同而變的一個量；一介質之極化率越大，表示該介質越容易受電場之作用而產生較大的極化量，因而所感應出來的表面極化電荷密度 ρ_{sb} 也較大。

【練習題 3.13】設一介質在電場 $E = 10^5$ V/m 中每單位體積受極化的分子數為 10^{20} 個，每一分子的偶極矩為 2×10^{-27} C·m，試求：(a)極化量 P；(b)極化率 χ_e。
答：(a) 2×10^{-7} C/m^2；(b) 0.226。

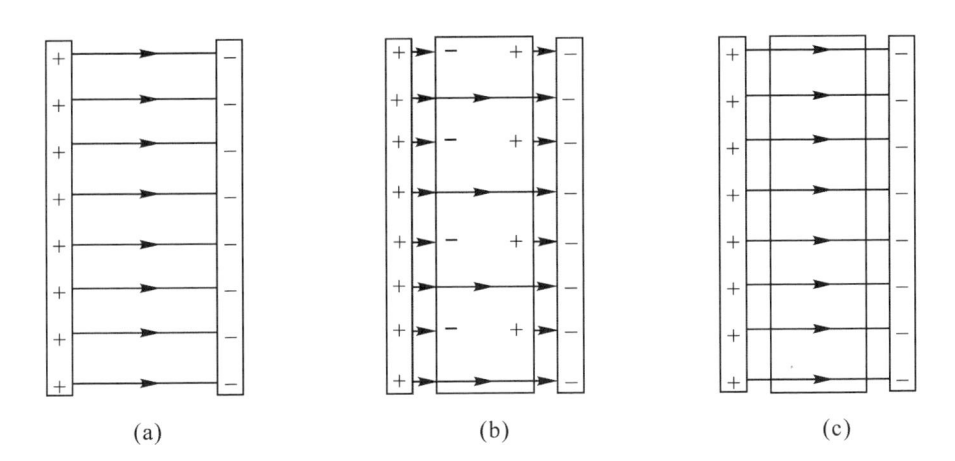

圖 3-18 介質極化之情形。(a)真空中之電場；(b)放入介質後之電場分佈；(c)通線之分佈，注意真空中及介質中之通線數目完全相等

由上面的敘述中，我們已經初步瞭解介質在電場中的情形。現在我們要作更進一步的討論。圖 3-18(a) 示在真空中由兩個帶電導體平面所建立的電場，由（2.22）式知，此電場之強度為

$$E_0 = \frac{\rho_s}{\varepsilon_0} \quad (3.39)$$

其中 ρ_s 代表導體平面上之面電荷密度。今將一介質放進兩導體平面之間的電場中，如圖 3-18(b) 所示，此時介質表面即出現了極化電荷；極化電荷雖屬於束縛電荷，但它終究也是電荷，故在圖 3-18(b) 我們可以很清楚的看到，一些電力線碰到介質左側的負極化電荷時，即被吸收；同時，介質右側之正極化電荷則發出電力線。因此，介質內之電力線數很顯然的較其兩側之真空中者為少；易言之，**介質中的電場強度恆小於其外部真空中之電場強度**。

其次，由（3.5）及（3.39）兩式，我們知道真空中的電通密度為

$$D_0 = \varepsilon_0 E_0 = \rho_s \quad (3.40)$$

現在的問題是，介質中的電通密度是多少？這可以從本章第二節中尋求答案；在法拉第的實驗中，我們已經知道電通量與介質之存在與否完全無關；易言之，介質內的通線數恆等於其外部真空中的通線數，如圖 3-18(c) 所示。或者，我們也可以說，若通線與介質表面垂直，則介質內的電通密度 D 恆等於其外部真空中之電通密度 D_0，

$$D = D_0 \quad (3.41)$$

注意，若通線與介質表面並不垂直，則（3.41）式就不成立，這一點請看第五節中（3.58）式。

讓我們更詳細的看看圖 3-18(b)，既然介質中的電場強度 E 恆小於其外部之電場強度 E_0，那麼它們兩者究竟差多少？由圖中我們可以直接看到，ρ_s 所發出的電力線有一部分被介質表面的負極化電荷 ρ_{sb} 吸收，剩下的則穿入介質內部；易言之，介質外與介質內電場強度之差與 ρ_{sb} 直接成正比，即 $E_0 - E \propto \rho_{sb}$，或

$$E_0 - E = \frac{\rho_{sb}}{\varepsilon_0} = \frac{P}{\varepsilon_0} \tag{3.42}$$

式中最後一步，係由（3.35）式而來。最後，再由（3.40）及（3.41）兩式，我們可將（3.42）式寫成

$$D = \varepsilon_0 E + P \tag{3.43}$$

此式告訴我們，儘管介質中電場強度 E 較其外部真空中之電場強度 E_0 為小，但是介質中因有極化量 P 之加入（真空中則無），結果介質中的電通密度即可與真空中的電通密度相等。

將（3.38）式代入（3.43）式，可得

$$\begin{aligned} D &= (1+\chi_e)\,\varepsilon_0 E \\ &= K\varepsilon_0 E \\ &= \varepsilon E \end{aligned}$$

或寫成向量式，即為

$$\mathbf{D} = \varepsilon \mathbf{E} \tag{3.44}$$

其中

$$\varepsilon = K\varepsilon_0 \tag{3.45}$$

稱為介質的容電係數，單位與 ε_0 相同，為法拉/米（F/m）；還有，

$$K = 1 + \chi_e \tag{3.46}$$

沒有單位，稱為介質的**介電常數**（dielectric constant），或相對容電係數（relative permittivity），依介質之種類而定。

由（3.44）式與（3.5）式之比較，我們得到一個印象，就是在真空中與在介質中，一般而言，所有電磁學公式只有 ε_0 與 ε 之差而已，例如，（2.6）式之<u>庫侖定律</u>，（2.9）式之點電荷電場，以至於（2.72）式的電能密度，……等等，凡是在真空中有 ε_0 的項存在，在介質中一律改做

$\varepsilon\,(=K\varepsilon_0)$ 就是了。

在圖 3-18(c) 我們可以發現，不論介質內或介質外之真空中，其所有的通線都是完全由金屬平面上的自由電荷 ρ_s 所發出來的，因此**高斯**定律

$$\oint \mathbf{D} \cdot d\mathbf{S} = Q \qquad (3.47)$$

中的電量 Q 係**純粹指自由電荷而言**，極化電荷不考慮在內。

例 3.4 在圖 3-18(a)中，設兩金屬平面面積各為 2000 cm^2，間隔 1 cm，兩平面之電位差為 3000 V，今將一厚度 1 cm 之介質插入兩平面之間，結果兩平面之電位差降為 1000 V，試求：(a)介質的介電常數 K；(b)容電係數 ε；(c)極化率 χ_e；(d)介質中的電場強度 E；(e)介質中的極化量 P；(f)介質表面極化電荷密度 ρ_{sb}；(g) ρ_{sb} 與 ρ_s 之比。

解：(a)由（3.40）式知，$\varepsilon E = \varepsilon_0 E_0$，或 $\varepsilon V/d = \varepsilon_0 V_0/d$，其中 d 為兩金屬平面之間隔，故

$$K = \frac{\varepsilon}{\varepsilon_0} = \frac{V_0}{V} = \frac{3000 \text{V}}{1000 \text{V}} = 3$$

(b) $\varepsilon = K\varepsilon_0 = 3\varepsilon_0$
(c) $\chi_e = (\varepsilon/\varepsilon_0) - 1 = 2$
(d) $E = \dfrac{V}{d} = \dfrac{1000 \text{ V}}{10^{-2} \text{ m}} = 10^5$ V/m
(e) $P = \chi_e \varepsilon_0 E = 2 \times 10^5 \varepsilon_0$ C/m^2
(f) $\rho_{sb} = P = 2 \times 10^5 \varepsilon_0$ C/m^2
(g) $\rho_s = \varepsilon_0 E_0 = \varepsilon_0 \dfrac{V_0}{d} = 3 \times 10^5 \varepsilon_0$ C/m^2

故 $\rho_{sb}/\rho_s = \dfrac{2}{3}$

【練習題 3.14】設一介電質介電常數為 2.1，置於電場強度 E_0 之電場中，設電場方向與表面垂直，求：(a)介質中之電通密度；(b)介質中之電場強度；(c)極化量。

答：(a) $\varepsilon_0 E_0$；(b) $0.476 E_0$；(c) $0.524 \varepsilon_0 E_0$。

例 3.5 如圖 3-19 所示，半徑 a 之金屬球上帶有電量 Q，其外覆以厚度 $b-a$ 之介質，其介電常數為 K，試求該金屬球之電位。

解：欲求電位，先求各部分的電場強度：

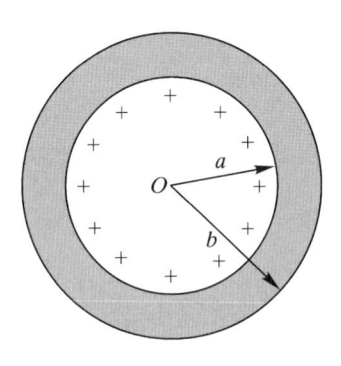

(a) 在金屬球內：$\mathbf{E} = 0$〔見（3.20）式〕 (3.48)

圖 3-19 例 3.5 用圖

(b) 在介質中：選一球形高斯面，其半徑為 $r(a<r<b)$，則由高斯定律，

$$\oint \mathbf{D} \cdot d\mathbf{S} = D(4\pi r^2) = Q$$

注意等號右邊只要導體上之自由電荷 Q 就行了，不必考慮介質表面的極化電荷；由此可得

$$D = \frac{Q}{4\pi r^2} \quad \text{或} \quad \mathbf{D} = \frac{Q}{4\pi r^2}\mathbf{a}_r$$

又由（3.43）及（3.44）兩式，可知電場強度為

$$\mathbf{E} = \frac{Q}{4\pi K\varepsilon_0 r^2}\mathbf{a}_r \tag{3.49}$$

(c) 在介質外：選一球形高斯面，其半徑為 $r>b$，則由高斯定律，

$$\oint \mathbf{D} \cdot d\mathbf{S} = D(4\pi r^2) = Q$$

注意此式等號右邊也只考慮金屬球上的電荷就可以了；移項得

$$D = \frac{Q}{4\pi r^2} \quad \text{或} \quad \mathbf{D} = \frac{Q}{4\pi r^2}\mathbf{a}_r$$

由於在本區域中為真空，$\mathbf{D} = \varepsilon_0 \mathbf{E}$，故

$$\mathbf{E} = \frac{Q}{4\pi \varepsilon_0 r^2}\mathbf{a}_r \tag{3.50}$$

由上面所算出的電場強度，可求出金屬球的電位：

$$\begin{aligned} V &= -\int_\infty^r \mathbf{E} \cdot d\mathbf{L} \\ &= -\left\{ \int_\infty^b \frac{Q}{4\pi \varepsilon_0 r^2} dr + \int_b^a \frac{Q}{4\pi K \varepsilon_0 r^2} dr + \int_a^r 0\, dr \right\} \\ &= \frac{Q}{4\pi \varepsilon_0}\left[\frac{1}{b} + \frac{1}{K}\left(\frac{1}{a} - \frac{1}{b} \right) \right] \end{aligned} \tag{3.51}$$

第五節　介質的邊界條件

　　從上面一節的說明中，我們已經知道一介質置於電場中時，會受到極化，其表面產生極化電荷，阻止一部分的電力線穿入介質中，因此介質內的電場強度恆小於其外真空中的電場強度；同時，若電力線垂直於介質表面，則電通密度在介質內、外均相同。這些敘述如何化成公式呢？又，若電力線不與介質表面成垂直，那又該如何呢？這就是我們在這一節裏所要探討的問題。

　　在電磁學裏，電場強度 $\mathbf{E}$ 與電通密度 $\mathbf{D}$ 在介質的表面上，或兩個不

同介質的接觸面上，其大小與方向，遵循一定的規則來變化，這一定的規則共有兩條，稱為**邊界條件**（boundary conditions）：

㈠電力線通過邊界時，**電場強度之切線分量不變**。

㈡通線通過邊界時，**電通密度之法線分量不變**。

第一個邊界條件是由電場的保守性質〔(2.35) 式〕而來的。在圖 3-20(a) 中，我們選定一個矩形的封閉迴路 $A_1B_1B_2A_2A_1$，其中 A_1B_1 段在介質 1 中，緊貼於邊界上，B_2A_2 段在介質 2 中，亦緊貼於邊界上；是故，B_1B_2 及 A_2A_1 兩段的長度即趨近於零，可忽略不計。由 (2.35) 式得

$$\oint \mathbf{E} \cdot d\mathbf{L} = E_{1t} \, \Delta l - E_{2t} \, \Delta l = 0$$

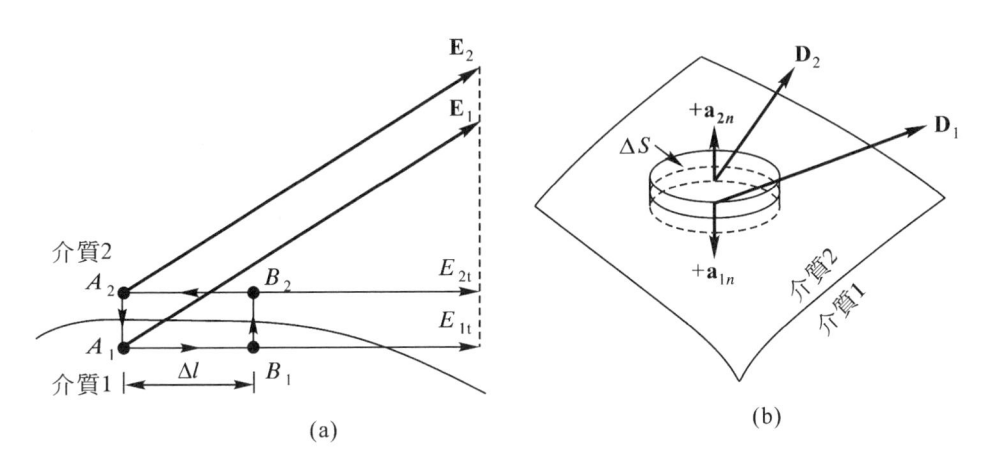

圖 3-20　兩介質界面上，邊界條件之推導

故
$$E_{1t} = E_{2t} \tag{3.52}$$

此即為第一個邊界條件：電場強度的切線分量在邊界兩側附近是相同的。

第二個邊界條件是由高斯定律而來。在圖 3-20(b) 中，我們選定一個圓柱面作為高斯面，此高斯面的下底係在介質 1 中，並緊貼於界面上，其上底在介質 2 中，亦緊貼於界面上，因而此圓柱面的側面積趨近於零，可忽略不計。由 (3.47) 式可得

$$\oint \mathbf{D} \cdot d\mathbf{S} = (-D_{1n} + D_{2n}) \, \Delta S = 0 \tag{3.53}$$

注意由於介質中無自由電荷，故上式等號右邊為零；由（3.53）式即知

$$D_{1n} = D_{2n} \tag{3.54}$$

此即為第二個邊界條件：電通密度的法線分量在邊界兩側附近是相等的。（3.52）及（3.54）兩式聯立起來，即可求出任何未知的電場。

例 3.6 如圖 3-21，設在介質 1（容電係數 ε_1）中，電場強度 $\mathbf{E}_1$ 在邊界之入射角為 α_1，試求：(a) 在介質 2（容電係數 ε_2）中的折射角 α_2；(b) $\mathbf{E}_2$ 的大小。
解：由第一個邊界條件 $E_{1t} = E_{2t}$ 及 $D = \varepsilon E$ 之關係可得

$$D_1 \sin\alpha_1 = \frac{\varepsilon_1}{\varepsilon_2} D_2 \sin\alpha_2 \tag{3.55}$$

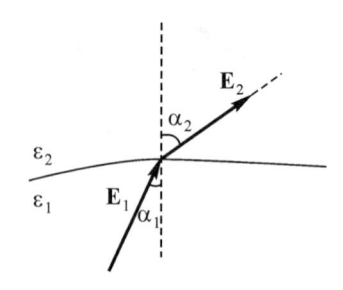

圖 3-21　例 3.6 用圖

由第二個邊界條件 $D_{1n} = D_{2n}$ 可得

$$D_1 \cos\alpha_1 = D_2 \cos\alpha_2 \tag{3.56}$$

將上兩式相除，即得

$$\tan\alpha_1 = \frac{\varepsilon_1}{\varepsilon_2} \tan\alpha_2 \quad \text{或} \quad \alpha_2 = \tan^{-1}(\frac{\varepsilon_2}{\varepsilon_1} \tan\alpha_1) \tag{3.57}$$

又，將（3.55）及（3.56）兩式平方相加，並整理之，可得

$$D_2 = D_1 \sqrt{\cos^2\alpha_1 + (\frac{\varepsilon_2}{\varepsilon_1})^2 \sin^2\alpha_1} \tag{3.58}$$

或 $$E_2 = E_1\sqrt{\sin^2\alpha_1 + (\frac{\varepsilon_1}{\varepsilon_2})^2\cos^2\alpha_1}$$

例 3.7 設 $x<0$ 之區域為真空，$x>0$ 之區域為 $K=2.4$ 之介質，已知在真空中之電通密度為 $\mathbf{D}_1 = 3\mathbf{a}_x - 4\mathbf{a}_y + 6\mathbf{a}_z$，試求介質中的電通密度 $\mathbf{D}_2$ 及電場強度 $\mathbf{E}_2$。

解：因介質與真空之界面為 $x=0$，故法線分量即為 x 分量，而切線分量則包括 y 及 z 分量。

因 $\mathbf{D}_1 = 3\mathbf{a}_x - 4\mathbf{a}_y + 6\mathbf{a}_z$，故 $\mathbf{E}_1 = \dfrac{3}{\varepsilon_0}\mathbf{a}_x - \dfrac{4}{\varepsilon_0}\mathbf{a}_y + \dfrac{6}{\varepsilon_0}\mathbf{a}_z$

由邊界條件知

$$\mathbf{D}_2 = 3\mathbf{a}_x + D_{y2}\mathbf{a}_y + D_{z2}\mathbf{a}_z \quad 及 \quad \mathbf{E}_2 = E_{x2}\mathbf{a}_x - \frac{4}{\varepsilon_0}\mathbf{a}_y + \frac{6}{\varepsilon_0}\mathbf{a}_z$$

其中 D_{y2}，D_{z2} 及 E_{x2} 均為未知數。然 $\mathbf{D}_2 = K_0\varepsilon_0\mathbf{E}_2$，即

$$3\mathbf{a}_x + D_{y2}\mathbf{a}_y + D_{z2}\mathbf{a}_z = 2.4(\varepsilon_0 E_{x2}\mathbf{a}_x - 4\mathbf{a}_y + 6\mathbf{a}_z)$$

等號兩邊比較的結果，即得

$$E_{x2} = \frac{1.25}{\varepsilon_0}，\quad D_{y2} = -9.6，\quad D_{z2} = 14.4$$

故 $\mathbf{D}_2 = 3\mathbf{a}_x - 9.6\mathbf{a}_y + 14.4\mathbf{a}_z$
$\mathbf{E}_2 = (1.25\mathbf{a}_x - 4\mathbf{a}_y + 6\mathbf{a}_z)/\varepsilon_0$

【練習題 3.15】 在例 3.7 中，試求介質中之極化量 $\mathbf{P}_2$。
答：$1.75\mathbf{a}_x - 5.6\mathbf{a}_y + 8.4\mathbf{a}_z$。

【練習題 3.16】 設 $x>0$ 之區域為真空，$x<0$ 為介質，$K=5.0$，若真空中之電通密度為 $\mathbf{D} = 2\mathbf{a}_x - 4\mathbf{a}_y + 1.5\mathbf{a}_z$，試求介質中之極化量 $\mathbf{P}$。
答：$1.6\mathbf{a}_x - 16\mathbf{a}_y + 6\mathbf{a}_z$。

第六節　高斯定律的微分形式

學過微積分的人都知道，微分通常比積分簡單；因此我們自然想到，高斯定律〔以（3.14）式為例〕這種積分形式是否可以改為微分形式，如此一來，在計算上可以大為簡化，而不失原來的物理意義。

圖 3-22 示一非常小的立方體，其體積為 $dV = dx\,dy\,dz$。令電通密度為

$$\mathbf{D} = D_x \mathbf{a}_x + D_y \mathbf{a}_y + D_z \mathbf{a}_z \tag{3.59}$$

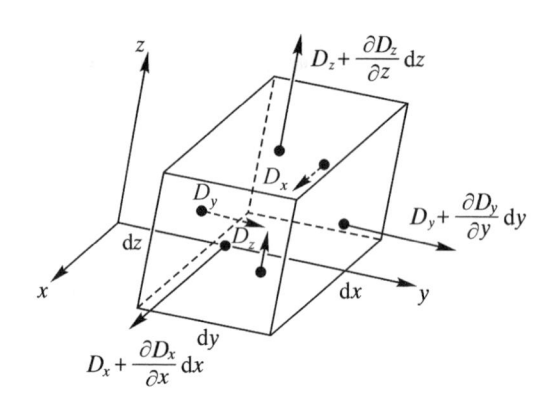

圖 3-22　高斯定律微分形式之推導

其分量 D_x，D_y 及 D_z，一般而言，在空間各點均各不相同；舉例而言，若穿入立方形左面的電通密度為 D_y，那麼由右面穿出時，就不是 D_y，而稍有變化，其變化量係依實際情況而定，在數學上我們以微差 $dD_y = (\partial D_y / \partial y)dy$ 表示之，也就是說，由立方形右面穿出之電通密度寫成 $D_y + (\partial D_y / \partial y)dy$。同理，由立方形後面穿入及前面穿出之電通密度分別為 D_x 及 $D_x + (\partial D_x / \partial x)dx$；由下面穿入及上面穿出者，則分別為 D_z 及 $D_z + (\partial D_z / \partial z)dz$。如此，通過此立方形六個面之總電通量即為

$$\oint \mathbf{D} \cdot d\mathbf{S} = -D_x \, dy \, dz + (D_x + \frac{\partial D_x}{\partial x} dx) \, dy \, dz - D_y \, dx \, dz + (D_y + \frac{\partial D_y}{\partial y} dy) \, dx \, dz$$

$$-D_z \, dx \, dy + (D_z + \frac{\partial D_z}{\partial z} dz) \, dx \, dy$$

$$= (\frac{\partial D_x}{\partial x} + \frac{\partial D_y}{\partial y} + \frac{\partial D_z}{\partial z}) \, dx \, dy \, dz \tag{3.60}$$

在數學上，(3.60) 式中括弧裏面三個偏微分之和，稱為向量 **D** 的散度（divergence），即

$$\mathbf{D} \text{ 的散度} = \text{div } \mathbf{D} = \frac{\partial D_x}{\partial x} + \frac{\partial D_y}{\partial y} + \frac{\partial D_z}{\partial z} \tag{3.61}$$

散度在電磁學裏面是一個很重要的觀念；要瞭解它的意義，我們可將 (3.60) 式中等號右邊之 $dx\,dy\,dz = dV$ 移至左邊，並寫成如下之形式：

$$\text{div } \mathbf{D} = \lim_{\Delta V \to 0} (\frac{\oint \mathbf{D} \cdot d\mathbf{S}}{\Delta V}) \tag{3.62}$$

式中 $\Delta V \to 0$ 之極限表示圖 3-22 中之立方形體積應該小到趨近於一點，在此情況下，通過該「點」表面之總電通量除以該「點」的體積，就是電通密度 **D** 在該點的散度。更詳細的說，散度的觀念有如下幾個要點：(1) 散度的觀念是以「點」為適用對象，因此我們可以說某一點的散度是多少，而不能說某平面上或某體積內之散度是多少。(2) 散度的觀念是直接由通量的觀念衍化而來。我們已經知道，通量有正負之分：穿出高斯面之通量取正號，穿入者取負號。仿此，散度也有正負，若通線由一點向外發散，則該點之散度為正值，散度為正值的點稱為源點（source）。由此可見，「散度」之「散」字，是具有散發的意思。相反的，若通線匯聚於某一點，該點的散度即為負值，而散度為負值的點則稱為匯點（sink）。(3) 若通過某一點之通線是連續的，沒有中斷的現象，那麼該點的散度即等於零。另外，我們在第二章第七節中介紹過一個運算符號 ∇，見 (2.50) 式，我們注意到，∇ 與向量 **D** 的內積

$$\nabla \cdot \mathbf{D} = (\frac{\partial}{\partial x}\mathbf{a}_x + \frac{\partial}{\partial y}\mathbf{a}_y + \frac{\partial}{\partial z}\mathbf{a}_z) \cdot (D_x\mathbf{a}_x + D_y\mathbf{a}_y + D_z\mathbf{a}_z)$$

$$= \frac{\partial D_x}{\partial x} + \frac{\partial D_y}{\partial y} + \frac{\partial D_z}{\partial z}$$

恰好等於 **D** 的散度公式〔(3.61)式〕，因此我們可以寫

$$\text{div } \mathbf{D} = \nabla \cdot \mathbf{D} \qquad (3.63)$$

在圓柱座標系及球座標系中，散度之公式如下：

$$\nabla \cdot \mathbf{D} = \frac{1}{r}\frac{\partial}{\partial r}(rD_r) + \frac{1}{r}\frac{\partial D_\phi}{\partial \phi} + \frac{\partial D_z}{\partial z} \qquad (3.64)$$

$$\nabla \cdot \mathbf{D} = \frac{1}{r^2}\frac{\partial}{\partial r}(r^2 D_r) + \frac{1}{r\sin\theta}\frac{\partial}{\partial \theta}(\sin\theta\, D_\theta)$$

$$+ \frac{1}{r\sin\theta}\frac{\partial D_\phi}{\partial \phi} \qquad (3.65)$$

例 3.8 設半徑為 a 之球形區域內有電荷均勻分佈，其電荷密度為 ρ，所建立的電場其電通密度 **D** 我們由例 3.2 已知為

$$\mathbf{D} = \begin{cases} \dfrac{\rho r}{3}\mathbf{a}_r & (r < a) \\ \dfrac{\rho a^3}{3r^2}\mathbf{a}_r & (r > a) \end{cases}$$

試求散度 $\nabla \cdot \mathbf{D}$。

解：在球形內 ($r < a$)：由已知條件知，$D_r = \rho r/3$，$D_\theta = 0$，$D_\phi = 0$，故由 (3.65) 式，

$$\nabla \cdot \mathbf{D} = \frac{1}{r^2}\frac{\partial}{\partial r}(r^2 \cdot \frac{\rho r}{3}) = \rho$$

而在球形外 ($r > a$)：由已知條件知，$D_r = \rho a^3/3r^2$，$D_\phi = 0$，$D_z = 0$，故

$$\nabla \cdot \mathbf{D} = \frac{1}{r^2}\frac{\partial}{\partial r}(r^2 \cdot \frac{\rho a^3}{3r^2}) = 0$$

【練習題 3.17】設 $\mathbf{D} =$：(a) $x^2\mathbf{a}_x + yz\,\mathbf{a}_y + xy\,\mathbf{a}_z$；(b) $e^{-y}(\cos x\,\mathbf{a}_x - \sin x\,\mathbf{a}_y)$，試求 $\nabla \cdot \mathbf{D}$。

答：(a) $2x+z$；(b) 0。

【練習題 3.18】設 $\mathbf{D} = r\sin\phi\,\mathbf{a}_r + r^2\cos\phi\,\mathbf{a}_\phi + 2re^{-5z}\mathbf{a}_z$，試求在點（1/2, $\pi/2$, 0）之散度。

答：$-7/2$。

【練習題 3.19】設 $\mathbf{D} =$：(a) $r\,\mathbf{a}_r - r^2\cos\theta\,\mathbf{a}_\theta$；(b) $r^2\sin\theta\,\mathbf{a}_r + 13\phi\,\mathbf{a}_\theta + 2r\,\mathbf{a}_\phi$，求 $\mathbf{D}$ 之散度。

答：(a) $3+r$；(b) $4r\sin\theta + (13\phi/r)\cot\theta$。

現在讓我們回到圖 3-22。設電荷密度為 ρ，則小立方形內部之總電量為 ρdV，根據高斯定律，通過立方體表面之總電通量，見（3.60）式，等於它內部之電量 ρdV，故得

$$\nabla \cdot \mathbf{D} = \rho \tag{3.66}$$

這就是高斯定律的微分形式。在這種微分形式裏，由於包含有散度，因此要解釋它的物理意義時，也必須以**點**為基準。由（3.66）式可以很明顯的看到，$\mathbf{D}$ 的散度與 ρ 既然相等，那表示其正負號也是一致的；也就是說，在任何點，只要有正電荷存在，該點即為通線的源點，由該點所發出之電通量與該點之電量成正比。同理，設在某一點有負電荷存在，即成為通線的匯點，而匯集於該點之電通量也與該點之電量成正比。若無電荷存在，則通線都是連續的。

最後，假如我們將（3.66）式代入（3.14）式，即得

112 電磁學

$$\oint \mathbf{D} \cdot d\mathbf{S} = \int \nabla \cdot \mathbf{D} \, dV \tag{3.67}$$

這個式子告訴我們，通過一高斯面之總電通量恆等於高斯面內部各點電通密度的散度的總和。站在純數學的立場而言，（3.67）式也可以看做一種面積分與體積分的互換公式；亦即，任何向量場 **A** 在一高斯面上的面積分恆等於該向量的散度在高斯面內部之體積分，以數學式子寫出來，就是

$$\oint \mathbf{A} \cdot d\mathbf{S} = \int \nabla \cdot \mathbf{A} \, dV \tag{3.68}$$

這個轉換式就叫做高斯散度定理（Gauss's divergence theorem）。

例 3.9 設電通密度之分佈情形為

$$\mathbf{D} = \begin{cases} \rho_0 z \, \mathbf{a}_z & (-1 \le z \le 1) \\ (\rho_0 z/|z|) \, \mathbf{a}_z & (|z| > 1) \end{cases}$$

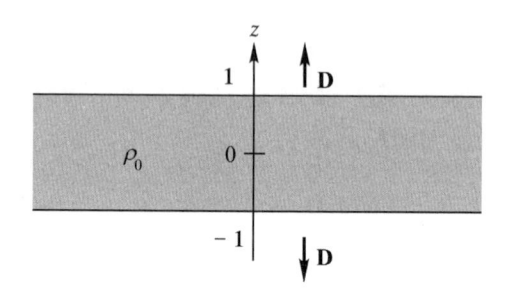

試求電荷密度 ρ。

圖 3-23　例 3.9 用圖

解：設 $-1 \le z \le 1$，則

$$\rho = \nabla \cdot \mathbf{D} = \frac{\partial}{\partial z}(\rho_0 z) = \rho_0$$

設 $z > 1$ 或 $z < -1$，則

$$\rho = \frac{\partial}{\partial z}(\pm \rho_0) = 0$$

其分佈情形示於圖 3-23 中。

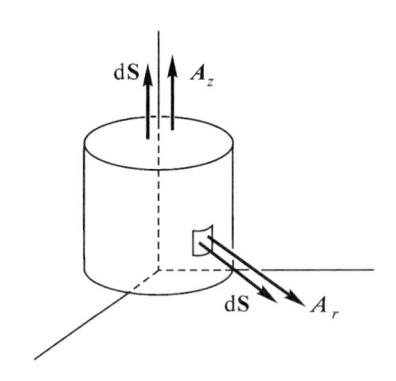

圖 3-24 例 3.10 用圖

例 3.10 設向量 $\mathbf{A} = 30e^{-r}\mathbf{a}_r - 2z\mathbf{a}_z$，試在一圓柱面 $r = 2$，$z = 0$，$z = 5$（如圖 3-24）及其內部的體積，計算高斯散度定理兩邊之數值。

解：散度定理左邊：

$$\oint \mathbf{A} \cdot d\mathbf{S} = \int_0^5 \int_0^{2\pi}(30e^{-2}\mathbf{a}_r) \cdot (2\,d\phi\,dz\,\mathbf{a}_r) + \int_0^{2\pi}\int_0^2 (-2 \times 5\,\mathbf{a}_z) \cdot (r\,dr\,d\phi\,\mathbf{a}_z) = 129.4$$

散度定理右邊：因

$$\nabla \cdot \mathbf{A} = \frac{1}{r}\frac{\partial}{\partial r}(30r\,e^{-r}) + \frac{\partial}{\partial z}(-2z) = \frac{30e^{-r}}{r} - 30e^{-r} - 2$$

故

$$\int \nabla \cdot \mathbf{A}\,dV = \int_0^5 \int_0^{2\pi} \int_0^2 (\frac{30e^{-r}}{r} - 30e^{-r} - 2)r\,dr\,d\phi\,dz = 129.4$$

兩邊相等。

第七節　電　流

　　幾乎所有的金屬都是導體，主要原因是其中含有數量龐大的自由電子，只要有電場存在，這些電子就會沿著電場的反方向移動，如圖 3-25 所示。電荷（不論正負）之流動就叫做電流（electric current）。

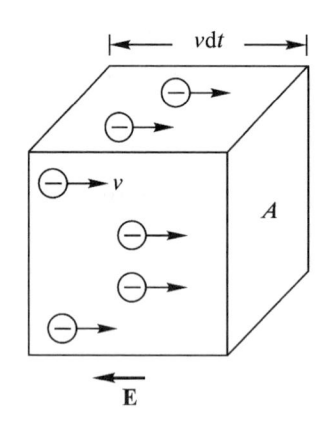

圖 3-25　電流之計算

　　設在時間 dt 之中，流過導體某一截面之電量為 dQ，那麼電流就是

$$I = \frac{dQ}{dt} \tag{3.69}$$

單位為庫侖/秒（C/s），或**安培**（A）。設圖 3-25 中所示之導體截面積為 A，導體中所含之電子的電荷密度為 ρ；當電子受到電場 E 之作用時，以速度 v 運動，那麼在 dt 時間中流過的電量為 d$Q = \rho(Avdt)$，故知電流為

$$I = \frac{dQ}{dt} = (\rho v) A \tag{3.70}$$

　　在電磁學裏，我們規定流過單位面積的電流就叫做**電流密度**（current

density），即

$$J = \frac{I}{A} = \rho v \tag{3.71}$$

單位為安培/米^2（A/m^2）。為統一起見，在數學上我們將電流密度與電通密度視為同一類型，都必須以向量來處理。故將（3.71）式寫成向量式：

$$\mathbf{J} = \rho \mathbf{v} \tag{3.72}$$

同時，仿照電通量之計算公式，即（3.6）式，我們得到電流

$$I = \int \mathbf{J} \cdot d\mathbf{S} \tag{3.73}$$

根據實驗我們發現導體中之電子受電場 **E** 作用時，其移動速度 **v** 直接與 **E** 成正比，即 $\mathbf{v} \propto \mathbf{E}$ 或

$$\mathbf{v} = \mu \mathbf{E} \tag{3.74}$$

其中比例常數 μ 稱為電子的**可動性**（mobility），單位為 米^2/伏特·秒（m^2/V·s），係依金屬之種類以及溫度而變的一個量。可動性越大，表示電子受電場作用時，移動得越快。將（3.74）式代入（3.72）式，即得

$$\mathbf{J} = \rho \mu \mathbf{E} = \sigma \mathbf{E} \tag{3.75}$$

其中 $\sigma = \rho \mu$ 稱為導體的**電導率**（conductivity），單位為姆歐/米（℧/m），用來表示導體導電程度的一種指標，電導率越大表示該導體的導電性越好。在導體中，ρ 與 μ 均為負值，而電導率 σ，則恆為正值，故 **J** 與 **E** 之方向是相同的，如圖 3-26 所示。（3.75）式稱為**歐姆**定律（Ohm's law），在理論的計算中常用到它；但在實用上，通常化成另一種形式。如圖 3-27 所示，一段質料粗細均勻的導線長度為 l，截面積為 A，根據實驗，此種導線之電阻 R 係與長度成正比，而與截面積成反比，即

$$R = \frac{l}{\sigma A} \tag{3.76}$$

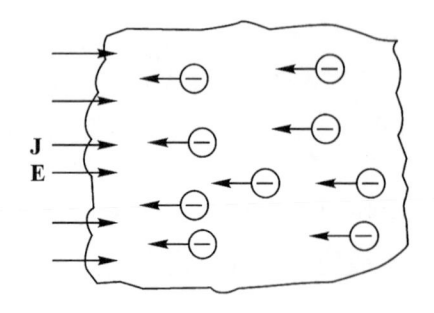

圖 3-26 導體中，電子運動方向與電場方向相反，但 **J** 的方向卻與電場方向相同

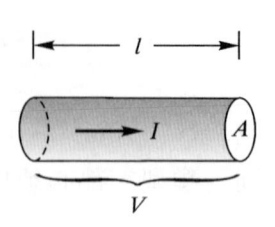

圖 3-27 均勻導線中電流與電壓之關係的計算

比例常數 σ 即為電導率。設導線兩端加電壓 V 時，電流為 I，則導線中之電場強度為

$$E = \frac{V}{l} \tag{3.77}$$

電流密度為

$$J = \frac{I}{A} \tag{3.78}$$

將（3.76）至（3.78）式代入（3.75）式，即得大家所熟悉的歐姆定律的實用式：

$$V = IR \tag{3.79}$$

例 3.11 設通過一圓導線截面之電流密度為 $\mathbf{J} = 15(1-e^{-1000r})\,\mathbf{a}_z\,(A/m^2)$，若導線截面半徑為 2mm，試求導線中之電流。

解： 由（3.73）式，

$$I = \int_0^{2\pi}\int_0^{2\times 10^{-3}} 15(1-e^{-1000r})\,\mathbf{a}_z \cdot (r\,dr\,d\phi\,\mathbf{a}_z)$$
$$= 1.33\times 10^{-4}\,A$$

例 3.12 如圖 3-29 所示，由一內徑為 r_0 之圓環上所截取之一段導體，其所張

的圓心角為 ϕ_0，截面為長 a 寬 b 之矩形。設導體之電導率為 σ，試求其電阻 R。

解：此題以圓柱座標系統處理最恰當。由圖中我們注意到，因導體截面粗細是均勻的，因此電位由導體左端向右降低的變化率也是均勻的，即

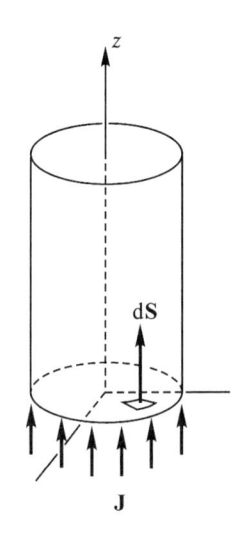

圖 3-28　例 3.11 用圖 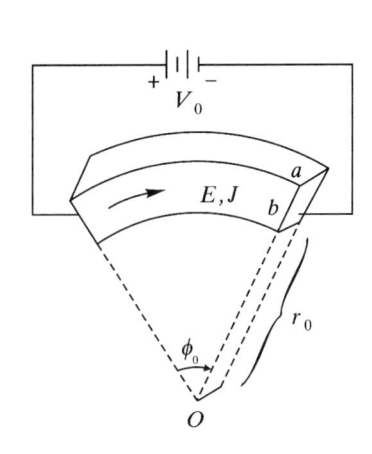　　　　　　圖 3-29　例 3.12 用圖

$$\frac{dV}{d\phi} = \frac{-V_0}{\phi_0} = 定值$$

式中之負號表示電位 V 係隨角度 ϕ 之增加而降低。由（2.51）式知，導體中之電場強度為

$$\mathbf{E} = -\nabla V = -\frac{1}{r}\frac{dV}{d\phi}\mathbf{a}_\phi = \frac{V_0}{r\phi_0}\mathbf{a}_\phi$$

導體中的電流密度則為

$$\mathbf{J} = \sigma\mathbf{E} = \frac{\sigma V_0}{r\phi_0}\mathbf{a}_\phi$$

由（3.73）式知導體中的電流為

118　電磁學

$$I = \int \mathbf{J} \cdot d\mathbf{S}$$
$$= \int_0^a \int_{r_0}^{r_0+b} \left(\frac{\sigma V_0}{r\phi_0}\mathbf{a}_\phi\right) \cdot (dr\,dz\,\mathbf{a}_\phi)$$
$$= \frac{\sigma a V_0}{\phi_0}\ln\left(1+\frac{b}{r_0}\right)$$

故得該導體之電阻為

$$R = \frac{V_0}{I} = \frac{\phi_0}{\sigma a \ln(1+b/r_0)}$$

例 3.13　同軸電纜之漏電電阻。圖 3-30 示一長度為 l 之同軸電纜，其內外導體半徑分別為 a 及 b，兩導體間所填充的介質並不絕對絕緣，而稍會導電，其電導率為 σ，試求該介質之漏電電阻。

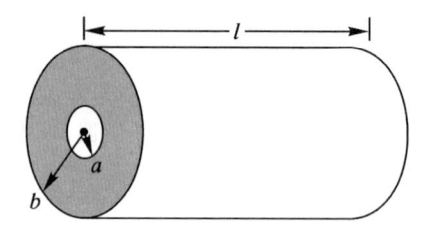

圖 3-30　例 3.13 用圖

解：設內導體為高電位，電流 I 由內導體向外流出。在半徑為 $r(a<r<b)$ 之處，電流密度為

$$J = \frac{I}{A} = \frac{I}{2\pi r l}$$

故介質中之電場強度為

$$E = \frac{J}{\sigma} = \frac{I}{2\pi\sigma r l}$$

內外兩導體之電位差則為

$$V = -\int_b^a \frac{I}{2\pi\sigma rl}\,dr = \frac{1}{2\pi\sigma l}\ln\frac{b}{a}$$

故漏電電阻為

$$R = \frac{V}{I} = \frac{1}{2\pi\sigma l}\ln\frac{b}{a}$$

【練習題 3.20】通過一半徑 2 mm 之圓導線中之電流，其電流密度為 $J = 10^3 e^{-400r}$ A/m²，求總電流。
答：7.51mA。

【練習題 3.21】如圖 3-31 所示，一扇形導體之圓心角 $\phi = 5°$，厚度為 0.05m，若電導率為 $\sigma = 6.17\times 10^7$ ℧/m，試求電流由 $r_a = 0.2$m 流向 $r_b = 3.0$m 時之總電阻。
答：10μΩ。

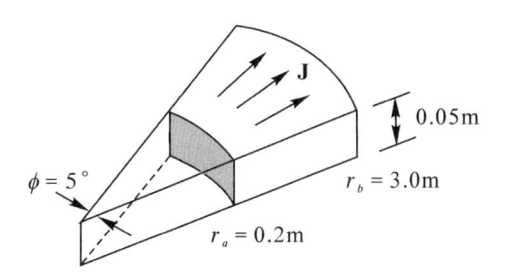

圖 3-31　練習題 3.21 用圖

第八節 連續方程式

我們已經知道，電荷與質量一樣，是宇宙中所有物質的本性，亦即，凡是物質，就必具備質量及電荷。例如，質子具有 1.66×10^{-27} kg 的質量，同時也具有 1.602×10^{-19} C 的正電荷；這正電荷無法抽離質子而存在。中子表面上看起來雖不帶有電荷，但詳細的研究顯示，它其實是由一些帶電質點組成的，只是這些質點的正、負電荷恰好互相抵消罷了。

由許多實驗發現，自然界中電荷是守恆的，也就是說，電荷不能被製造或被毀滅。舉例而言，根據愛因斯坦的質能公式 $E = mc^2$，我們知道質量可以「消失」而轉變成能量，但這個轉變過程必須符合電荷守恆的要求，否則無法進行；也就是說，質能互換必須在電荷守恆的大原則之下才可能發生。因此，單獨一個電子絕對無法自己轉換成能量，它必須與一個帶正電的**正子**相遇，兩者之總電量等於零時，才能變成能量，以反應式表示之，為

$$e^- + e^+ \rightarrow 2\gamma$$

其中 $\gamma = 0.51 \text{MeV}$ 代表電子（或正子）質量所轉換成之能量。我們可以說，電荷守恆是自然界的一個基本定律。

那麼，電荷守恆定律如何用數學來表示呢？一般都用如圖 3-32 所示的狀況來考慮。設一形狀任意之高斯面 S 內部之電量為 Q，則依據電荷守恆的觀念，當 Q 隨時間減少時，我們知道，並不意味著某些電荷之消滅，只是移動至高斯面外罷了。這些由高斯面移至高斯面外的電荷就形成了一般電流；穿出高斯面之總電流即等於高斯面內部電量之減少率 $-dQ/dt$，即

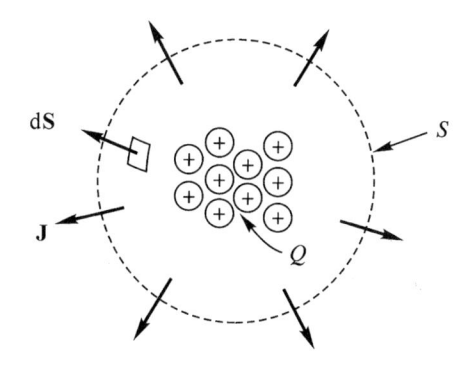

圖 3-32　電荷守恆律之數學推導

$$I = \oint \mathbf{J} \cdot d\mathbf{S} = -\frac{dQ}{dt} = -\frac{d}{dt}\int \rho \, dV = -\int \frac{\partial \rho}{\partial t} dV \qquad (3.80)$$

注意式中第一個積分符號上之小圓圈係指明高斯面是封閉曲面。應用散度定理〔(3.68) 式〕(3.80) 式即可化為

$$\nabla \cdot \mathbf{J} = -\frac{\partial \rho}{\partial t} \qquad (3.81)$$

這就是所謂的**連續方程式**（continuity equation），係由電荷守恆的觀念推導而得。它告訴我們，空間一點若有電荷密度的減少【注意 (3.81) 式中之負號】表示有電荷的流失，該點即成為電流之源點；同理，若某一點為電流之匯點，則因電荷的匯集，該點之電荷密度必增大。

在分析電路時所用的克希荷夫電流律就是由電荷守恆的觀念而來。假定在某電路中，同時有 n 條導線連結在同一節點，各導線中的電流為 I_n，則克希荷夫電流律告訴我們，

$$\sum I_n = 0 \qquad (3.82)$$

這個式子用 (3.73) 式的方式來寫，即為

$$\oint \mathbf{J} \cdot d\mathbf{S} = 0$$

此式與 (3.80) 式比較，可知電路中若為直流電（此時 $\partial \rho / \partial t = 0$）

或頻率不高的交流電（此時 $\partial \rho / \partial t \approx 0$），克希荷夫定律〔（3.82）式〕即可成立。

【練習題 3.22】設半徑 10^{-5} m 之微小球形區域內，電荷密度保持每秒減少 2×10^8 C/m^3 的變化率，求 (a) 通過該球形表面之總電流；(b) 球面上之平均電流密度。

答：(a) 0.838 μA；(b) $\frac{2}{3}$ kA/m^2。

第九節 帶電導體的性質

所謂導體，就是含有大量自由電荷的物體；在一般情況下，導體中的正負電荷恰好互相抵消，而呈中性。假如用某種方法將導體中之自由電荷（例如金屬中的自由電子）抽出少許，那麼導體內正負電荷之均勢就不再存在，導體就帶電（charged）了。若由導體中取出一些負電荷，則導體帶正電；若取出一些正電荷，則導體帶負電。

導體帶電了以後，這些電荷由於相互間的互斥作用，必很快的互相遠離，最後，所有的電荷都依附到導體的表面上來，使得導體的內部依然返回電中性的狀態。這一段變化過程，我們可以用高斯定律〔見（3.66）式〕、歐姆定律〔見（3.75）式〕及連續方程式〔見（3.81）式〕來加以計算。首先將（3.75）式代入（3.81）式，得

$$\sigma \nabla \cdot \mathbf{E} = -\frac{\partial \rho}{\partial t}$$

再由（3.66）式即得

$$\frac{\partial \rho}{\partial t} = -\frac{\sigma}{\varepsilon} \rho \tag{3.83}$$

設 ρ 僅為時間 t 之函數，則可將此微分方程式解出，得

$$\rho = \rho_0 e^{-(\sigma/\varepsilon)t} \qquad (3.84)$$

其中 ρ_0 為最初（$t=0$）時導體內部之電荷密度。（3.84）式告訴我們，導體**內部**所帶的電都是暫時性的，它必定會依指數函數的形式衰減至零，其時間常數為

$$\tau = \frac{\varepsilon}{\sigma} \qquad (3.85)$$

稱為遲緩時間（relaxation time）。每經歷一個遲緩時間，導體內部的電荷密度就衰減為原來的 $1/e(=37\%)$；而經歷若干個遲緩時間以後，導體內部就幾乎沒有什麼電荷了。在一般金屬導體中，遲緩時間通常是很短暫的；例如：在銅或銀裏面，電荷衰減之遲緩時間只有 1.4×10^{-19} 秒；在導電性不很好的純水中，遲緩時間也只有 10^{-6} 秒；這麼短的遲緩時間轉瞬即逝，通常可以忽略，亦即，導體內部的電荷在一剎那之間全都移到表面上去了。因此由實用的觀點而言，我們可以說，帶電導體內部沒有電荷，其所帶的電荷全部分佈在表面上。如圖 3-33 所示。

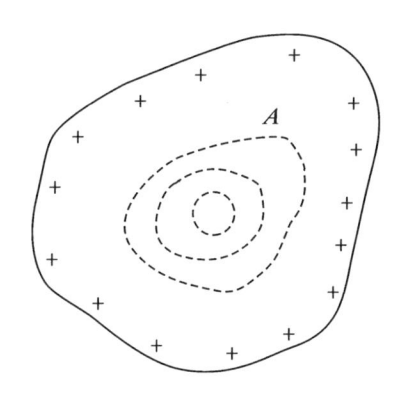

圖 3-33　導體所帶的電荷都分佈在表面上，故通過導體內任意封閉曲面（虛線）之電通量均等於零

今在導體內部選用任何形狀的高斯面，如圖 3-33 中之虛線所示，由於高斯面內部的電量都是零，故由高斯定律知，在靜電狀況下，**導體內部之電場強度等於零**。

其次，由於電場強度係等於電位的負梯度，即 $\mathbf{E} = -\nabla V$；若 $\mathbf{E}=0$，

則 V 必為一定值，亦即在靜電狀況下，**整個導體是一個等位體**，導體表面為一等位面。

帶電導體內部雖無電場存在，但是由於導體有表面電荷，故其外部必有電場。通常要求出一個任意形狀之帶電導體外部的電場強度並不容易，這裏不擬討論，但在導體**表面上**的電場強度卻很容易算出來。設有一帶電導體，其表面上所帶的電荷密度為 ρ_s，此導體外為一介質，容電係數為 ε，如圖 3-34 所示。我們發現，導體表面上的電場，其方向必與表面**垂直**，其大小與表面電荷密度 ρ_s 成正比。茲證明如下

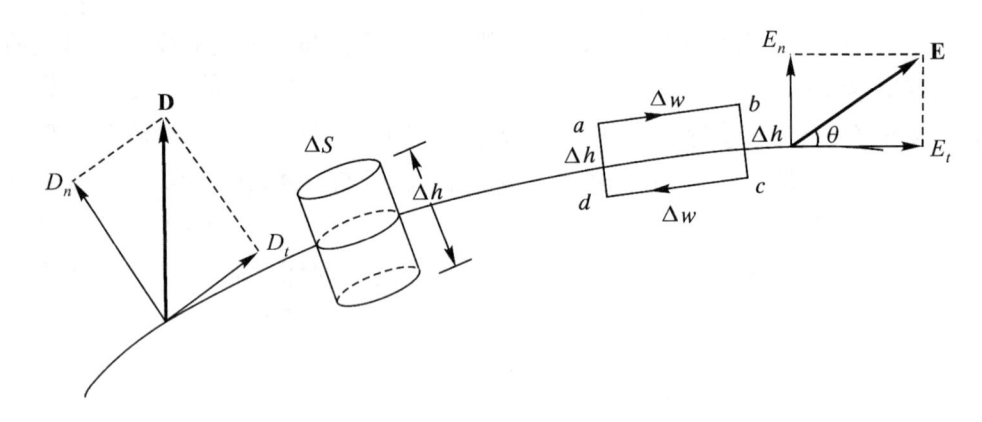

圖 3-34　導體與介質之界面上，邊界條件之推導

首先，在導體的表面上選定一方形迴路 $abcda$，如圖 3-34 中所示。其中，ab 段在介質中，貼近界面；cd 段在導體中，也貼近界面，因此 bc 及 da 兩段的長度 Δh 即趨近於零而可予以忽略。由於靜電場係一保守場，

$$\oint \mathbf{E} \cdot d\mathbf{L} = 0$$

即　　　　$\int_a^b \mathbf{E} \cdot d\mathbf{L} + \int_b^c \mathbf{E} \cdot d\mathbf{L} + \int_c^d \mathbf{E} \cdot d\mathbf{L} + \int_d^a \mathbf{E} \cdot d\mathbf{L} = 0$　　　（3.86）

其中第二及第四個積分可略而不計（因 $\Delta h \to 0$）；第三個積分為零（因導體中 $\mathbf{E} = 0$），上式變為

$$\int_a^b \mathbf{E} \cdot d\mathbf{L} = \int_a^b E\cos\theta\, dL = \int_a^b E_t\, dL = E_t \Delta w = 0 \qquad (3.87)$$

故得
$$E_t = 0 \qquad (3.88)$$

此式告訴我們，導體表面上之電場必與導體表面**垂直**，沒有切線分量。

其次，我們在導體表面作一圓柱形的高斯面，如圖 3-34 所示，其上、下底分別在介質及導體中，面積為 ΔS，也都貼近於界面，因此，其側面積亦必趨近於零而可忽略。應用高斯定律

$$\oint \mathbf{D} \cdot d\mathbf{S} = \int \rho_s\, dS \qquad (3.89)$$

即得
$$D_n \Delta S = \rho_s \Delta S$$

故
$$D_n = \rho_s \quad \text{或} \quad E_n = \frac{\rho_s}{\varepsilon} \qquad (3.90)$$

此式告訴我們，導體表面的電場強度係與電荷密度 ρ_s 成正比。由（3.88）及（3.90）兩式，我們就可以確定導體表面上之電場強度的大小及方向；此兩式合稱為導體與介質界面上的**邊界條件**。

例 3.14 半徑為 a 及 b 的兩個金屬球上分別帶有電量 Q_a 及 Q_b，則兩者互相接觸後，各球所帶之電量變為多少？

解：設兩球接觸後所帶的電荷分別為 Q'_a 及 Q'_b，則因接觸時兩球電位必須相等，故由（3.21）式得

$$\frac{Q'_a}{4\pi\varepsilon_0 a} = \frac{Q'_b}{4\pi\varepsilon_0 b}$$

又由電荷守恆律知接觸前後，兩球之總電量不變，即

$$Q'_a + Q'_b = Q_a + Q_b$$

將上兩式聯立解出，得

$$Q'_a = \frac{a}{a+b}(Q_a + Q_b)$$

$$Q'_b = \frac{b}{a+b}(Q_a + Q_b)$$

【練習題 3.23】設在一帶電導體表面上某一點之電場強度為 $\mathbf{E} = 0.70\,\mathbf{a}_x - 0.35\,\mathbf{a}_y - 1.00\,\mathbf{a}_z$ V/m，試求該點之面電荷密度。

答：± 11.2 pC/m^2。

【練習題 3.24】已知真空中一帶電導體表面上之電能密度為 10^{-7} J/m^3，試求導體表面之面電荷密度。

答：± 1.33 nC/m^2。

第十節　絕緣材料

我們已經知道一個理想的絕緣體中之電荷都是屬於束縛電荷，不能自由移動，因此不會導電。但是實際上，由於絕緣體中都有構造上的缺陷，或含有雜質等種種原因，通常都存在少量的自由電荷，因此加一電壓於絕緣體時，會產生一股很小的電流，這種在絕緣體中之小電流，稱為**漏電電流**（leakage current）。在正常使用情況下，絕緣體中的漏電電流可以忽略，但是如果所加的電壓太高，或者在溫度過高的環境下使用，或者有高能量的電磁輻射線照射，則絕緣體中自由電荷的數目即大大增加，漏電電流亦隨之增大，最後會使得絕緣體失去絕緣的功能。當一絕緣體由於上述種種原因而失去絕緣功能時，我們稱為**崩潰**（breakdown）。

在應用上，為防止絕緣體產生崩潰，除了要防止高溫以及輻射線之照射外，在構造設計上，也可以採取適當的因應措施，防止過強的電場出現。下面就是一個例子。

例 3.15　設一同軸電纜（如圖 3-12 所示）內外導體之半徑分別為 a 及 b，加一定之高電壓時，欲使內導體表面上之電場強度為最小，試求兩半徑之比值 b/a。

解：由（3.29）式知，內導體表面上（$r=a$）之電場強度為

$$\mathbf{E}_a = \frac{V_0}{a\ln(b/a)}\mathbf{a}_r$$

欲得最小電場強度，可將 $\mathbf{E}_a$ 對 a 微分，並令其一階導數等於零，即

$$\frac{\partial \mathbf{E}_a}{\partial a} = -\frac{V_0 \mathbf{a}_r}{a^2 \ln^2(b/a)}\left[\ln\frac{b}{a} + a\frac{1}{b/a}\left(-\frac{b}{a^2}\right)\right] = 0$$

解之，得 $\dfrac{b}{a} = e = 2.7182$

　　絕緣材料除了用來隔絕導體防止漏電以外，有時還需要利用其介電性質，例如在電容器中，我們可以利用絕緣體的介電性質來增大其電容量。然有些絕緣材料的介電常數不很明確，例如玻璃的介電常數約為 4 到 7 之間，紙約為 2 到 4 之間，橡膠則為 2.5 到 3 之間。又有些絕緣材料雖然介電常數很確定，但其值卻不見得剛好合用，因此我們必須開發出一種人造介質（artificial dielectric），利用少數一兩種原料，就可以隨心所欲的製造出任何介電常數的絕緣材料。

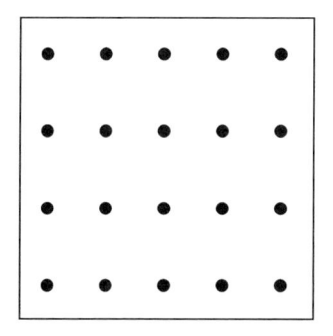

圖 3-35　人造介質構造圖

　　人造介質的構造是將一群金屬顆粒規則的鑲嵌在一塊絕緣的泡沫塑膠裏面而成，如圖 3-35 所示。所有的金屬顆粒必須很小，各顆粒間的距離要遠。當一塊人造介質放在電場裏面時，其中的金屬顆粒即受到感應而極

化,如圖 3-36 所示。設外加的電場為均勻電場,並令金屬顆粒中心之電位為零,則其電位為

$$V_1 = -\int_0^r \mathbf{E} \cdot d\mathbf{L} = -\int_0^r E\cos\theta\, dr = -E \cdot r\cos\theta$$

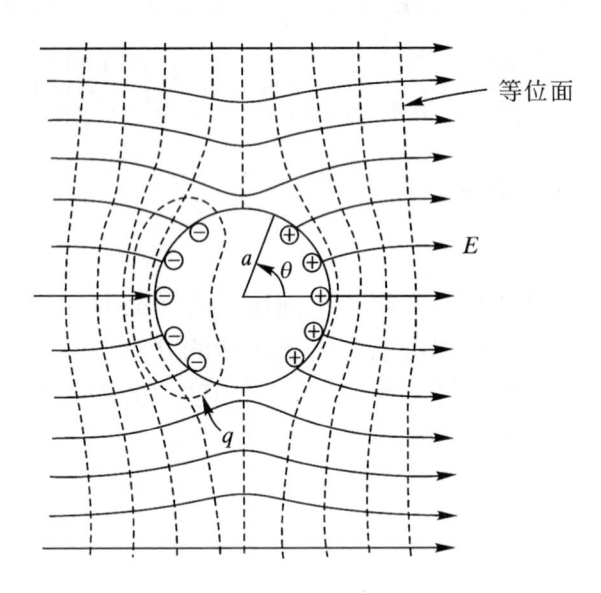

圖 3-36 金屬顆粒在電場中的情形

極化後的金屬顆粒可視為一電偶極,其電位為〔見(2.56)式〕

$$V_2 = \frac{1}{4\pi\varepsilon_0}\frac{p\cos\theta}{r^2}$$

因此,在一金屬顆粒附近之總電位為

$$V = V_1 + V_2 = -E \cdot r\cos\theta + \frac{1}{4\pi\varepsilon_0}\frac{p\cos\theta}{r^2}$$

由於金屬導體為一等位體,故知其表面上($r=a$)之電位亦必為零,故上式即可變為

$$0 = -E \cdot a\cos\theta + \frac{1}{4\pi\varepsilon_0}\frac{p\cos\theta}{a^2}$$

解之得
$$\frac{p}{E} = 4\pi\varepsilon_0 a^3$$

由（3.43）及（3.36）式知
$$D = \varepsilon_0 E + P = \varepsilon_0 E + np$$

又因 $D = \varepsilon E = K\varepsilon_0 E$，故得介電常數為
$$K = 1 + \frac{n}{\varepsilon_0}\frac{P}{E} = 1 + 4\pi na^3$$

可知只要適當控制金屬顆粒的大小，以及其分佈之密度，即可製造出想要的介電常數。

習 題

1. 如圖 3-37，設一半徑為 4m 的圓盤上之面電荷密度為 $\rho_s = (\sin^2\phi)/2r\,(\text{C/m}^2)$，試求通過高斯面 S 之電通量。
2. 如圖 3-38 所示，設平面電荷 $\rho_s = 40\,\mu\text{C/m}^2$ 置於 $z = -0.5\text{m}$，線電荷 $\rho_L = -6\,\mu\text{C/m}$ 置於 y 軸上，試求通過邊長 2m 之立方形（其中心在原點）表面之總電通量。
3. 設電通密度 $\mathbf{D} = 10x\,\mathbf{a}_x\,(\text{C/m}^2)$，求通過平面 $x = 3\text{m}$ 上面積 1m^2 之電通量。

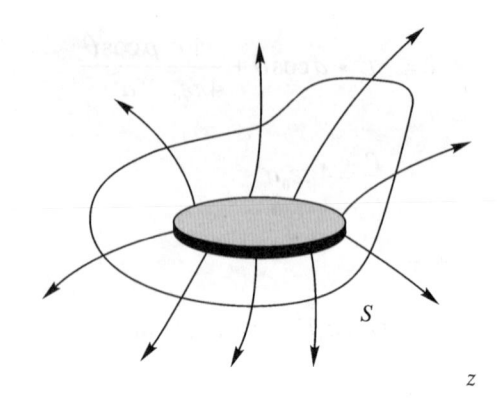

圖 3-37　習題第 1 題用圖

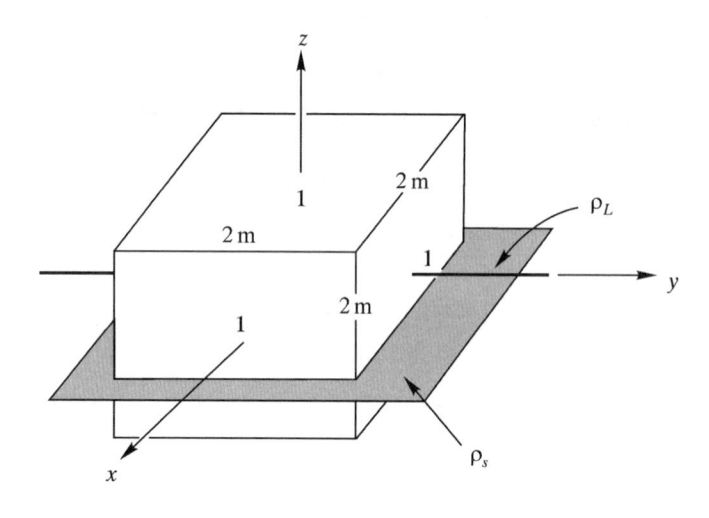

圖 3-38　習題第 2 題用圖

4. 設電通密度 $\mathbf{D} = 5x^2 \mathbf{a}_x + 10z\, \mathbf{a}_z\,(\text{C/m}^2)$，試求通過邊長 2m 之立方形（其中心在原點，且各邊均與座標軸平行）表面之總電通量。
5. 如圖 3-39 所示，在圓柱座標 $r = 2\text{m}$ 及 $r = 4\text{m}$ 間有均勻電荷密度 $\rho(\text{C/m}^3)$，其餘的部份為真空，利用高斯定律，求 (a) $r < 2\text{m}$；(b) $2 < r < 4\text{m}$；(c) $r > 4\text{m}$ 之電通密度 $\mathbf{D}$。
6. 設某空間之電荷分佈以圓柱座標表示時，其電荷密度為 $\rho = 5r\mathrm{e}^{-2r}$，試求電通密度 $\mathbf{D}$。

7. 設在直角座標中，$2 \leq x \leq 4\,\text{m}$ 之區域內有均勻電荷密度 $\rho = 2\,\text{C/m}^3$，其餘為真空，求各區域中之電通密度。

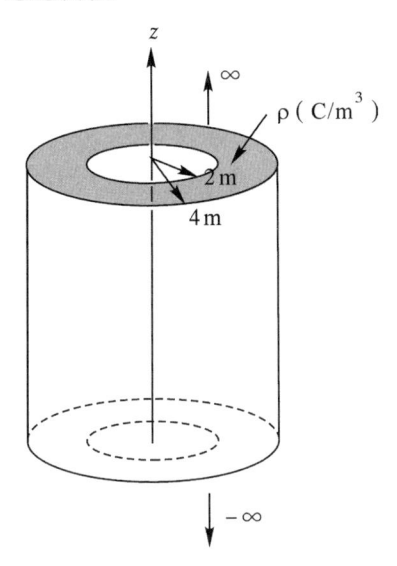

圖 3-39　習題第 5 題用圖

8. 設半徑 a 之球形區域內之電荷密度為 $\rho = \rho_0(a-r)/a$，試求 (a) $r < a$；及 (b) $r > a$ 之電場強度 $\mathbf{E}$。
9. 空間之電荷密度以球座標表示若為 $\rho = 5r\,(\text{C/m}^3)$，試求電通密度 $\mathbf{D}$。
10. 已知一電偶極之電場為 $\mathbf{E} = (p/4\pi\varepsilon_0 r^3)(2\cos\theta\,\mathbf{a}_r + \sin\theta\,\mathbf{a}_\theta)$，試求其散度 $\nabla\cdot\mathbf{E}$。
11. 設某電場之電通密度為 $\mathbf{D} =$：(a) $e^{5x}\mathbf{a}_x + 2\cos y\,\mathbf{a}_y + 2\sin z\,\mathbf{a}_z$；(b) $(3x+y^2)\mathbf{a}_x + (x-y^2)\mathbf{a}_y$，試求在原點處之電荷密度 ρ。
12. 設某電場之電通密度以圓柱座標表示時，為

$$\mathbf{D} = \begin{cases} \left(10r + \dfrac{r^2}{3}\right)\mathbf{a}_r & (r \leq 2) \\ \dfrac{128}{3r}\mathbf{a}_r & (r > 2) \end{cases}$$

試求各區域中之電荷密度 ρ。

13. 設一介質之極化率為 $\chi_e = 4.25$，介質中之電場強度為 $E = 0.15\,\text{MV/m}$，試求

介質中之：(a)電通密度 D；(b)極化量 P；(c)介電常數 K。

14. 設在 $z<0$ 之區域內為介電常數 $K_1 = 2.0$ 之介質，在 $z>0$ 之區域內則為 $K_2 = 6.5$ 之介質，設在 $z<0$ 中之電場強度為 $\mathbf{E}_1 = -3\mathbf{a}_x + 4\mathbf{a}_y - 2\mathbf{a}_z$ (V/m)，試求在 $z>0$ 中之電場強度 $\mathbf{E}_2$。

15. 已知一球形介質中極化量 $\mathbf{P}$ 為一定值，試求其表面之極化電荷的面電荷密度 ρ_{sb}。

16. 半徑為 a 之球形介質中心置一點電荷 Q，設介質之容電係數為 ε，試求：(a)球內之電場強度 E；(b)球外之電場強度 E_0；(c)球面之電位 V；(d)球面之極化面電荷密度。

17. 一同軸電纜之內外半徑分別為 a 及 b，接電壓 V_0。如圖 3-12 所示，若其間充以容電係數為 ε 之介質，求(a)介質中之電場強度 E；(b) $r=a$ 處之極化面電荷密度；(c) $r=b$ 處之極化面電荷密度。

18. 鋁比重 2.7，原子量 27，設每一鋁原子提供一個自由電子，則當 1cm³ 中的自由電子在 2 秒鐘內完全通過某一截面時，相當於多少電流？

19. 設某金屬之電導率為 $\sigma = 29.1 \times 10^6$ ℧/m，電子在該金屬中之可動率為 $\mu = 0.0046 \text{ m}^2/\text{V} \cdot \text{s}$，則每 m³ 之自由電子數為若干？

20. 設電流密度 $\mathbf{J} = 100\cos 2y\,\mathbf{a}_x$ (A/m²)，試求通過 $x=0$ 平面上，$-\pi/4 \le y \le \pi/4$ m 及 $-0.01 \le z \le 0.01$ m 之範圍內之總電流。

21. 設電流密度 $\mathbf{J} = 10^3 \sin\theta\,\mathbf{a}_r$ (A/m²) 係以球座標表示，求通過半徑 $r = 0.02$ m 之球面的總電流。

22. 某導線之長度為 l，其截面積由某一端線性增加至另一端，設兩端之截面積分別為 A 及 kA，且導線之電導率為 σ，試求其電阻。

23. 一厚金屬球殼之內徑為 a，外徑為 b，如圖 3-40 所示，設球心處置一點電荷 Q，試求：(a) $r<a$；(b) $a<r<b$；(c) $r>b$ 處之電場強度 $\mathbf{E}$。

24. 設一帶電導體表面上某一點的電通密度為 $\mathbf{D} = 4\mathbf{a}_x - 5\mathbf{a}_y + 2\mathbf{a}_z$ (μC/m²)，試求該點的面電荷密度 ρ_s。

25. 設 $\mathbf{D} = z\mathbf{a}_z$，試在 $-2 \le x \le 2$，$-1 \le y \le 1$，$-3 \le z \le 3$ 之範圍內計算散度定理兩邊的數值。

26. 設 $\mathbf{D} = (10r^3/4)\,\mathbf{a}_r$ (圓柱座標)，試在圓柱形 $r=2$，$z=0$ 及 $z=10$ 範圍內計算散度定理兩邊之值。

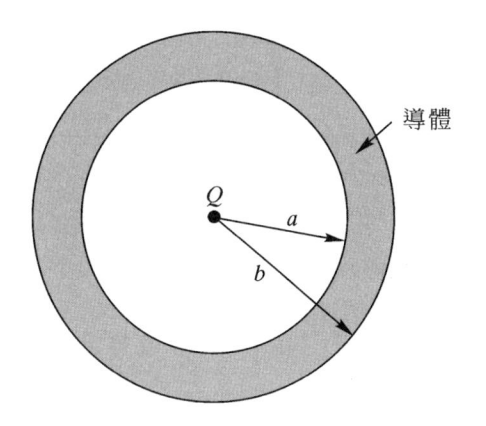

圖 3-40　習題第 23 題用圖

27. 已知 $\mathbf{D} = 10\sin\theta\,\mathbf{a}_r + 2\cos\theta\,\mathbf{a}_\theta$，試在半徑 $r = 2$ 之球形區域計算散度定理兩邊的數值。
28. 若帶電導體表面之面電荷密度為 ρ_s，試求 (a) 表面上之電能密度；(b) 單位表面積所受的靜電力。
29. 半徑均為 a 的兩金屬球分別帶電荷 Q_1 及 Q_2，相隔 d 放置（$d \gg a$），其間之庫侖力為 F；今將兩球接觸後，放回原位，其間之庫侖力變為 F'，試證 $F' > F$。
30. 半徑分別為 a 及 b 之兩金屬小球以一長度 d 之細導線連接，d 遠大於 a 及 b，整個系統之電量為 Q，設細導線上所帶的電量可以忽略，試求該導線中的張力。
31. 如圖 3-41 所示，半徑 a 之半球形導體埋於電導率 σ 之地面下，試求當電流 I 由該半球形導體均勻流出時，地所呈之總電阻。
32. 如圖 3-42 所示，兩個半徑為 a 之半球形電極距離 d（$d \gg a$）埋於地面下，設地之電導率為 σ，試求地之總電阻。

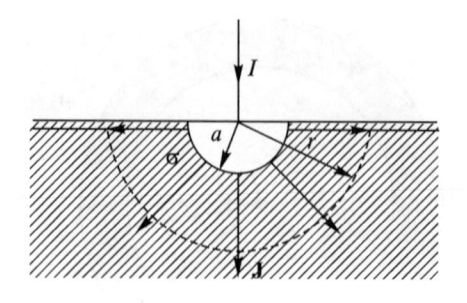

圖 3-41　習題第 31 題用圖

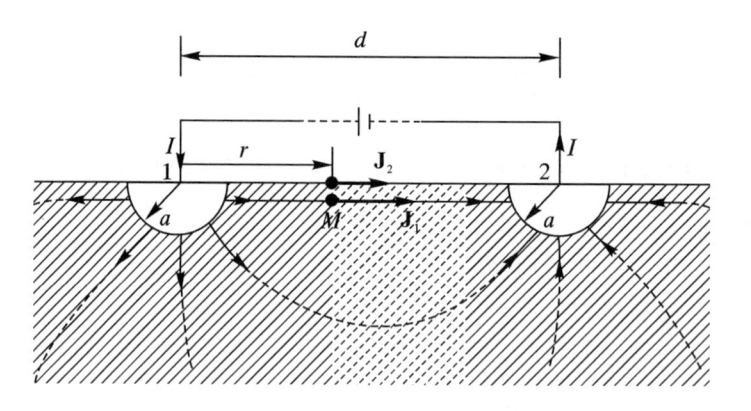

圖 3-42　習題第 32 題用圖

第四章

靜電問題分析及應用

第一節　前　言

　　有關靜電問題的觀念及計算,如電荷分佈、電場、電位、電能等等,我們已經在前面兩章中大致上介紹過了;然在實用上,有些問題頗為特殊,如果不利用一些特殊的解法,勢必無法處理。本章即針對一些常見的特殊問題,提出適當的解決辦法。

　　另外,靜電現象在工程上可以應用到許多方面,例如避雷針、空氣污染控制以及複印等,在本章中也將予以介紹。

第二節　導體上之感應電荷及靜電屏蔽

　　在上一章第九節中,我們已經知道,當一導體帶電時,所帶的電荷都分佈在其表面上;因而其內部的電場強度等於零,而在其表面上的電場強度等於 $E_n = \rho_S / \varepsilon$,方向則與表面垂直。

將上述的關係顛倒過來也講得通，也就是說，一電場可使導體表面帶電；同時，電場到達導體表面時，方向也是垂直的，且在導體表面上所生之感應面電荷密度也遵守 $\rho_s = \varepsilon E_n$ 的關係，如圖 4-1 所示。

若導體原為中性（不帶電），則置於電場中時，所產生的正、負感應電荷之總和恆等於零。

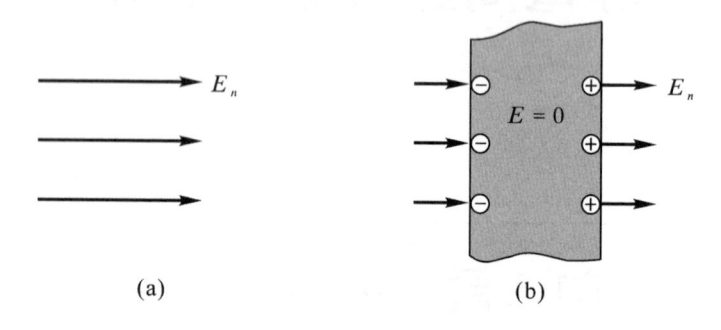

圖 4-1　(a)均勻電場；(b)置於電場中之導體，其表面上必出現感應電荷

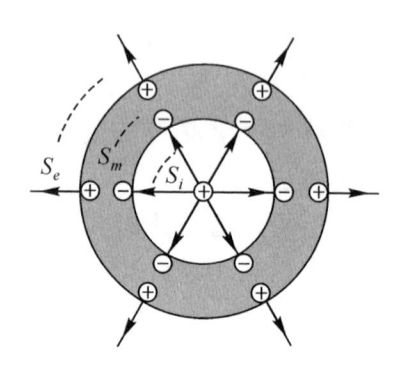

圖 4-2　例 4.1 用圖

例 4.1　如圖 4-2 所示，一金屬球殼之內、外徑分別為 a 及 b，一點電荷 Q 置於球心處，求：(a) $r<a$ 之電場強度；(b)球殼內壁（$r=a$）之電荷密度；(c) $a<r<b$ 之電場強度；(d) $r>b$ 之電場強度；(e)球殼外壁（$r=b$）之電荷密度。

解：(a)由高斯定律知，$r<a$ 之電場強度為

$$E = \frac{Q}{4\pi\varepsilon_0 r^2}$$

(b) $\rho_{sa} = -\varepsilon_0 E(r=a) = -\dfrac{Q}{4\pi a^2}$

(c) 因球殼內壁之感應總負電荷為 $\rho_{sa}(4\pi a^2) = -Q$，故高斯面 S_m 內部之總電量為零。由高斯定律知，$a < r < b$ 之電場強度 $E = 0$。

(d) 因球殼上之正、負總感應電荷恆等於零，故高斯面 S_e 內部之總電量為 Q。由高斯定律知 $r > b$ 之電場強度為

$$E = \frac{Q}{4\pi\varepsilon_0 r^2}$$

(e) $\rho_{sb} = \varepsilon_0 E(r=b) = \dfrac{Q}{4\pi b^2}$

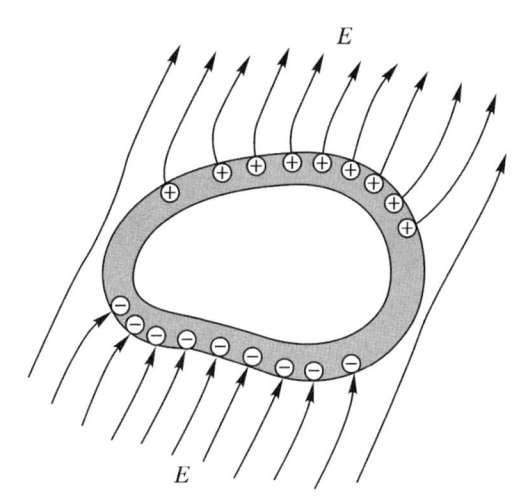

圖 4-3　中空導體在電場中的屏蔽作用

　　如果我們將例 4.1 中之點電荷 Q 移至球殼外面，會是怎麼樣的情況呢？此時，在球殼外壁上靠近 Q 的一面將會出現異性感應電荷，而在遠離 Q 的一面則出現等量的同性感應電荷；球殼內壁則無任何感應電荷產生，且球殼之中空區域完全沒有電場。圖 4-3 示一任意形狀的中空導體置於電場中的情形。我們看到，導體外的電場無法穿透導體到達其內部；因此，中空的導體是一個很有效的**靜電屏蔽**（electrostatic shield）。

第三節 電像法

圖 4-4 示一正點電荷 Q 置於一導體平面附近時，導體表面產生感應負電荷的情形。我們看到，在 Q 的正下方，由於距離最近的關係，感應電荷密度最大，電力線自然也最密集；距離越遠，則感應電荷密度則逐漸減小，電力線的分佈也隨著變疏。現在我們想知道的是，導體表面上感應電荷的分佈情形如何表示，以及電荷 Q 與導體之間的作用力是多少。

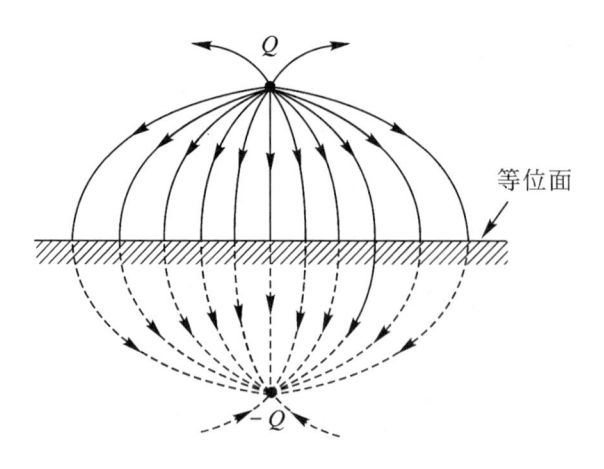

圖 4-4　點電荷 Q 在大平面導體附近時之電像

要解決這個問題，一般我們都用一個很特殊的方法，稱為**電像法**（method of electric image）。在圖 4-4 中，由觀察可知，如果將導體暫時移去，而導體上原有的感應負電荷以一假想的點電荷 $-Q$ 來代替，則適當的選擇 $-Q$ 之位置後，我們會發現，原來在導體外的電場分佈完全不受影響。此時之假想電荷 $-Q$ 即稱為電荷 Q 之**電像**。講得正式一點，所謂電像法，就是在靜電狀態下，於一導體中適當的位置求出一適當的假想電荷，使得此假想電荷所產生的電場在導體外與原來導體表面電荷所產生者完全一樣。下面是一個典型的例子。

例 4.2 如圖 4-5 所示，點電荷 $+Q$ 位於平面導體上方高度 h 處，試求導體表面感應電荷的面電荷密度，並由積分求出感應之總電量。

解：由觀察得知，若選擇電像之電量為 $-Q$，位置在導體表面下 h 處，則在導體表面上任一點 M 之電場恰好與表面垂直，合乎邊界條件〔見（3.89）式〕的要求。由圖上知，M 點之電場強度為

$$E = 2\frac{Q}{4\pi\varepsilon_0 R^2}\cos\alpha = \frac{Qh}{2\pi\varepsilon_0 R^3}$$

故知表面電荷密度為

$$\rho_s = -\varepsilon_0 E = -\frac{Qh}{2\pi R^3} = -\frac{Qh}{2\pi(r^2+h^2)^{3/2}}$$

感應之總電量為

$$\int_0^\infty \rho_s(2\pi r\,\mathrm{d}r) = -Qh\int_0^\infty \frac{r\,\mathrm{d}r}{(r^2+h^2)^{3/2}} = -Q$$

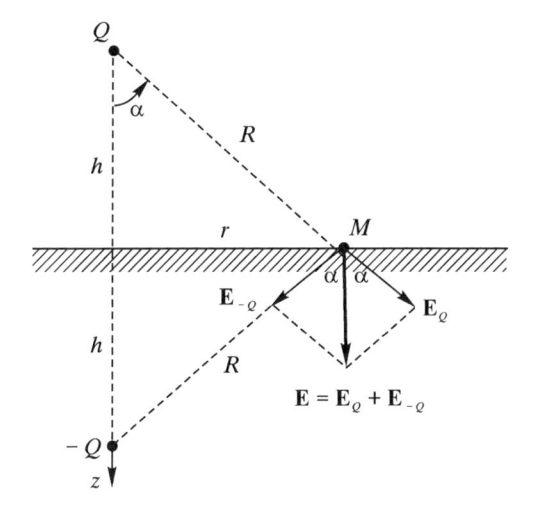

圖 4-5　例 4.2 用圖

140　電磁學

【練習題 4.1】 圖 4-5 中，試求點電荷 Q 與導體平面間之靜電力。
答：$Q^2/4\pi\varepsilon_0(2h)^2$。

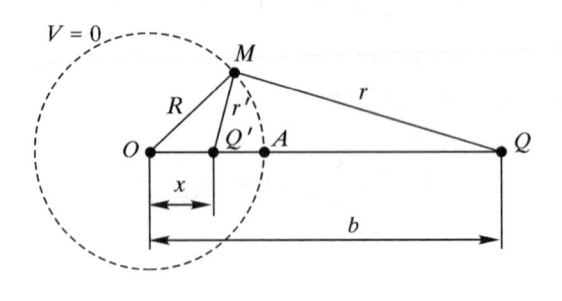

圖 4-6　球形導體中之電像

在某些情況下，電像的位置以及其電量的大小無法很容易的觀察出來，而必須經過一些計算才知道。如圖 4-6 所示，將半徑為 R 之金屬球接地，使其電位等於零；在距其球心 b 處置一點電荷 Q 時，金屬球表面上必出現感應電荷，我們想知道這些感應電荷與電荷 Q 間之靜電力有多少。首先，我們看到球面上感應電荷的分佈係對稱於 OQ 軸，因此假想的電像 Q' 必位於該軸上某一點，我們設此點與球心相距 x。由於金屬球係接地，故其表面上任一點 M 之電位必等於零，即

$$\frac{Q}{4\pi\varepsilon_0 r} + \frac{Q'}{4\pi\varepsilon_0 r'} = 0$$

故得電像之電量為

$$Q' = -Q\frac{r'}{r} \quad (4.1)$$

欲得確定的 Q' 值，則 r'/r 必須為一定值；顯而易見的，在圖 4-6 中，若選擇適當的 Q' 點使得 ΔOMQ 與 $\Delta OQ'M$ 相似，則

$$\frac{r'}{r} = \frac{x}{R} = \frac{R}{b} \quad (4.2)$$

即為一定值。由（4.1）式及（4.2）式即可得出電像之位置 x 以及其電量

的大小 Q' 如下：

$$Q' = -QR/b \qquad (4.3)$$
$$x = R^2/b \qquad (4.4)$$

【練習題 4.2】在圖 4-6 中，試求點電荷 Q 與接地金屬球間之靜電力。
答：$(4\pi\varepsilon_0)^{-1}Q^2bR/(b^2-R^2)^2$。

第四節 電 容

將一個半徑為 a 之球形導體充電至電位為 V 時，它所帶的電量〔見（3.21）式〕為

$$Q = 4\pi\varepsilon_0 aV \qquad (4.5)$$

若在此導體球上敷上一層厚度為 $b-a$ 之介質（介電常數 K），如圖 3-19 所示，則充電至同一電位 V 時，導體球上所帶的電量變為〔見（3.51）式〕

$$Q = 4\pi\varepsilon_0 V\left[\frac{1}{b}+\frac{1}{K}\left(\frac{1}{a}-\frac{1}{b}\right)\right]^{-1} \qquad (4.6)$$

由（4.5）及（4.6）式我們發現兩者所帶的電量雖有不同，但其與電位 V 成正比（即 $Q \propto V$）之關係則一。令比例常數為 C，則得

$$Q = CV \qquad (4.7)$$

這個常數 C 係隨導體之形狀及導體周圍介質之分佈情況而定，但與所加之電位 V 無關，我們稱之為導體的**電容**（capacitance）。電容的單位為**法拉**（farad），簡記作 F。

由上面之敘述，我們馬上可以得知，一個半徑 a 之導體球的電容爲 $4\pi\varepsilon_0 a$；若覆以一層介質，則其電容即變爲 $4\pi\varepsilon_0\left[\dfrac{1}{b}+\dfrac{1}{K}\left(\dfrac{1}{a}-\dfrac{1}{b}\right)\right]^{-1}$。

在應用上，通常都用兩個靠得很近的導體來貯存電荷，稱爲**電容器**（capacitor），可以得到較大的電容量，如圖 4-7 所示。當兩個導體分別接於一電源之正、負兩極上時，兩者即分別帶 $+Q$ 及 $-Q$ 的電量，此電量 Q 恆與兩導體之電位差 V_1-V_2 成正比，故得

$$Q=C(V_1-V_2)=CV_{12} \tag{4.8}$$

其中 C 即爲電容器的電容。由（2.68）式及（4.8）式可知電容器中之電能爲

$$U=\frac{1}{2}QV_{12}=\frac{1}{2}CV_{12}^2=\frac{1}{2}\frac{Q^2}{C} \tag{4.9}$$

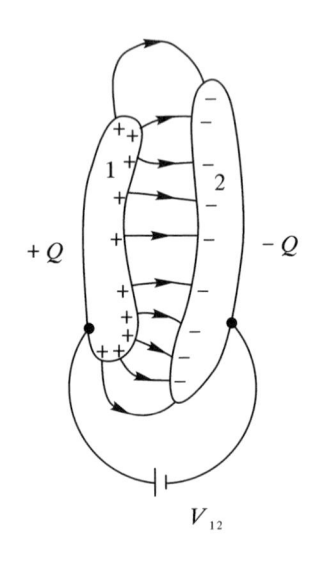

圖 4-7 電容器示意圖

例 4.3 設一電容器係由兩個面積均爲 S 之金屬平面相距 d 所構成，如圖 4-8 所示，兩金屬平面間爲容電係數 ε 之介質，試求此電容器之電容。

解：若金屬平面靠得很近，則兩者間之電場可視為均勻電場。由高斯定律知，

$$E = \frac{\rho_s}{\varepsilon} = \frac{Q}{\varepsilon S}$$

故兩金屬間之電位差為

$$V_1 - V_2 = \int_1^2 \mathbf{E} \cdot d\mathbf{L} = Ed = \frac{Q}{\varepsilon S} d$$

由（4.8）式知電容器之電容為

$$C = \frac{\varepsilon S}{d} \qquad (4.10)$$

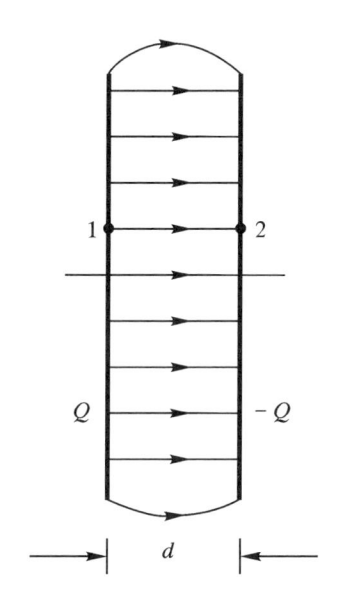

圖 4-8　例 4.3 用圖

例 4.4　一球形電容器係由半徑為 a 及 b 的兩個同心球殼構成（設 $b > a$），試求其電容。

解：設充電後，內、外球殼分別帶 $+Q$ 及 $-Q$ 之電量，則由高斯定律知兩球殼間之電場強度為

$$E = \frac{Q}{4\pi\varepsilon r^2}$$

兩球殼間之電位差為

$$V_1 - V_2 = \int_a^b \frac{Q}{4\pi\varepsilon r^2} dr = \frac{Q}{4\pi\varepsilon}\left(\frac{1}{a} - \frac{1}{b}\right)$$

故由（4.8）式得其電容為

$$C = \frac{4\pi\varepsilon}{\dfrac{1}{a} - \dfrac{1}{b}} \tag{4.11}$$

例 4.5 一同軸圓柱形電容器內、外導體之半徑分別為 a 及 b，長度為 L，如圖 4-9 所示，試求其電容。

解： 設此電容器充電後，內、外導體上分別帶有 $+Q$ 及 $-Q$ 之電量，則由高斯定律知兩導體間之電場強度為

$$E = \frac{Q}{2\pi\varepsilon rL}$$

故

$$V_1 - V_2 = \int_a^b \frac{Q}{2\pi\varepsilon rL} dr = \frac{Q}{2\pi\varepsilon L}\ln\frac{b}{a}$$

由（4.8）式得知電容為

$$C = \frac{2\pi\varepsilon L}{\ln(b/a)} \tag{4.12}$$

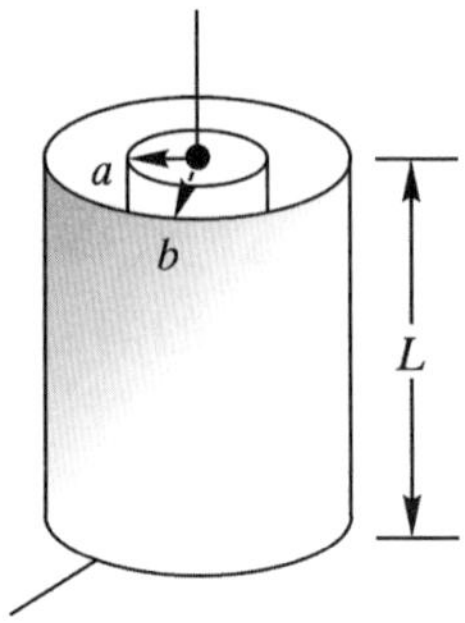

圖 4-9　例 4.5 用圖

例 4.6 設一平行板電容器之一板稍微傾斜一小角度 θ，如圖 4-10 所示，試求其電容。

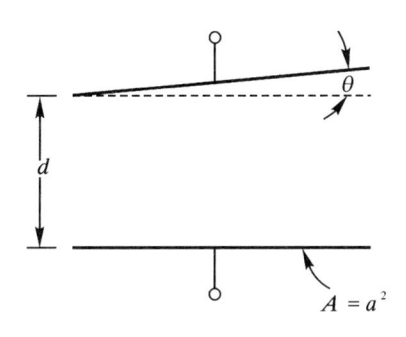

圖 4-10　例 4.6 用圖

解：設電容器之左緣為 x 坐標之原點，則在坐標為 x 之處取一寬度 dx 時，由（4.10）式可得其電容為

$$dC = \frac{\varepsilon\, dS}{d + x\tan\theta} = \frac{\varepsilon a\, dx}{d + x\tan\theta} \approx \frac{\varepsilon a\, dx}{d + x\theta} \quad (\theta \ll 1)$$

積分即得總電容：

$$C = \int dC = \int_0^a \frac{\varepsilon a\, dx}{d + x\theta} = \frac{\varepsilon a}{\theta}\ln(1 + \frac{a}{d}\theta)$$

另外，若 $a\theta/d$ 也遠小於 1，則因 $\ln(1+u) \approx u - \frac{u^2}{2}$，故上式還可化為

$$C = \frac{\varepsilon a^2}{d}(1 - \frac{a}{2d}\theta)$$

例 4.7 如圖 4-11 所示，平行板電容器各板面積為 $S = ab$，相距為 d，接於電壓 V 充電後，其中之介質（介電常數 K）所受之力 F 為若干？

解：設介質位於電容器內之部份的長度為 x，則此電容器之電容為

$$C = \frac{K\varepsilon_0(ax)}{d} + \frac{\varepsilon_0 a(b-x)}{d}$$

146　電磁學

圖 4-11　例 4.7 用圖

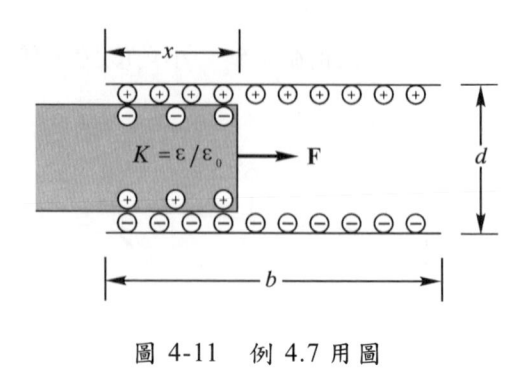

$$= \frac{\varepsilon_0 ab}{d} + (K-1)\,\varepsilon_0\frac{ax}{d}$$

由（4.9）式知電容器中之電能為

$$U = \frac{1}{2}CV^2 = \frac{1}{2}V^2\left[\frac{\varepsilon_0 ab}{d} + (K-1)\,\varepsilon_0\frac{ax}{d}\right]$$

故知介質所受的力為

$$F = \frac{\partial U}{\partial x} = \frac{1}{2}(K-1)\,\varepsilon_0\frac{a}{d}V^2$$

第五節　輸送線之電容

　　在前一節中，我們所討論過的電容器，當充電時其電荷的貯存，以及電場或電能的分佈都僅侷限在該電容器之內部，像這種僅集中在一小區域內之電容，稱為堆集電容（lumped capacitance）。然在某些特殊的場合，例如本節所要討論的輸送線，電容是分佈在整條線上，而不是集中在一小範圍內，這種電容就叫做散佈電容（distributed capacitance）。

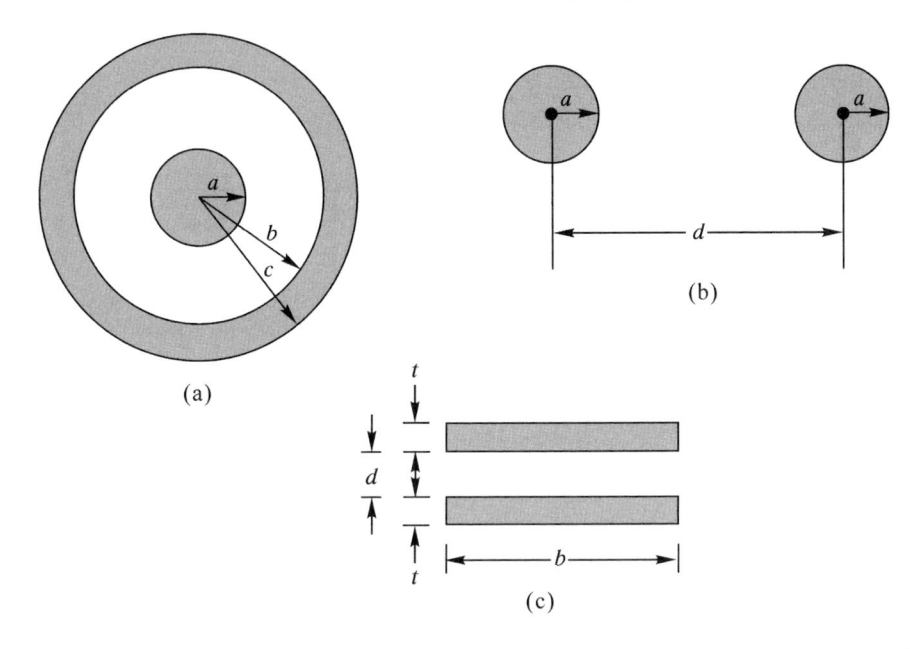

圖 4-12　輸送線的三種型式（截面圖）：(a)同軸式；(b)雙線式；(c)平板式

　　輸送線（transmission line）是用來輸送電磁能量而且能夠有效的防止輻射損耗的一種導線。它有許多不同的形式，但最常見的有三種，即同軸式（coaxial）、雙線式（two-wire）以及平板式（planar），如圖 4-12 所示。然不論何種形式，在基本上都是由兩個導體組成的，亦即在輸送線上處處都是必然有電容存在，因此一條輸送線之總電容係與其長度成正比。在應用上為方便計，我們通常以單位長度作為基準，來求一輸送線的電容。

　　同軸式及平板式輸送線單位長度的電容 C_l，我們可以由圖 4-12 中所示的規格代入（4.12）式及（4.10）式中而求出，即

$$C_l = \frac{2\pi\varepsilon}{\ln(b/a)} \quad （同軸式） \tag{4.13}$$

$$C_l = \frac{\varepsilon b}{d} \quad （平板式） \tag{4.14}$$

148　電磁學

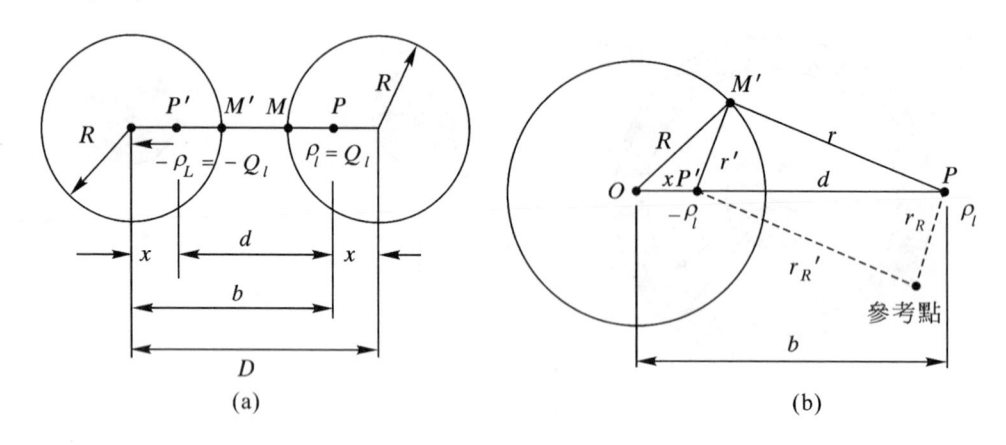

圖 4-13　(a)雙線式輸送線分析；(b)電位計算用圖

至於雙線式輸送線單位長度的電容，我們必須利用電像法求。設此雙線式輸送線中，兩導線截面半徑均為 R，兩導線中心相距為 D，如圖 4-13(a)所示。今令兩導線每單位長度分別帶有 $+Q_l$ 及 $-Q_l$ 的電量，此時我們假定在兩導線之間的電場分佈可以用位於 P 及 P' 之兩條線電荷 ρ_l 及 $-\rho_l$ 所建立的電場來取代，這兩條線電荷就是假想的電像，很明顯的，$\pm \rho_l = \pm Q_l$，我們令兩電像的位置與兩導體之中心點均相距 x。首先我們注意到，導體是個等位體，因此在導線上任取一點，其電位應為一定值；如圖 4-13(b) 所示，令 P 及 P' 與參考點之距離分別為 r_R 及 r'_R，則在導線上任一點 M' 之電位為

$$V_{M'} = \int_{r'}^{r_R} \frac{\rho_l}{2\pi\varepsilon_0 r} dr + \int_{r'}^{r'_R} \frac{-\rho_l}{2\pi\varepsilon_0 r} dr = \frac{Q_l}{2\pi\varepsilon_0} \ln(\frac{r_R}{r'_R} \frac{r'}{r}) \quad (4.15)$$

由此式可以看出，欲使 $V_{M'}$ 為一定值，則 r'/r 必須為一定值。我們若適當的選擇 P' 點的位置，使得 $\triangle OM'P$ 與 $\triangle OP'M'$ 相似，則

$$\frac{r'}{r} = \frac{R}{b} = \frac{x}{R} \quad (4.16)$$

則 r'/r 即等於定值。由（4.16）式可知電像與導線中心之距離為

$$x = \frac{R^2}{b} \tag{4.17}$$

現在讓我們回到圖 4-13(a)，來求出兩導線間之電位差 $V_M - V_{M'}$，因一導體為一等位體，因此 M、M' 兩點可以分別在兩導線上隨意指定；為計算方便計，令 M 及 M' 均在兩導線之連心線上，如圖 4-13(a) 所示。此時 $r' = R - x$，$r = b - R$，故由（4.15）式可知 M' 之電位亦可寫為

$$V_{M'} = \frac{Q_l}{2\pi\varepsilon_0} \ln \frac{r_R(R-x)}{r_R'(b-R)} \tag{4.18}$$

同理，M 點之電位為

$$V_M = \frac{Q_l}{2\pi\varepsilon_0} \ln \frac{r_R(b-R)}{r_R'(R-x)} \tag{4.19}$$

故得電位差為

$$V_M - V_{M'} = \frac{Q_l}{\pi\varepsilon_0} \ln \frac{b-R}{R-x} = \frac{Q_l}{\pi\varepsilon_0} \ln \frac{b}{R} \tag{4.20}$$

又由圖 4-13 及（4.17）式知

$$b = D - x = D - R^2/b$$

解之得

$$b = \frac{D}{2} \pm \sqrt{(\frac{D}{2})^2 - R^2} \tag{4.21}$$

由於 b 必須大於 $D/2$，故（4.21）式中之負號不合題意，應捨棄；將另一值代入（4.20）式中，並整理之，即得

$$V_M - V_{M'} = \frac{Q_l}{\pi\varepsilon_0} \ln\left[\frac{D}{2R} + \sqrt{(\frac{D}{2R})^2 - 1}\right]$$

$$= \frac{Q_l}{\pi\varepsilon_0} \cosh^{-1}(\frac{D}{2R}) \tag{4.22}$$

故知雙線式輸送線單位長度之電容為

$$C_l = \frac{Q_l}{V_M - V_{M'}} = \frac{\pi \varepsilon_0}{\cosh^{-1}(D/2R)} \qquad (4.23)$$

一般商用的輸送線其導線半徑 R 都遠小於兩線間之距離 D，故 $D/2R \gg 1$，由（4.22）式可得一近似公式

$$C_l = \frac{\pi \varepsilon_0}{\ln(D/R)} \qquad (4.24)$$

【練習題 4.3】一半徑 R 的電線水平架設於距地面高度 h 處，試求單位長度之電線與地面間之電容。
答：$\pi \varepsilon_0 / \cosh^{-1}(h/R)$。

第六節 拉卜拉斯方程式

在第三章第六節中，我們已經介紹了高斯定律的微分形式，即

$$\nabla \cdot \mathbf{D} = \rho \qquad (4.25)$$

其中電通密度 $\mathbf{D} = \varepsilon \mathbf{E}$。另外，在第二章第七節中我們也已經知道，靜電場可用電位的負梯度來表示，即

$$\mathbf{E} = -\nabla V \qquad (4.26)$$

將（4.26）式代入（4.25）式中，即得

$$\nabla \cdot \nabla V = -\frac{\rho}{\varepsilon}$$

或
$$\nabla^2 V = -\frac{\rho}{\varepsilon} \quad (4.27)$$

此一二階的偏微分方程式敘述電荷分佈與電位分佈之關係，稱為<u>帕松方程式</u>（Poisson's equation）。時常我們會遇到 $\rho = 0$ 的情況，就是在某一空間範圍中無任何電荷存在，此時帕松方程式即化成

$$\nabla^2 V = 0 \quad (4.28)$$

稱為<u>拉卜拉斯方程式</u>（Laplace's equation）。在此式中，∇^2 係代表梯度的散度；為一二階偏微分的運算符，稱為<u>拉卜拉斯算符</u>（Laplacian）。在直角坐標、圓柱坐標以及球坐標中，<u>拉卜拉斯</u>方程式分別表示如下：

$$\nabla^2 V = \frac{\partial^2 V}{\partial x^2} + \frac{\partial^2 V}{\partial y^2} + \frac{\partial^2 V}{\partial z^2} = 0 \quad (4.29)$$

$$\nabla^2 V = \frac{1}{r}\frac{\partial}{\partial r}(r\frac{\partial V}{\partial r}) + \frac{1}{r^2}\frac{\partial^2 V}{\partial \phi^2} + \frac{\partial^2 V}{\partial z^2} = 0 \quad (4.30)$$

$$\nabla^2 V = \frac{1}{r^2}\frac{\partial}{\partial r}(r^2\frac{\partial V}{\partial r}) + \frac{1}{r^2 \sin\theta}\frac{\partial}{\partial \theta}(\sin\theta\frac{\partial V}{\partial \theta}) + \frac{1}{r^2 \sin^2\theta}\frac{\partial^2 V}{\partial \phi^2} = 0 \quad (4.31)$$

例 4.8 如圖 4-14 所示，兩平行導體圓盤距 5 mm，所夾之介質介電常數為 $K = 2.2$，當兩板電位分別為 250V 及 100V 時，求板上之面電荷密度。

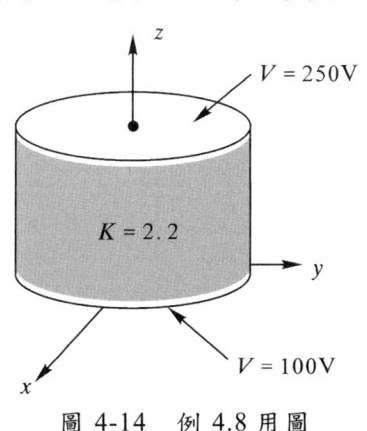

圖 4-14 例 4.8 用圖

解：因兩板間可視為均勻電場，故電位 V 僅隨 z 坐標而變，故拉卜拉斯方程式（4.30）式即可化簡為常微分方程式：

$$\frac{d^2 V}{dz^2} = 0$$

解之，得　　$V = Az + B$

由題意知，$z = 0$ 時 $V = 100\text{V}$，又 $z = 5\text{mm} = 5 \times 10^{-3}\text{m}$ 時，$V = 250\text{V}$ 代入上式中，得聯立方程式

$$100 = A \cdot 0 + B$$
$$250 = A \cdot 5 \times 10^{-3} + B$$

解之得　　$A = 3 \times 10^4 (\text{V/m})$，$B = 100(\text{V})$，故知兩導體圓盤間電位之分佈為

$$V = 3 \times 10^4 z + 100$$

電場強度　　$\mathbf{E} = -\nabla V = -3 \times 10^4 \mathbf{a}_z (\text{V/m})$

電通密度　　$\mathbf{D} = \varepsilon \mathbf{E} = K\varepsilon_0 \mathbf{E} = -5.84 \times 10^{-7} \mathbf{a}_z (\text{C/m}^2)$

由邊界條件　　$\rho_s = D_n$　知板上之面電荷密度為

$$\rho_s = \pm 5.84 \times 10^{-7} (\text{C/m}^2)$$

式中，+號在上板，-號在下板。

例 4.9　如圖 4-15 所示，同軸圓柱形電容器之內外半徑分別為 a 及 b，試由拉卜拉斯方程式求單位長度之電容。

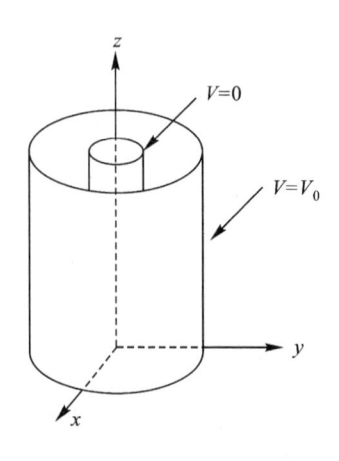

圖 4-15　例 4.9 用圖

解：由觀察知電位 V 僅隨 r 而變，故由拉卜拉斯方程式，（4.30）式，得常微分方程式：

$$\frac{1}{r}\frac{d}{dr}(r\frac{dV}{dr}) = 0$$

第一次積分得　　$r\frac{dV}{dr} = A$

再積分一次得　　$V = A \ln r + B$

由圖 4-15 中可知當 $r = a$ 時，$V = 0$；而 $r = b$ 時，$V = V_0$，故知

$$0 = A \ln a + B$$
$$V_0 = A \ln b + B$$

解之，得　　$A = \dfrac{V_0}{\ln(b/a)}$　，$B = -\dfrac{V_0 \ln a}{\ln(b/a)}$

故電位　　$V = \dfrac{\ln(r/a)}{\ln(b/a)} V_0$

電場強度為　　$\mathbf{E} = -\nabla V = \dfrac{V_0}{r} \dfrac{1}{\ln(b/a)}(-\mathbf{a}_r)$

在外導體表面上（$r = b$）的電荷密度為

$$\rho_s = \varepsilon E(r = b) = \frac{\varepsilon V_0}{b \ln(b/a)}$$

故單位長度所帶的電量為

$$Q_l = \rho_s(2\pi b) = \frac{2\pi\varepsilon V_0}{\ln(b/a)}$$

故得單位長度之電容為

$$C = \frac{Q_l}{V_0} = \frac{2\pi\varepsilon}{\ln(b/a)}$$

例 4.10　如圖 4-16 所示，兩同軸圓錐形導體角度分別為 θ_1 及 θ_2（球坐標系統），設兩者在錐頂處互相絕緣，試求兩錐面間每單位長度之電容。

154　電磁學

解：令內、外兩錐面之電位分別為 V_1 及 0，由觀察得知兩錐面之間電位分佈僅與球坐標系統中之變數 θ 有關，故拉卜拉斯方程式（4.31）式可化為常微分方程式：

$$\frac{1}{r^2 \sin\theta} \frac{d}{d\theta}(\sin\theta \frac{dV}{d\theta}) = 0$$

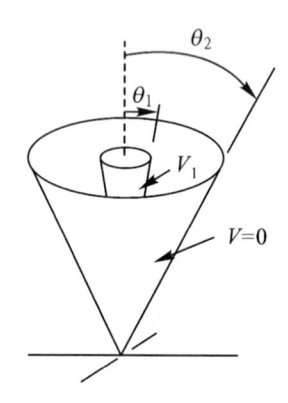

圖 4-16　例 4.10 用圖

積分兩次，得

$$V = A \ln(\tan\frac{\theta}{2}) + B$$

因 $\theta = \theta_1$ 時，$V = V_1$；又 $\theta = \theta_2$ 時，$V = 0$，故得

$$V_1 = A \ln(\tan\frac{\theta_1}{2}) + B$$

$$0 = A \ln(\tan\frac{\theta_2}{2}) + B$$

聯立解之，得　$A = \dfrac{-V_1}{\ln(\tan\dfrac{\theta_2}{2}) - \ln(\tan\dfrac{\theta_1}{2})} = \dfrac{-V_1}{\ln[\dfrac{\tan(\theta_2/2)}{\tan(\theta_1/1)}]}$

$$B = \frac{V_1 \ln[\tan(\theta_2/2)]}{\ln[\dfrac{\tan(\theta_2/2)}{\tan(\theta_1/2)}]}$$

故

$$V = V_1 \frac{\ln[\dfrac{\tan(\theta_2/2)}{\tan(\theta/2)}]}{\ln[\dfrac{\tan(\theta_2/2)}{\tan(\theta_1/2)}]}$$

由此可得兩錐面間之電通密度為

$$\mathbf{D} = \varepsilon \mathbf{E} = -\varepsilon \nabla V = \frac{\varepsilon V_1}{r \sin \theta} \frac{1}{\ln\left[\dfrac{\tan(\theta_2/2)}{\tan(\theta_1/2)}\right]} \mathbf{a}_\theta$$

在內圓錐面上（$\theta = \theta_1$）之面電荷密度為 $\rho_s = D(\theta = \theta_1)$，故知單位錐面長度所帶之電量為

$$Q_l = \int \rho_s \, dS = \int_0^{2\pi} \int_0^1 \frac{\varepsilon V_1}{r \sin \theta_1} \frac{1}{\ln\left[\dfrac{\tan(\theta_2/2)}{\tan(\theta_1/2)}\right]} (r \sin \theta_1 \, dr \, d\phi)$$

$$= \frac{2\pi \varepsilon V_1}{\ln\left[\dfrac{\tan(\theta_2/2)}{\tan(\theta_1/2)}\right]}$$

故得單位錐面長度之電容為

$$C_l = \frac{Q_l}{V_1} = \frac{2\pi \varepsilon}{\ln\left[\dfrac{\tan(\theta_2/2)}{\tan(\theta_1/2)}\right]}$$

第七節 靜電現象之應用

到現在為止,我們已將靜電現象作了一個大略的介紹,在本節中,我們要談到一些在工程上的應用。

(一)示波器中電子的偏移 示波器中的陰極射線管,其構造如圖 4-17 所示。電子由加熱之陰極發出,經過聚焦陽極時,集中成為很細的電子束,然後再經加速陽極加速,使電子束能夠得到足夠的能量撞擊螢光屏,使屏上產生足夠的亮度。設電子質量為 m,電量為 e,則當電子經過加速後所得到的速度為

$$v_x = \sqrt{\frac{2eV_1}{m}} \tag{4.32}$$

其中 V_1 為加速陽極與陰極間的電位差。這些電子經過水平偏向板與垂直偏向板時,即可被任意控制其方向,使它們撞擊在螢光屏上任何一點。

電子偏向的大小係與加於偏向板上之電壓成正比,其原理如圖 4-18 所示。設偏向板長度為 L,間隔為 d,所加的電壓為 V_2,則電子受偏向板作用所產生的加速度為

$$a_y = \frac{eV_2}{md} \tag{4.33}$$

而電子在偏向板中經歷的時間為

$$t = \frac{L}{v_x} = L\sqrt{\frac{m}{2eV_1}} \tag{4.34}$$

故知電子因偏向板的作用而產生的 y 位移為

第四章 靜電問題分析及應用 157

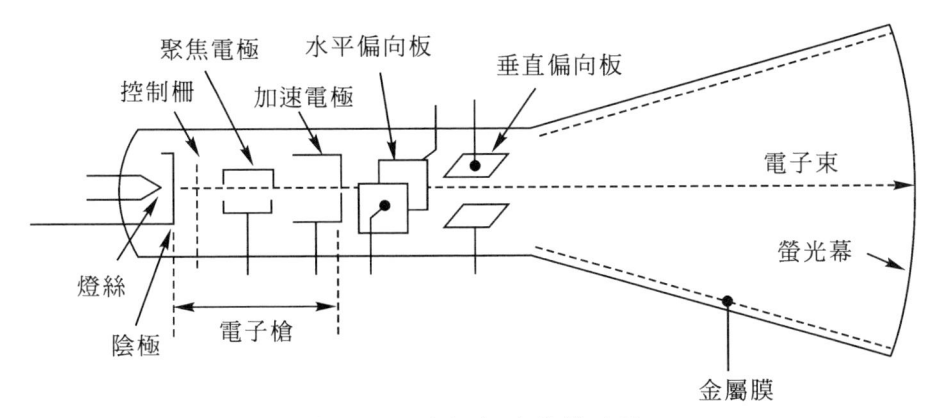

圖 4-17 陰極射線管構造圖

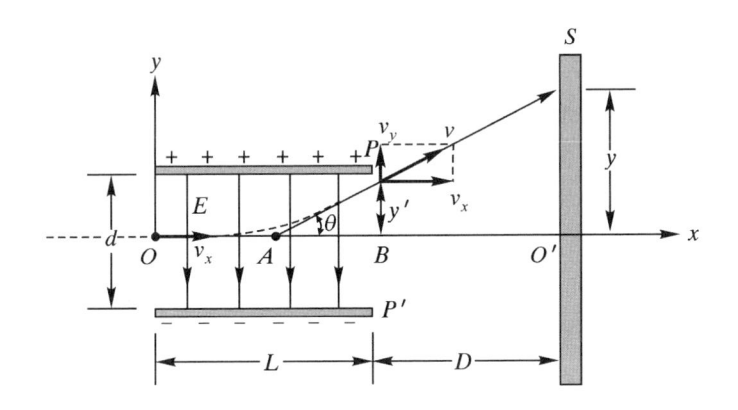

圖 4-18 偏向板原理

$$y' = \frac{1}{2}a_y t^2 = \frac{L^2 V_2}{4dV_1} \quad (4.35)$$

由圖 4-18 中知

$$\tan\theta = \frac{y'}{AB} = \frac{v_y}{v_x} = \frac{a_y t}{v_x} = \frac{LV_2}{2dV_1} \quad (4.36)$$

將（4.32）至（4.35）諸式代入（4.36）式，得 $\overline{AB} = L/2$。最後，由於

$$\tan\theta = \frac{y}{AO'} = \frac{y}{D+L/2}$$

故得

$$y = \left[\frac{L}{2d}\left(D + \frac{L}{2}\right)\right]\frac{V_2}{V_1} \qquad (4.37)$$

(二)阻止電子由金屬中逸出的力　我們都知道金屬中含有大量的自由電子，在正常情況下這些自由電子是不會逃出金屬表面的，那麼究竟是什麼力阻止它們逃出去呢？一般而言，阻止電子逃出金屬的力有兩個，一個叫做**表面力**，另一個叫做**電像力**。試想，當一個電子在金屬內部時，其四面八方都有帶正電荷的金屬離子吸引它，由於在金屬中離子的排列具有高度的規則性，因此吸引該電子的各力幾乎完全抵消，也就是幾乎不受任何束縛，可以自由來去，故稱自由電子。但當該電子移至金屬表面時，由於金屬外不再有任何金屬離子可以吸引它，亦即它只受到金屬內之離子的吸引，是故若欲離開金屬表面，勢必克服此一引力不可，此一引力稱爲**表面力**（surface force）。

偶爾，一些能量較大的電子可以克服表面力，而逸出金屬表面，此時又會受到另一種力的作用。根據本章第三節中所述的電像觀念，我們可以推論，當電子剛逸出金屬表面外時，金屬表面必出現異性的感應電荷，產生引力而將欲離去的電子拉回來。設一電子之電量爲 e，當它在金屬表面外 x 距離時，由電像法可知所受之引力爲

$$F = \frac{e^2}{4\pi\varepsilon_0(2x)^2}$$

這個力稱爲**電像力**（image force）。

綜上所述，可知金屬中之電子若欲完全逃出金屬表面而不被捕捉回去，必須具有足夠的能量去克服表面力及電像力。這種逃脫能通常必須由外界來提供給電子。比如說，我們可以用頻率較高的電磁波（光子）照射金屬表面，讓電子得到能量而逸出，這種現象稱爲**光電效應**（photoelectric effect）；或者，我們可將金屬加熱，電子也一樣可以獲得足夠的能量而放射出來，稱爲**熱游子放射**（thermoionic emission）；或者在金屬表面上加一強電場，利用強大的靜電力，將表面上的電子拔出來，

稱為強場放射（high-field emission）。

（三）氣體放電與尖端放電 一般而言，氣體分子應該是中性的，但實際上由於種種原因（如溫度、宇宙射線等），有一小部份的氣體分子被游離成帶正電的離子及帶負電的電子。在強電場之作用下，這些離子及電子即受到強大靜電力的作用而得到很大的速度；無可避免的，這些高速的質點必然會撞上別的氣體分子而將其電子撞出，結果原來是中性的分子也變成了帶電質點。這些新生的帶電質點馬上又被強電場加速，再去撞擊其他的分子。如此的快速連鎖反應，使得氣體中的帶電質點在短時間之中累進成很大的數目，因而使氣體產生明顯的導電現象。若在該氣體中之強電場係由一帶電之導體所建立，則當氣體產生明顯的導電現象時，導體上之電荷在轉瞬之間馬上漏光，這種現象稱為**氣體放電**。

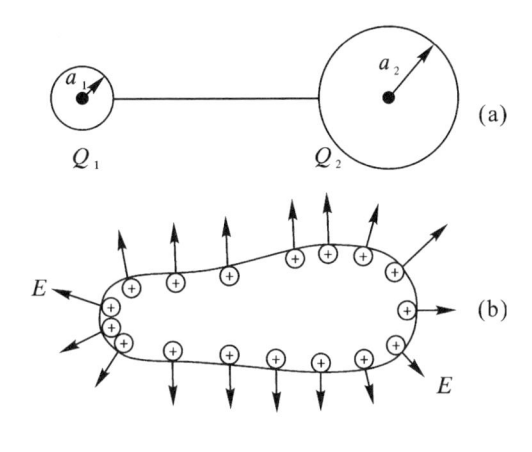

圖 4-19 尖端效應原理

在實際應用上，欲使一帶電導體能夠建立一足夠產生氣體放電的強電場，通常必須將導體削尖，其原因是在導體之尖端會聚集較大的電荷密度，因此其電場強度也較大，如圖 4-19(b) 所示，為簡單起見，我們假定一導體係由兩個金屬球以一細導線連接而成，如圖 4-19(a) 所示。設此導體帶電時，兩球上各帶 Q_1 及 Q_2 之電量，因一個導體為一等位體，故兩金屬球的電位必相等，即

$$\frac{Q_1}{4\pi\varepsilon_0 a_1} = \frac{Q_2}{4\pi\varepsilon_0 a_2}$$

或
$$\frac{Q_1}{Q_2} = \frac{a_1}{a_2} \tag{4.38}$$

又因兩球表面上之電荷密度分別為 $\rho_{s1} = Q_1/4\pi a_1^2$，$\rho_{s2} = Q_2/4\pi a_2^2$，故

$$\frac{\rho_{s1}}{\rho_{s2}} = \frac{a_1}{a_2} \tag{4.39}$$

最後，由邊界條件 $\varepsilon_0 E_n = \rho_s$ 知兩球表面上電場強度之比為

$$\frac{E_{n1}}{E_{n2}} = \frac{a_2}{a_1} \tag{4.40}$$

亦即，導體表面之電場強度與表面之曲率半徑成反比，易言之，表面上愈尖銳的部份，電場強度愈強；因此之故，其附近的氣體愈容易產生放電現象，稱為**尖端放電**。

(四)雷電與避雷針原理 雷電發生的過程相當複雜。簡言之，當帶有大量負電的雲層靠近地面時，在其正下方的地面上即產生感應正電荷；若時機成熟，則雲與地之間即產生放電現象，就是雷電。在雷電發生之初，會有一小群負電荷離開雲層向下探索一條最易將空氣游離而導電的途徑，當這條路徑打通而達地面時，通常會尋找附近地面上最高點，尤其這最高點頂端如果是尖的話，會產生尖端放電，極易與雲層下來的電荷接上，因此閃電常常打到這種位置，如圖 4-20 所示。據說被電殛的地點不會再有第二次，這種說法其實是錯誤的。那麼，高的樹木或建築物如何避免雷殛呢？在第二節中我們知道，中空的導體是一個理想的靜電屏蔽，故將樹木、房屋用金屬罩罩起來是最保險的方法，但也是最不切實際的方法。其實，雷電只襲擊最高點，因此只要在樹木或房子的最高點架設避雷針，再

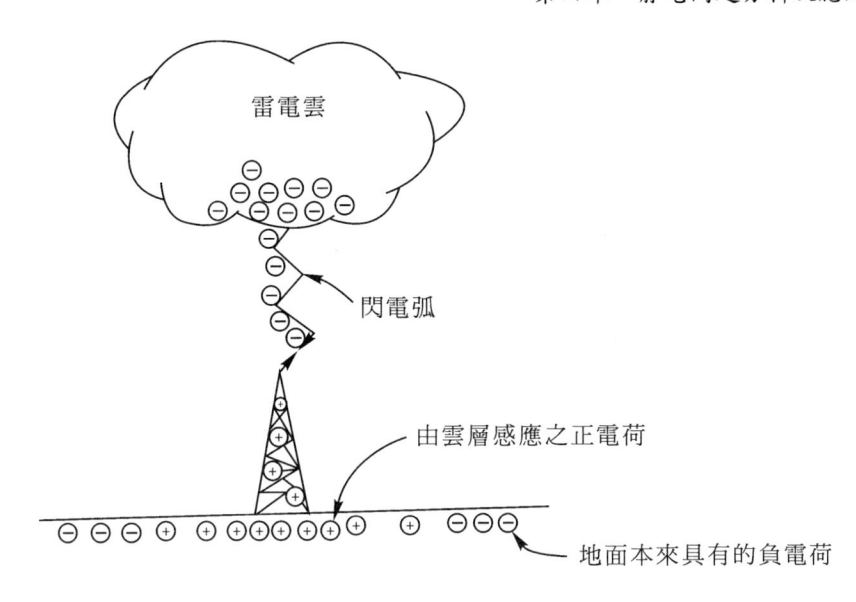

圖 4-20　雷電之產生

方底面半徑約為 h 之圓錐形區域內均可免於雷殛的危險，如圖 4-21 所示。

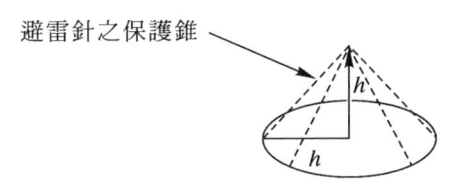

圖 4-21　避雷針的保護範圍

(五)靜電沈積器　靜電沈積器（electrostatic precipitator）是利用靜電原理，除去空氣中的浮塵（aerosols）的一種裝置，如圖 4-22 所示。在沈積器內部有一接直流高壓之金屬線，產生強大的電場，使得附近的空氣游離而帶電，若沈積器中金屬線所接的高壓，其極性為負，如圖 4-22 所示，則它附近的空氣被游離後，所產生的電子即被此負的高壓所排斥，而向外移動，此時若恰好碰上一浮塵顆粒，即將浮塵充以負電，結果使浮塵

圖 4-22　靜電沈積器原理

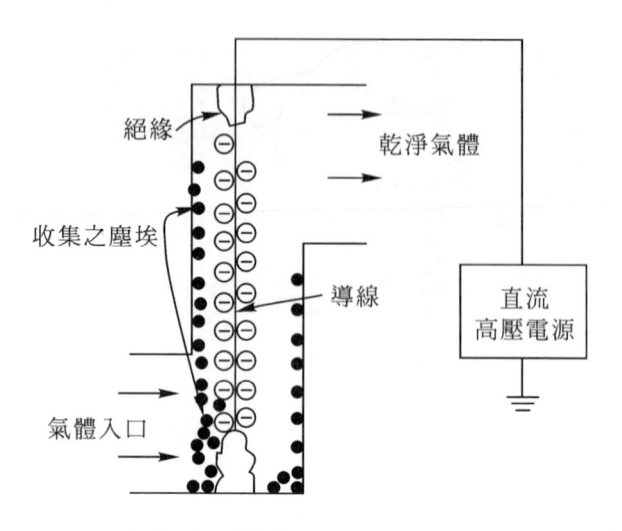

也受負高電壓排斥，而向沈積器之內壁移動，最後沈積在器壁上，如此浮塵即被抽離空氣，達到淨化空氣的目的。

　　在理論上，沈積器中金屬線所接的高壓直流電，其極性是正或負都可以，其達到淨化空氣的效果是一樣的；但仔細考慮的結果，卻各有優缺點。在大型工業用的沈積器中，所接高電壓均為負，理由是其穩定性較佳，而且可得到較大的操作電壓，使除塵速度更快，其缺點為空氣中的氧（O_2）極易變為臭氧（O_3），不適人員之呼吸。而一般家用的沈積器則以接正高壓為佳，因其產生之臭氧較少。

習 題

1. 一圓柱形中空金屬管之內、外半徑分別為 a 及 b，在其中軸處置一線電荷，其線電荷密度為 ρ_l，試求：(a) $r<a$；$a<r<b$；及 $r>b$ 之電場強度；(b)金屬管內壁及外壁之感應面電荷密度。

2. 一小球以一絕緣彈簧懸起，在小球下方置一接地的平面導體，兩者相距為 h，今令球帶電，結果發現球被吸引而向下降一距離 d，若彈簧之力常數為 k，求球上所帶的電量。

3. 一線電荷（電荷密度 ρ_l）與地面平行，高度為 h，試求其單位長度所受的力。

4. 上題中，試求地面上之感應面電荷密度，並由積分求單位長度中之總感應電荷。

5. 如圖 4-23 所示，在電容為 C 之電容器中插入一金屬片，設金屬片之厚度可忽略〔如圖(a)〕，或不可忽略〔如圖(b)〕，則電容變成多少？

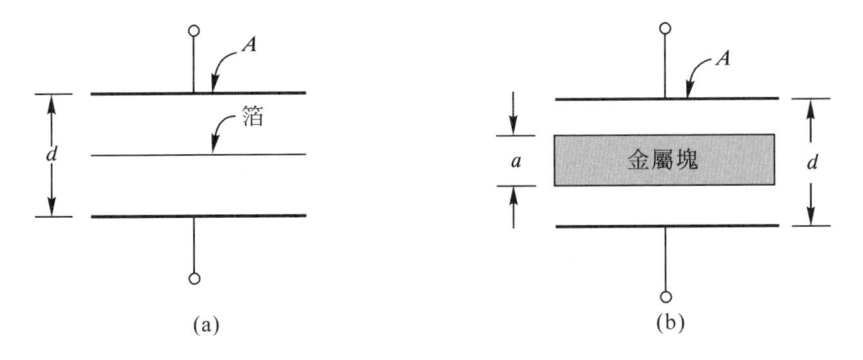

圖 4-23 習題第 5 題用圖

6. 在一平行板電容器中，兩板間介質之容電係數由一板線性變化至另一板，設介質與兩板相接處之容電係數分別為 ε_1 及 ε_2，試求電容器之電容。

7. 一平行板電容器接於一定值電源充電，充滿後拆去電源，然後將介電常數 $K=2.0$ 之介質充塞於電容器內，試問塞入介質後 W_E，D，E，ρ_s，Q，V 及 C 為塞入前的幾倍？

8. 一平行板電容器中為真空，接於一定值之電壓源上，今將兩板間隔由 d 減為 $d/2$，則 Q，ρ_s，C，D，E，W_E 各量將改變為原來的幾倍？

9. 一平行板電容器中原為真空，兩板間隔為 d，充電後將電源拆去，此時，將兩板間隔減為 $d/2$，同時充滿介電常數 $K=3$ 之介質，試問最後之 D，E，V，C 及 W_E 為最初的幾倍？

10. 一同軸式輸送線之外導體半徑 b 固定，欲使內導體表面上之電場為極小值，(a) 試證內導體半徑 a 必須等於 b/e，其中 $e=2.7182\cdots\cdots$，(b) 試求此輸送線單位長度的電容。

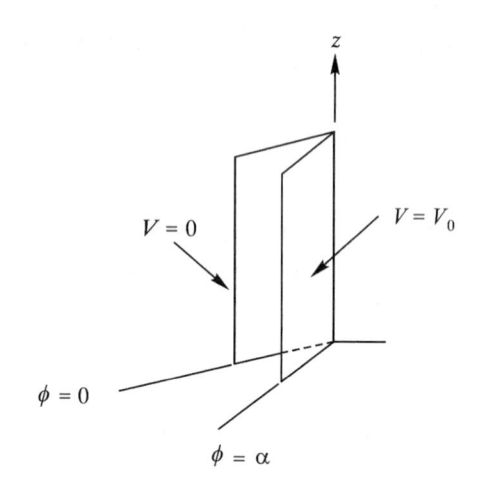

圖 4-24　習題第 11 題用圖

11. 如圖 4-24 所示，兩大平面導體張開 α 角放置，但互相絕緣，試由拉卜拉斯方程式求出兩導體間之電位及電場強度。

12. 設某真空中之電位以圓柱坐標表示時，僅為 r 及 ϕ 之函數，而與 z 無關，試證此時拉卜拉斯方程式之通解為

$$V = R(r)\Phi(\phi) = (C_1 r^a + C_2 r^{-a})(C_3 \cos a\phi + C_4 \sin a\phi)$$

其中 C_1, C_2, C_3, C_4 及 a 爲任意常數。

13. 設某空間之電荷密度 ρ 爲一定值，則其電位以圓柱坐標表示時，爲

$$V = \frac{-\rho r^2}{4\varepsilon_0} + A\ln r + B$$

其中 A 與 B 爲任意常數，試證之；並求電場強度。

14. 上題中，若以球坐標表示時，則電位及電場強度各如何？

15. 如圖 4-25 所示，兩圓錐面之間爲絕緣，試求當各錐面均爲單位長度時此系統之電容。

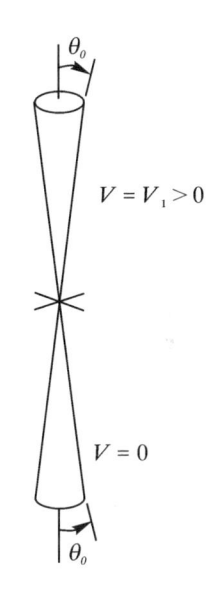

圖 4-25　習題第 15 題用圖

第五章

真空中的靜磁場

第一節　前　言

在自然界中，磁可由三種方式產生：第一種是由電荷的運動（或電流）產生，這是奧斯特（H.C. Oersted）於西元 1820 年首先發現的；第二種是由電場之變化而感應產生，係由馬克士威（J.C. Maxwell）於西元 1862 年經由理論推算出來的；第三種是由磁性物質（尤其是磁鐵）產生的，磁性物質的發現雖然很早，但人類對它的瞭解卻是相當晚，其原因是它牽涉到一些較艱深的量子力學及固態物理的觀念，這一部分超出本書的範圍，故不擬介編。本章僅討論第一種磁的產生，至於第二種產生方式，則留到第七章再說。

第二節　運動點電荷產生之磁場

一個靜止的電荷僅產生電場；以等速運動（即等速直線運動）的電荷

除了原有的電場外，還產生了第二種場，就是磁場；而作加速運動的電荷則會產生輻射的電磁場。綜上所述可知磁場可由電荷之運動而產生。

當一個點電荷作等速直線運動時，它所產生的磁場分佈均爲與運動方向垂直之同心圓，如圖 5-1 所示；在同心圓上一點 P 之**磁場強度**（magnetic field intensity）**H** 之方向，據實驗，可用右手來決定；即若以右手拇指指著一正電荷之運動方向，則其餘四指所環繞的圓周的切線方向，即爲 **H** 的方向。（若電荷爲負，則 **H** 反向）。其次，磁場強度 **H** 的大小係與運動電荷之電量 Q，速度 **v**，以及 θ 角（見圖 5-1）之正弦（即 $\sin\theta$）成正比，而與距離 R 的平方成反比。若令電荷 Q 至 P 點之單位向量爲 $\mathbf{a}_R$，則綜上所述可得 P 點之磁場強度可變成

$$\mathbf{H} = k_m \frac{Q\mathbf{v} \times \mathbf{a}_R}{R^2} \tag{5.1}$$

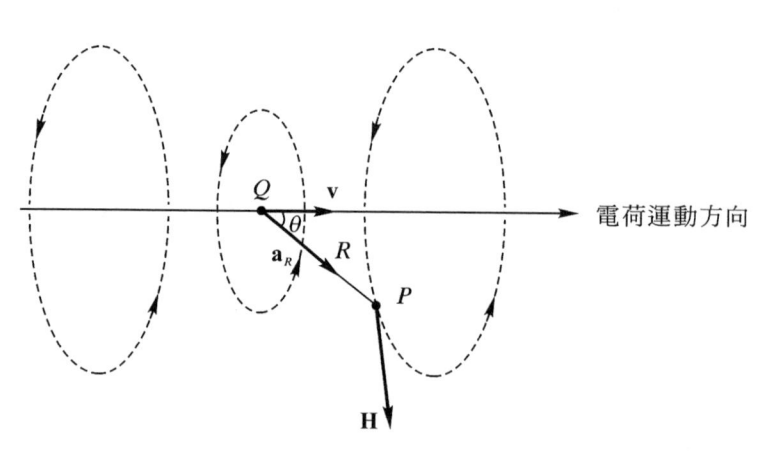

圖 5-1 運動電荷產生的磁場

其中 k_m 爲比例常數。在 MKSA 單位制中，我們**規定** $k_m = 1/4\pi$，故（5.1）式即可變爲

$$\mathbf{H} = \frac{1}{4\pi} \frac{Q\mathbf{v} \times \mathbf{a}_R}{R^2} \tag{5.2}$$

磁場強度的單位爲安培/米（A/m）。

第五章 真空中的靜磁場　169

【練習題 5.1】在氫原子中，電子以 $2\times10^6\,\text{m/s}$ 之速率繞原子核作半徑 $5\times10^{-9}\,\text{cm}$ 之圓周運動，求電子作此圓周運動在原子核處所產生的磁場強度。
答：$10^7\,\text{A/m}$。

【練習題 5.2】一點電荷 Q 以速度 v 作等速直線運動，則在其正前方任意一點之磁場強度為何？
答：0。

第三節　比歐‧沙瓦定律

在許多應用上，我們時常要處理一根導線內之電流（即一群電荷之運動）所產生的磁場，而不僅是單獨一個點電荷的問題。圖 5-2 示一細導線載有電流 I 時，其周圍之磁場的計算方法。首先，在導線上任取一小段線元 $d\mathbf{L}$，由於此段線元長度係趨近於零，故其中所含的流動電荷 dQ 即可視為點電荷，設其流動速度為 $\mathbf{v}$，則因

$$\mathbf{v}\,dQ = \frac{d\mathbf{L}}{dt}dQ = \frac{dQ}{dt}d\mathbf{L} = I\,d\mathbf{L}$$

故由（5.2）式可得 dQ 所產生的磁場強度為

$$d\mathbf{H} = \frac{1}{4\pi}\frac{dQ\,\mathbf{v}\times\mathbf{a}_R}{R^2} = \frac{1}{4\pi}\frac{I\,d\mathbf{L}\times\mathbf{a}_R}{R^2} \tag{5.3}$$

將此式沿導線積分，即可得到總磁場

$$\mathbf{H} = \frac{1}{4\pi}\int\frac{I\,d\mathbf{L}\times\mathbf{a}_R}{R^2} \tag{5.4}$$

稱為<u>比歐‧沙瓦定律</u>（Biot-Savart law），用來計算載流細導線的磁場。

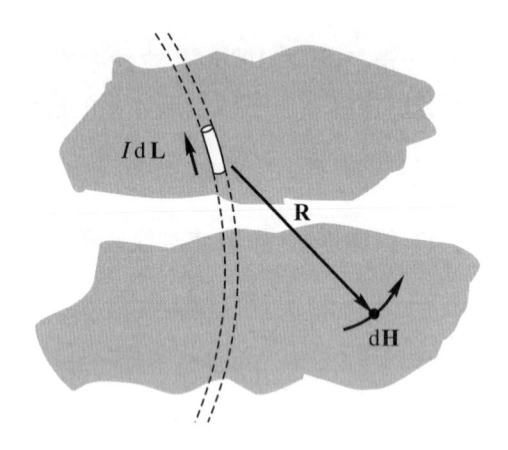

圖 5-2 載有電流之導線所產生之磁場。圖中之陰影部份為導線之垂直面

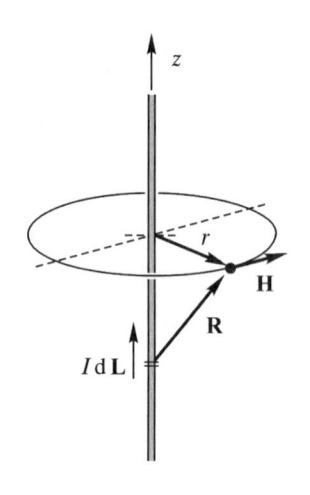

圖 5-3 例 5.1 用圖

例 5.1 試求一無限長直導線附近之磁場強度（設其中之電流為 I）。

解：如圖 5-3 所示，設直導線置於圓柱座標系之 z 軸上，則

$$\mathrm{d}\mathbf{L} = \mathrm{d}z\, \mathbf{a}_z, \quad \mathbf{R} = z\mathbf{a}_z + r\mathbf{a}_r,$$

$$\mathbf{a}_R = \frac{\mathbf{R}}{|\mathbf{R}|} = \frac{z\mathbf{a}_z + r\mathbf{a}_r}{\sqrt{z^2 + r^2}}$$

故由（5.4）式得

第五章　真空中的靜磁場　171

$$\begin{aligned}\mathbf{H} &= \frac{1}{4\pi}\int_{-\infty}^{+\infty}\frac{I\,dz\mathbf{a}_z\times(z\mathbf{a}_z+r\mathbf{a}_r)}{(z^2+r^2)^{3/2}}\\ &= \frac{I}{4\pi}\int_{-\infty}^{+\infty}\frac{r\,dz}{(z^2+r^2)^{3/2}}\mathbf{a}_\phi\\ &= \frac{I}{2\pi r}\mathbf{a}_\phi\end{aligned}\qquad(5.5)$$

例 5.2　半徑為 a 之導線圓環中載有電流 I，試求其中軸上之磁場強度。

解：由圖 5-4 中可知，線元 $d\mathbf{L}$ 在中軸上任一點 M 所產生之磁場強度其大小為

$$dH = \frac{I\,dL}{4\pi r^2} = \frac{Ia\,d\phi}{4\pi(z^2+a^2)}$$

由於對稱關係，此磁場之垂直分量必與由 $d\mathbf{L}'$ 所產生之磁場 $d\mathbf{H}'$ 之垂直分量互相抵消，故積分時，只要取其水平分量（即 $dH\cos\alpha$）計算即可，即

$$\begin{aligned}\mathbf{H} &= \int dH\cos\alpha\,\mathbf{a}_z = \int_0^{2\pi}\frac{Ia^2\,d\phi}{4\pi(z^2+a^2)^{3/2}}\mathbf{a}_z\\ &= \frac{I(\pi a^2)}{2\pi(z^2+a^2)^{3/2}}\mathbf{a}_z\end{aligned}\qquad(5.6)$$

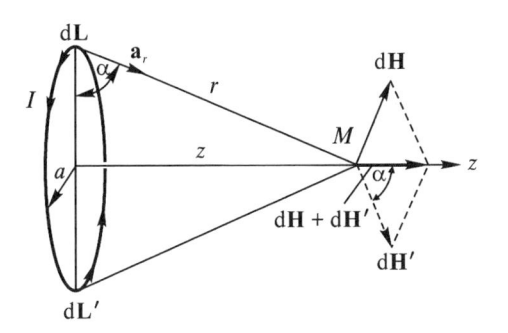

圖 5-4　例 5.2 用圖

在例 5.2 中若圓環的半徑甚小，$a \ll z$，則

172　電磁學

$$\mathbf{H} \approx \frac{I(\pi a^2)}{2\pi z^3}\mathbf{a}_z = \frac{m}{2\pi z^3}\mathbf{a}_z \qquad (5.7)$$

注意此一磁場強度與距離 z 的立方成反比，這種關係與電偶極（見第二章第七節）之電場強度一樣。因此，半徑甚小的載流環可稱為一**磁偶極**（magnetic dipole）；（5.7）式中的

$$m = I(\pi a^2) = IS \qquad (5.8)$$

為電流 I 與環面積 $S = \pi a^2$ 之乘積，稱為**磁偶極矩**（magnetic dipole moment），其單位為安培・米^2（A·m^2）。

　　當然，（5.7）式僅指 z 軸上的磁場強度。若要求空間任意一點（r，θ，ϕ）的磁場強度，我們可以仿照電偶極的電場強度，即（2.56）式，直接寫出來，即

$$\mathbf{H} = \frac{m}{4\pi r^2}(2\cos\theta\,\mathbf{a}_r + \sin\theta\,\mathbf{a}_\theta) \qquad (5.9)$$

此式之正式推導，請看練習題 5.28。

【**練習題 5.3**】如圖 5-5 所示，試證一有限長載流直導線所產生之磁場強度為

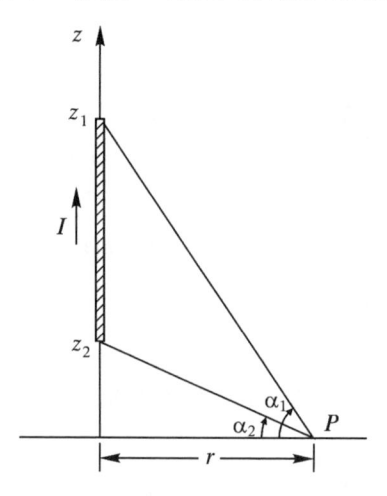

圖 5-5　練習題 5.3 用圖

$$\mathbf{H} = \frac{I}{4\pi r}(\sin\alpha_1 - \sin\alpha_2)\mathbf{a}_\phi \qquad (5.10)$$

【練習題 5.4】 半徑為 a 之圓形迴線中之電流 I，試求圓心處之磁場強度。
答：$I/2a$。

【練習題 5.5】 如圖 5-6 所示，試求半圓圓心處之磁場強度。
答：$I/4a$。

【練習題 5.6】 如圖 5-7 所示，一迴路由兩段圓弧及兩段直線段組成，設圓弧所張的圓心角為 θ_0；當迴路中的電流為 I 時，試求圓心 O 點之磁場強度。
答：$(I\theta_0/4\pi)(1/a - 1/b)$。

圖 5-6　練習題 5.5 用圖

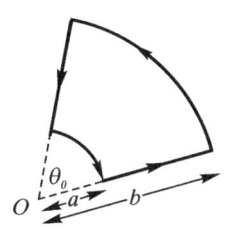

圖 5-7　練習題 5.6 用圖

第四節 磁場的計算

一般由載流導線所產生之磁場的計算，都可直接由比歐‧沙瓦定律，即（5.4）式，積分而得。但在某些特殊情況之下，比歐‧沙瓦定律可以化成更簡單的形式。如圖 5-8 所示，若一載流迴線係為一共平面迴線，亦即，迴線上各點均在同一平面上，則**在該平面上**任意一點 M 之磁場其方向必與該平面垂直。磁場的方向既已確定，我們利用（5.4）式計算磁場強度時，就不必再顧慮方向的問題，而只要計算它的大小就可以了。易言之，我們可以將（5.4）式之向量積分式化簡成為普通的積分式。由圖 5-8 中可知 $|d\mathbf{L} \times \mathbf{a}_r| = dL \sin\alpha$，且 $dL = rd\theta / \cos\beta = rd\theta / \sin\alpha$，因此（5.4）式之大小即為

$$H = \frac{I}{4\pi} \int \frac{d\theta}{r} \tag{5.11}$$

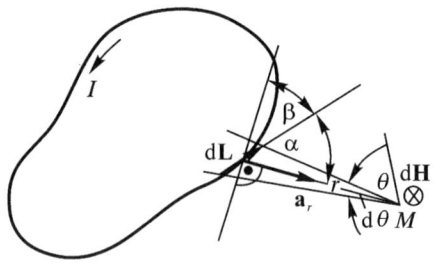

圖 5-8　共平面載流迴線之磁場計算

例 5.3　試由（5.11）式，求出一有限長載流直導線周圍一點 M 之磁場強度。

解：由圖 5-9 中知，$r\cos\theta = a$，即 $r = a\sec\theta$，故由（5.11）式，

$$H = \frac{I}{4\pi} \int_{\theta_2}^{\theta_1} \frac{d\theta}{a\sec\theta} = \frac{I}{4\pi a} \int_{\theta_2}^{\theta_1} \cos\theta \, d\theta$$

$$= \frac{I}{4\pi a}(\sin\theta_1 - \sin\theta_2)$$

例 5.4 如圖 5-10 所示，一捲緊密纏繞的線圈內，外半徑分別為 a 及 b，設匝數為 N，電流為 I，試求圓心之磁場強度。

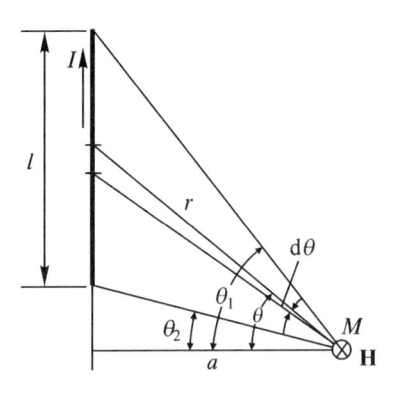

圖 5-9 例 5.3 用圖

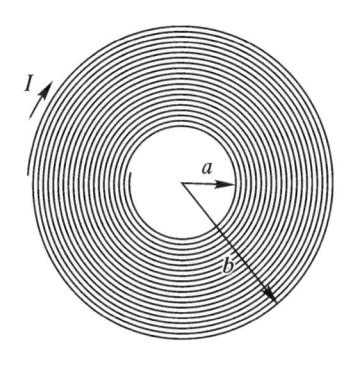

圖 5-10 例 5.4 用圖

解：選一半徑為 r 寬度為 $\mathrm{d}r$ 之圓形區域，則知在此區域中之電流為

$$\mathrm{d}I = NI\,\mathrm{d}r/(b-a)，$$

它在圓心處所產生的磁場強度（參見練習題 5.7）為

176　電磁學

$$\mathrm{d}H = \frac{\mathrm{d}I}{2r} = \frac{NI}{2(b-a)}\frac{\mathrm{d}r}{r}$$

積分得

$$H = \frac{NI}{2(b-a)}\int_a^b \frac{\mathrm{d}r}{r} = \frac{NI}{2(b-a)}\ln\frac{b}{a}$$

例 5.5　一螺線管係由 N 匝細導線纏繞而成，設該螺線管長度為 b，截面為半徑為 a 之圓，則通電流 I 時，求其軸上任意點 M 之磁場強度。

解：設 z 軸原點在螺線管左端，如圖 5-11 所示，則在距原點 z' 處取一寬度 $\mathrm{d}z'$ 之環形區域時，其中之電流為

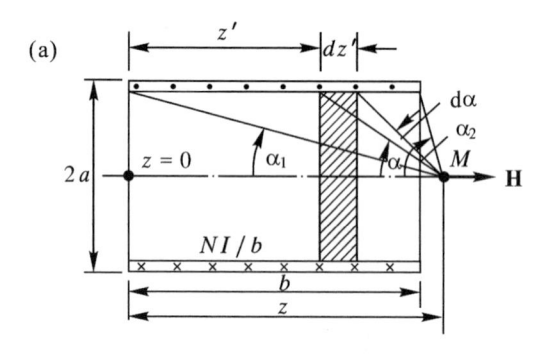

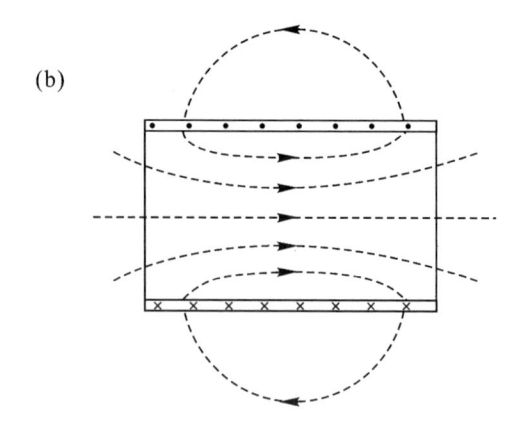

圖 5-11　例 5.5 用圖

$$dI = \frac{NI}{b}dz'$$

此電流在 M 點處所產生之磁場強度〔參考（5.6）式〕為

$$dH = \frac{a^2 dI}{2[(z-z')^2 + a^2]^{3/2}} = \frac{NI}{2ab}\sin^3\alpha \, dz'$$

其中 $\sin\alpha = a/[a^2+(z-z')^2]^{1/2}$。如圖 5-11 所示，

$$z - z' = \frac{a}{\tan\alpha}$$

微分得
$$dz' = \frac{a}{\sin^2\alpha}d\alpha$$

故
$$dH = \frac{NI}{2b}\sin\alpha \, d\alpha$$

積分，得

$$H = \frac{NI}{2b}\int_{\alpha_1}^{\alpha_2}\sin\alpha \, d\alpha = \frac{NI}{2b}(\cos\alpha_1 - \cos\alpha_2) \tag{5.12}$$

例 5.6 一半徑為 a 之絕緣體圓盤上帶有均勻面電荷 ρ_s，若盤以垂直通過其圓心之直線為軸，作角頻率 ω 之等速轉動，試求其軸上任一點之磁場強度。

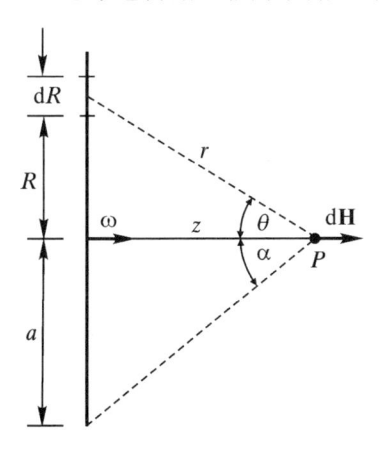

圖 5-12　例 5.6 用圖

解：當圓盤轉動時，其上之電荷也隨著運動；此電荷之運動可視為電流，故能產生磁場。如圖 5-12 所示，在圓盤上取一半徑 R 寬度 $\mathrm{d}R$ 之環帶，圓盤以角頻率 ω 轉動時，環帶中相當於有一微量電流

$$\mathrm{d}I = \rho_s 2\pi R\, \mathrm{d}R \frac{\omega}{2\pi} = \rho_s \omega R\, \mathrm{d}R$$

此一微量電流在軸上一點 P 所產生的磁場強度〔參考（5.6）式〕為

$$\mathrm{d}H = \frac{\rho_s \omega R^3 \mathrm{d}R}{2(R^2 + z^2)^{3/2}}$$

由圖 5-12 中可知，

$$R/(R^2 + z^2)^{1/2} = R/r = \sin\theta，\quad \mathrm{d}R = r\mathrm{d}\theta/\cos\theta，\quad r = z/\cos\theta，$$

故得

$$\mathrm{d}H = \frac{\rho_s \omega z}{2} \frac{\sin^3\theta}{\cos^2\theta} \mathrm{d}\theta$$

積分，其中 θ 之下限為 0，上限為 $\alpha = \cos^{-1}[z/(z^2+a^2)^{1/2}]$，即得

$$H = \frac{\rho_s \omega z}{2} \int_0^\alpha \frac{\sin^3\theta}{\cos^2\theta} \mathrm{d}\theta = \frac{\rho_s \omega z}{2}(\cos\alpha + \sec\alpha - 2)$$
$$= \frac{\rho_s \omega}{2}\left(\frac{a^2 + 2z^2}{\sqrt{z^2 + a^2}} - 2z\right)$$

【練習題 5.7】設一圓形迴線半徑為 r，電流為 I，試由（5.11）式積分，求出圓心之磁場強度。
答：$I/2r$。

【練習題 5.8】若例 5.5 中之螺線管相當細長，$a \ll b$，(a)求管軸上中央點（$z' = b/2$）之磁場強度；(b)中央點（$z' = b/2$）與端點（$z' = b$ 或 0）磁場強度之比為何？

答：(a) NI/b；(b)2。

【練習題 5.9】若例 5.5 中之螺線管為粗短型的（$b \ll a$），則其中心處之磁場強度為何？
答：$NI/2a$。

【練習題 5.10】一點電荷 q 以角頻率 ω 作半徑 a 之等速圓周運動，相當於多少電流？
答：$q\omega/2\pi$。

【練習題 5.11】線電荷 ρ_L 彎成半徑 R 之圓環，若以角頻率 ω 繞其中軸轉動，相當於多少電流？
答：$\rho_L \omega R$。

第五節 安培定律及其應用

在第三節裏面，我們已經知道一無限長直導線中若有電流 I，那麼距該直導線為 r 處之磁場強度為〔見（5.5）式〕

$$\mathbf{H} = \frac{I}{2\pi r}\mathbf{a}_\phi \tag{5.13}$$

此式係以圓柱座標表示，記得圓柱座標系中，線元為 $d\mathbf{L} = dr\,\mathbf{a}_r + r d\phi\,\mathbf{a}_\phi + dz\,\mathbf{a}_z$，故

$$\begin{aligned}\mathbf{H}\cdot d\mathbf{L} &= \left(\frac{I}{2\pi r}\mathbf{a}_\phi\right)\cdot(dr\,\mathbf{a}_r + r d\phi\,\mathbf{a}_\phi + dz\,\mathbf{a}_z) \\ &= \frac{I}{2\pi}d\phi\end{aligned} \tag{5.14}$$

注意此式中只含變數 ϕ，而與 r 及 z 無關，因此若有一環繞著電流 I 的積分路徑，則不論其大小形狀為何，(5.14)式在該積分路徑上積分一周時的結果均為

$$\oint \mathbf{H} \cdot d\mathbf{L} = \frac{I}{2\pi} \int_0^{2\pi} d\phi = I \tag{5.15}$$

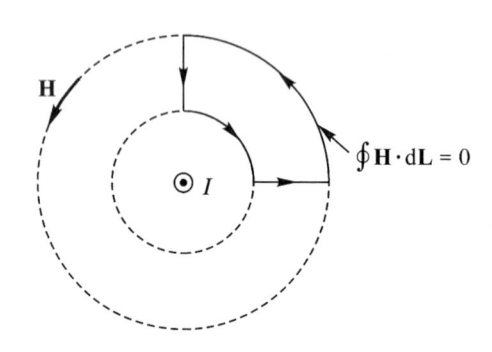

圖 5-13 雖然有磁場存在，然當電流在圍線外時，磁場在圍線上之環流量等於零

在數學上，一形狀任意之簡單封閉積分路徑稱為圍線（contour）；而一向量場在圍線上一周的積分值稱為環流量（circulation）。(5.15)式告訴我們，任何磁場強度 $\mathbf{H}$ 在一圍線的環流量，恆等於該圍線內部的總電流，這個重要的定律稱為安培定律（Ampere's law）。

在應用安培定律的時候，有幾點應該注意。第一，圍線的大小形狀既無限制，因此可以任意選擇；然為了計算上的方便，我們通常選用與磁場分佈形狀完全一致的圍線，例如無限長直導線附近的磁場分佈為圓形，我們即可選用圓形的圍線。或者，我們可以令所選的圍線中某些部份與磁場平行，而另外的部份與磁場垂直，這樣做都有利於計算的簡化。第二，(5.15)式中，等號右側的電流 I 係以穿過圍線內部者為限，而在圍線外之電流則不予計入。圖 5-13 就是一個很明顯的例子：圖中電流 I 在圍線的外部，圍線係由兩直線段及兩圓弧構成，其中直線段與磁場方向恆保持垂直，故 $\mathbf{H} \cdot d\mathbf{L} = 0$；而兩圓弧在圓心所張的角度相等，但積分方向相反，故磁場在兩圓弧上之積分值大小相同，但差一負號，因此，磁場在該

圍線上之環流量等於零。為求清楚起見，安培定律可以寫成

$$\oint \mathbf{H} \cdot \mathrm{d}\mathbf{L} = \begin{cases} I & (I\text{在圍線內部}) \\ 0 & (I\text{在圍線外部}) \end{cases} \quad (5.16)$$

第三，要注意電流 I 的正負號。我們規定，當右手拇指除外的四個指頭指著圍線上之積分方向時，拇指所指的方向就是 I 的正方向。亦即，若電流與拇指所指的方向相同則取正號；反之，取負號。最後一點，就是若圍線內部不只有一個電流，而是有許多的電流同時穿過，則安培定律中的電流 I 應指所有穿過圍線內部之電流的代數和，且各電流的正負號應嚴格遵守上述第三點的規定。即

$$\oint \mathbf{H} \cdot \mathrm{d}\mathbf{L} = \sum I \quad (5.17)$$

又，若圍線內部之電流密度為 $\mathbf{J}$，則因由（3.73）式知

$$I = \int \mathbf{J} \cdot \mathrm{d}\mathbf{S}$$

故安培定律又可寫成

$$\oint \mathbf{H} \cdot \mathrm{d}\mathbf{L} = \int \mathbf{J} \cdot \mathrm{d}\mathbf{S} \quad (5.18)$$

其中等號右側之積分範圍以圍線之內部為限。

下面我們所舉出幾個應用安培定律求磁場強度的例子。

例 5.7　如圖 5-14 所示，一截面半徑 a 之圓柱形長直導線中，電流為 I，若電流在整個截面上均勻分佈，求(a)導線外（$r>a$）；(b)導線內（$r<a$）之磁場強度。

解：(a)導線外（$r>a$）：很明顯的，我們所選用的圍線 C_1 應為一圓形，則

$$\oint \mathbf{H} \cdot \mathrm{d}\mathbf{L} = H(2\pi r) = I$$

故得

$$H = \frac{I}{2\pi r} \quad (r>a) \quad (5.19)$$

182　電磁學

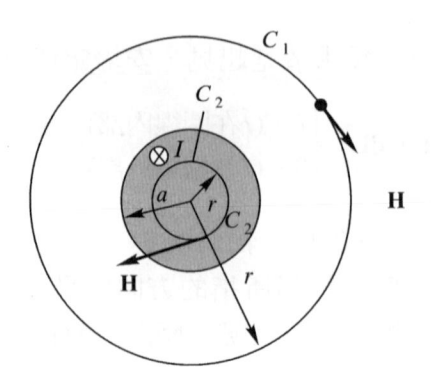

圖 5-14　例 5.7 用圖

(b)導線內（$r<a$）：圍線 C_2 亦為一圓，注意其內部的電流為 r^2I/a^2，故由安培定律

$$\oint \mathbf{H} \cdot d\mathbf{L} = H(2\pi r) = \frac{r^2 I}{a^2}$$

故得
$$H = \frac{I}{2\pi a^2} r \quad (r<a) \tag{5.20}$$

例 5.8　圖 5-15 為一同軸電纜之截面，設兩導體中分別有電流 I 相反方向流動，試求所產生的磁場強度。

解：(a) $r<a$ 及 $a<r<b$ 兩部份之磁場強度與例 5.7 中完全相同，即

$$H = \frac{I}{2\pi a^2} r \quad (r<a)$$

$$H = \frac{I}{2\pi r} \quad (a<r<b)$$

(b)在外導體內之磁場強度：當我們選一半徑 $r(b<r<c)$ 的圓形圍線時，圍線內部有兩個方向相反的電流，即內導體中的 I 及外導體中的 $(r^2-b^2)I/(c^2-b^2)$，故由安培定律，

$$\oint \mathbf{H} \cdot d\mathbf{L} = H(2\pi r) = I - \frac{r^2-b^2}{c^2-b^2} I = \frac{c^2-r^2}{c^2-b^2} I$$

故得 $$H = \frac{I(c^2 - r^2)}{2\pi r(c^2 - b^2)} \qquad (b < r < c) \qquad (5.21)$$

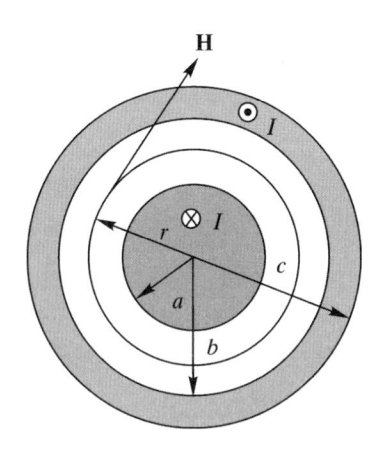

圖 5-15　例 5.8 用圖

(c) 在電纜外之磁場強度：選一半徑 $r(r>c)$ 之圓形圍線時，其內部兩電流之代數和為零，故

$$\oint \mathbf{H} \cdot d\mathbf{L} = H(2\pi r) = I - I = 0$$

故得 $\qquad\qquad H = 0 \quad (r>c) \qquad\qquad (5.22)$

例 5.9　在一很薄的平板導體中流動的電流稱為面電流，設單位寬度中的面電流（稱為面電流密度）為 **K**，求所產生的磁場強度。

解：如圖 5-16 所示，設面電流 **K** 沿著 y 方向流動，由於所產生的磁場強度 **H** 恆與電流成垂直，故用 **H** 必在 x 方向。以右手的拇指指 y 方向，則其餘四指指 **H** 的方向。由此可推知，在面電流上方，**H** 為正 x 方向；其下方之 **H** 則為負 x 方向。若平板導體的寬度甚大，那麼其附近的磁場可視為均勻磁場。今選一方形圍線 1-2-3-4-1，其邊長為 $2a$，如圖 5-16 所示，此時 2-3 及 4-1 兩段與磁場的方向垂直，故 $\mathbf{H} \cdot d\mathbf{L} = 0$。其餘 1-2 及 3-4 兩段的積分方向都與 **H** 一致，故由安培定律得

184　電磁學

$$\oint \mathbf{H} \cdot d\mathbf{L} = (H)(2a) + 0 + (H)(2a) + 0 = K(2a)$$

其中 $K(2a)$ 為穿過方形圍線內部的電流。由此可解出磁場強度

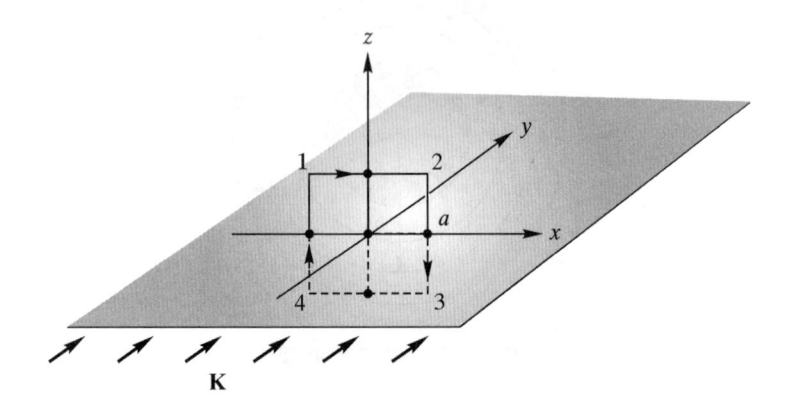

$$H = \frac{1}{2} K \tag{5.23}$$

圖 5-16　例 5.9 用圖

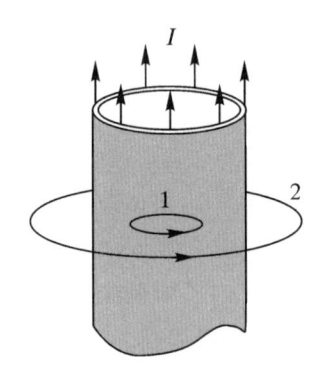

圖 5-17　練習題 5.12 用圖　　圖 5-18　練習題 5.13 用圖

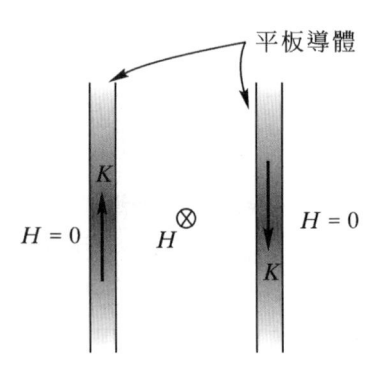

注意：磁場強度 **H** 與 **K** 是互相垂直的，這一點由（5.23）式看不出來；最好能夠用適當的向量表示法來處理。令平板導體向外之單位法線向量為 $\mathbf{a}_n$，那麼將（5.23）式改寫成向量式

$$\mathbf{H} = \frac{1}{2}\mathbf{K} \times \mathbf{a}_n \qquad (5.24)$$

就可以表示其正確的方向關係了。

【練習題 5.12】設一空心之薄圓柱形導體中電流為 I，如圖 5-17 所示，試求管內及管外之磁場強度。
答：0；$I/2\pi r$。

【練習題 5.13】兩平板導體平行放置，一板中每單位寬度之電流為 $\mathbf{K}$，另一板為 $-\mathbf{K}$，如圖 5-18 所示，求兩板之間及兩板之外的磁場強度。
答：$\mathbf{K} \times \mathbf{a}_n$；$0$。

第六節 旋　度

在本節中，我們要將安培定律，即（5.18）式，應用在一個非常小（幾乎縮成一點）的圍線上，並由此導出**旋度**的觀念。利用旋度的觀念，我們可以更瞭解磁場強度與電流之間基本的關係。

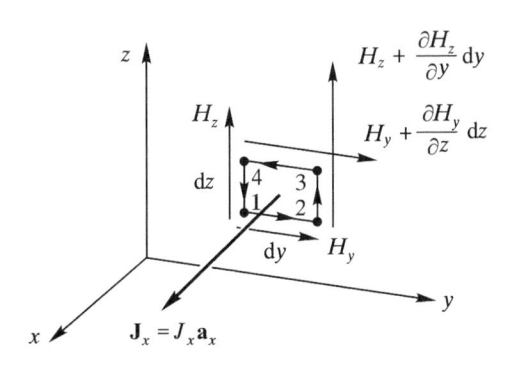

圖 5-19　在直角坐標系統中，安培定律微分形式之推導

由於我們所選的圍線非常小，其內部的面積亦必甚小，可用面元 d**S** 表示，在直角座標系統中，

$$d\mathbf{S} = dydz\,\mathbf{a}_x + dzdx\,\mathbf{a}_y + dxdy\,\mathbf{a}_z \tag{5.25}$$

為求簡單起見先考慮 d**S** 的第一個分量 $dydz\,\mathbf{a}_x$，即圖 5-19 中之矩形 1-2-3-4-1。從最廣義的角度來看，磁場強度 **H** 在空間不同的點應有不同的值。例如，假定在圍線中，線段 1-2 上磁場強度的 y 分量為 H_y，則在線 3-4 時應為 $H_y + dH_y = H_y + (\partial H_y/\partial Z)dZ$；同理，若在線 4-1 上磁場強度的 z 分量為 H_z，則在線段 2-3 時應為 $H_z + dH_z = H_z + (\partial H_z/\partial y)dy$，故 **H** 在圍線 1-2-3-4-1 之環流量為

$$\oint_x \mathbf{H} \cdot d\mathbf{L} = H_y dy + (H_z + \frac{\partial H_z}{\partial y}dy)\,dz - (H_y + \frac{\partial H_y}{\partial z}dz)\,dy - H_z dz$$

$$= (\frac{\partial H_z}{\partial y} - \frac{\partial H_y}{\partial z})\,dydz \tag{5.26}$$

式中，積分符號下面的小 x 代表 x 分量。同理，若考慮面元 d**S** 的 y 及 z 分量，則得

$$\oint_y \mathbf{H} \cdot d\mathbf{L} = (\frac{\partial H_x}{\partial z} - \frac{\partial H_z}{\partial x})\,dzdx \tag{5.27}$$

$$\oint_z \mathbf{H} \cdot d\mathbf{L} = (\frac{\partial H_y}{\partial x} - \frac{\partial H_x}{\partial y})\,dxdy \tag{5.28}$$

因此，若考慮全部三個分量，則 **H** 在一微小圍線上之環流量為（5.26）式至（5.28）式之總和，即

$$\oint \mathbf{H} \cdot d\mathbf{L} = (\frac{\partial H_z}{\partial y} - \frac{\partial H_y}{\partial z})\,dydz + (\frac{\partial H_x}{\partial z} - \frac{\partial H_z}{\partial x})\,dzdx$$

$$+ (\frac{\partial H_y}{\partial x} - \frac{\partial H_x}{\partial y})\,dxdy \tag{5.29}$$

在數學上，我們規定

$$\text{curl } \mathbf{H} = \left(\frac{\partial H_z}{\partial y} - \frac{\partial H_y}{\partial z}\right)\mathbf{a}_x + \left(\frac{\partial H_x}{\partial z} - \frac{\partial H_z}{\partial x}\right)\mathbf{a}_y + \left(\frac{\partial H_y}{\partial x} - \frac{\partial H_x}{\partial y}\right)\mathbf{a}_z$$

$$= \begin{vmatrix} \mathbf{a}_x & \mathbf{a}_y & \mathbf{a}_z \\ \dfrac{\partial}{\partial x} & \dfrac{\partial}{\partial y} & \dfrac{\partial}{\partial z} \\ H_x & H_y & H_z \end{vmatrix} \quad (5.30)$$

稱爲向量場 **H** 的旋度（curl）。如此一來，由（5.25）及（5.30）式可知，（5.29）式可寫成

$$\oint \mathbf{H} \cdot d\mathbf{L} = (\text{curl } \mathbf{H}) \cdot d\mathbf{S} \quad (5.31)$$

此式告訴我們一向量場在一微小圍線上之環流量，等於該向量場的旋度與圍線內部面積的內積。

在第二章第七節裏，我們曾利用過一個向量微分運算符 ∇，見（2.50）式。由（5.30）式我們發現，用來計算 curl **H** 的行列式恰好等於 ∇ 與 **H** 的外積〔外積的計算請看（1.21）式〕；因此我們可以寫

$$\text{curl } \mathbf{H} = \nabla \times \mathbf{H} \quad (5.32)$$

在圓柱座標及球座標中，旋度之計算公式分別爲

$$\nabla \times \mathbf{H} = \frac{1}{r}\begin{vmatrix} \mathbf{a}_r & r\mathbf{a}_\phi & \mathbf{a}_z \\ \dfrac{\partial}{\partial r} & \dfrac{\partial}{\partial \phi} & \dfrac{\partial}{\partial z} \\ H_r & rH_\phi & H_z \end{vmatrix} \quad \text{（圓柱座標系）} \quad (5.33)$$

$$\nabla \times \mathbf{H} = \frac{1}{r^2 \sin\theta}\begin{vmatrix} \mathbf{a}_r & r\mathbf{a}_\theta & r\sin\theta\,\mathbf{a}_\phi \\ \dfrac{\partial}{\partial r} & \dfrac{\partial}{\partial \theta} & \dfrac{\partial}{\partial \phi} \\ H_r & rH_\theta & r\sin\theta H_\phi \end{vmatrix} \quad \text{（球座標系）} \quad (5.34)$$

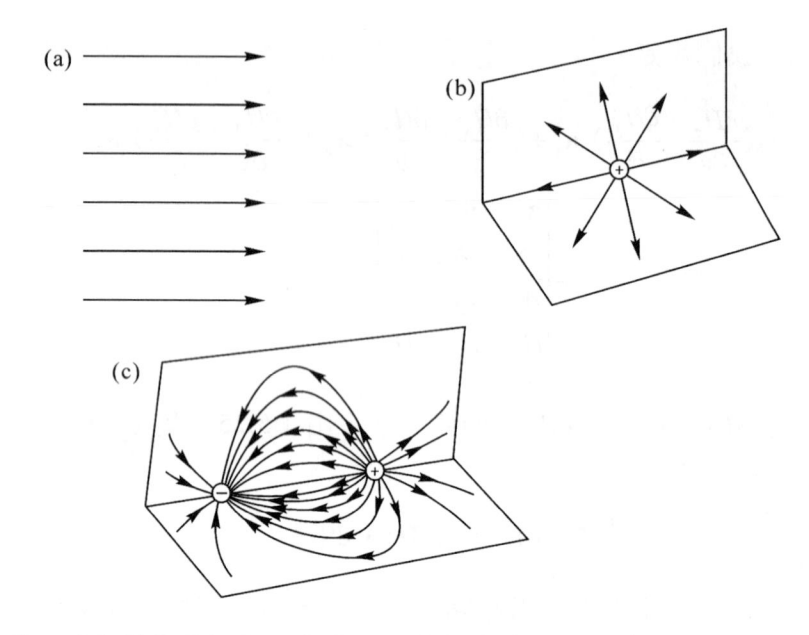

圖 5-20　所有靜電場都是不旋場。(a)均勻電場(b)點電荷及(c)電偶極之電場

顧名思義，旋度是用來描述一向量場在空間各點「迴旋」現象的一種量度。旋度為零的向量場，稱為不旋場（irrotational field）。例如，均勻電場〔見圖 5-20(a)〕

$$\mathbf{E} = E\mathbf{a}_x$$

就是一個不旋場；點電荷的電場〔見圖 5-20(b)〕

$$\mathbf{E} = \frac{1}{4\pi\varepsilon_0}\frac{Q}{r^2}\mathbf{a}_r \quad (5.35)$$

或者電偶極電場〔見圖 5-20(c)〕

$$\mathbf{E} = \frac{p}{4\pi\varepsilon_0 r^3}(2\cos\theta\,\mathbf{a}_r + \sin\theta\,\mathbf{a}_\theta) \quad (5.36)$$

都是不旋場。事實上，**所有的靜電場都是不旋場**；這一點我們可由靜電場為保守場之特性〔(2.35)式〕，即

第五章 真空中的靜磁場　189

$$\oint \mathbf{E} \cdot d\mathbf{L} = 0 \qquad (5.37)$$

代入（5.31）式中看出來，亦即

$$\nabla \times \mathbf{E} = 0 \text{（靜電場）} \qquad (5.38)$$

　　由圖 5-20(c) 中我們發現即使電力線是彎的，它仍然是個不旋場；因此，旋度並不是用來描述一個向量場的分佈是彎的還是直的，而是用來描述向量場在其中任一「點」周圍是否有旋轉的現象。茲以一般河水之流速場為例，如圖 5-21 所示。在平靜的河流中，各層水流之流速不同，越上層者流速越大。假如我們在其中隨便任何一點放一個小水車，如圖 5-21 中所示的「＊」，那麼很明顯的，它必被水流推動而順時針方向轉動，因此我們判定，小水車所在的位置必有一旋度存在。

　　其次，我們注意旋度是向量，它的方向規定如下：若一向量場在空間某一點周圍之旋轉以右手（拇指除外）之四指指示，那麼拇指直立起來所指的方向就是該點旋度的方向。例如在圖 5-21 中，小水車係順時針轉，此時該點旋度的方向為垂直指向本頁面內。

【練習題 5.14】試將（5.35）及（5.36）兩式代入（5.34）式，驗證其為不旋場。

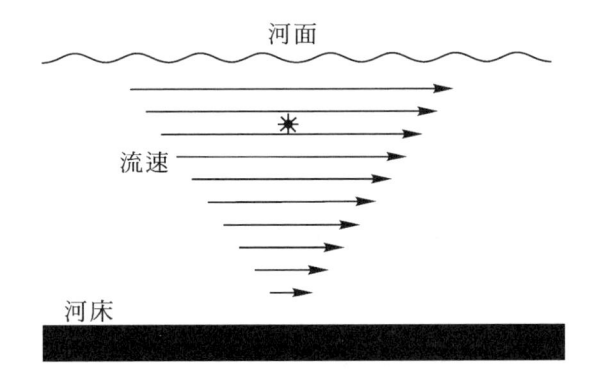

圖 5-21　平直的流線卻有旋度

190　電磁學

【練習題 5.15】試檢驗載流直導線周圍之磁場強度 $\mathbf{H} = (I/2\pi r)\mathbf{a}_\phi$ 是否為不旋場。
答：是。

【練習題 5.16】設 $\mathbf{A} = A_x\mathbf{a}_x + A_y\mathbf{a}_y + A_z\mathbf{a}_z$ 為任意向量場，$f = f(x,y,z)$ 為任意純量場，試證：

$$(a)\ \nabla \cdot (\nabla \times \mathbf{A}) \equiv 0 \quad (5.39)$$

$$(b)\ \nabla \times (\nabla f) \equiv 0 \quad (5.40)$$

此二式為電磁學中常用的向量**恆等式**，請注意應熟記之。

【練習題 5.17】試求向量場 $\mathbf{A} = (y\cos ax)\mathbf{a}_x + (y+e^x)\mathbf{a}_z$ 在原點之旋度。
答：$\mathbf{a}_x - \mathbf{a}_y - \mathbf{a}_z$

【練習題 5.18】試求向量場 $\mathbf{A} = 5e^{-r}\cos\phi\,\mathbf{a}_r - 5\cos\phi\,\mathbf{a}_z$，在 $(2, 3\pi/2, 0)$ 之旋度。
答：$-2.50\mathbf{a}_r - 0.34\mathbf{a}_z$。

【練習題 5.19】試求向量場 $\mathbf{A} = 10\sin\theta\,\mathbf{a}_\theta$ 在 $(2, \pi/2, 0)$ 之旋度。
答：$5\,\mathbf{a}_\phi$。

第七節　安培定律之微分形式

　　安培定律告訴我們，磁場強度在一圍線上之環流量，恆等於穿過圍線**內部**之總電流。問題是，圍線的**內部**如何定義。一般直覺的看法是，所謂圍線的內部無疑就是指圍線所圍的平面區域；但事實上可不必如此呆板，廣義而言，一圍線的**內部**可泛指它所圍的任何一個連續的**曲面**；易言之，

任何一個連續的曲面 S 只要以圍線 C 為其邊界，都可以稱為圍線 C 的內部，如圖 5-22 所示。

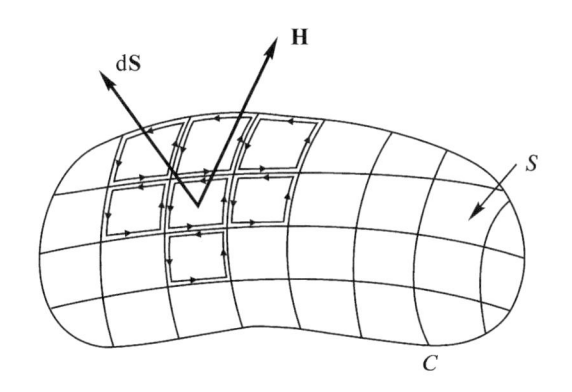

圖 5-22　史多克士定理之推導

今在曲面 S 上分成許多面元來考慮，如圖 5-22 所示；設其中任意一面元之面積為 dS，當右手拇指除外之四指指著圍線上之積分方向時，拇指直立所示的曲面法線方向就是 dS 的方向。由（5.31）式知，磁場強度 **H** 在面元 dS 周圍之環流量等於 $(\nabla \times \mathbf{H}) \cdot d\mathbf{S}$；那麼，在曲面 S 上所有面元周圍環流量之總和，應該就是 $(\nabla \times \mathbf{H}) \cdot d\mathbf{S}$ 在曲面 S 上之積分了。我們由圖 5-22 中可以看到，任何相鄰兩面元之微小圍線方向在交界處恰都相反，因此 **H** 之環流量都互相抵消，只有在圍線 C 上除外，無法抵消；綜上所述，我們可以說，$(\nabla \times \mathbf{H}) \cdot d\mathbf{S}$ 在曲面 S 上之積分即等於 **H** 在圍線 C 上的環流量。以數學式子表示出來，就是

$$\oint \mathbf{H} \cdot d\mathbf{L} = \int (\nabla \times \mathbf{H}) \cdot d\mathbf{S} \tag{5.41}$$

此式就稱為**史多克士定理**（Stokes's theorem）。

利用史多克士定理，我們可將安培定律，即（5.18）式化為

$$\oint \mathbf{H} \cdot d\mathbf{L} = \int (\nabla \times \mathbf{H}) \cdot d\mathbf{S} = \int \mathbf{J} \cdot d\mathbf{S}$$

式中最後一個等號兩邊的積分範圍都一樣是指圍線的內部，因此可知

$$\nabla \times \mathbf{H} = \mathbf{J} \qquad (5.42)$$

此式告訴我們，磁場係由電流所產生；更詳細的說，在一磁場中某一點，若磁場強度 H 電流密度 J 同時存在（前曾敘及 J 與 H 恆垂直），則該點之磁場強度的旋度恆等於通過該點的電流密度；若磁場中某點無電流通過，則該點之磁場為一不旋場。（5.42）式稱為安培定律的微分形式。

例 5.10 如圖 5-23 所示，厚度為 $2a$ 之大平板導體中，電流密度為 $\mathbf{J} = J_0 \mathbf{a}_y$，(a)試求板內、外之磁場強度 H；(b)試求 H 的旋度。

解：(a)由於導體平板甚大，其所產生的磁場為一均勻磁場，在 $z > 0$ 的區域，H 為正 x 方向；而在 $z < 0$ 的區域中，H 為負 x 方向。若在導體內作一高度 $2z$，寬度 L 之矩形圍線，則由安培定律，

$$\oint \mathbf{H} \cdot d\mathbf{L} = HL + 0 + HL + 0 = J_0(2zL)$$

故得 $H = J_0 z$，或 $\mathbf{H} = J_0 z \mathbf{a}_x \quad (-a < z < a)$

至於導體外的磁場強度，亦可以同樣方法求得，為

$$\mathbf{H} = \begin{cases} J_0 a \, \mathbf{a}_x & (z > a) \\ -J_0 a \, \mathbf{a}_x & (z < -a) \end{cases}$$

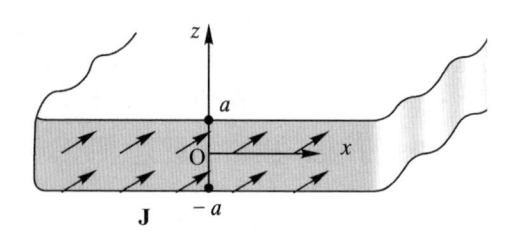

圖 5-23 例 5.10 用圖

(b)由直接計算或由（5.42）式可得

$$\nabla \times \mathbf{H} = \begin{cases} \mathbf{J} & (-a < z < a) \\ 0 & (|z| > a) \end{cases}$$

【練習題 5.20】試求例 5.7 中所求得之磁場強度 **H** 的旋度。
答：(a) 0；(b) $(I/\pi a^2)\mathbf{a}_z$。

【練習題 5.21】試求例 5.8 中所求得之磁場強度 **H** 的旋度。
答：(a) $(I/\pi a^2)\mathbf{a}_z$；0；(b) $[I/\pi(c^2-b^2)]\mathbf{a}_z$；(c) 0。

第八節　磁通密度及磁通量

在前面幾節中，我們所提到的都是關於電流如何產生磁場的問題，然磁場如何給予電荷作用力（即磁力）的問題迄未提及。在靜電學裏，我們知道當一點電荷 Q 置於電場 **E** 中時，必然會受到靜電力 $\mathbf{F}=Q\mathbf{E}$ 的作用。請注意靜電力 **F** 係直接與電場強度 **E** 成正比。然在磁場中，一點電荷所受的磁力卻不與磁場強度 **H** 成正比。由實際觀察發現，在兩種不同的磁性物質中，即使有相同的磁場強度 **H**，一電荷在其中所受的磁力卻不一定相同。因此，在計算磁力的問題當中，用磁場強度 **H** 來表示一個磁場並不適合，而必須用另一個向量來表示比較恰當，那就是**磁通密度**（magnetic flux density）。我們首先規定，在**真空**中之磁通密度為

$$\mathbf{B} = \mu_0 \mathbf{H} \tag{5.43}$$

其中，比例常數

$$\mu_0 = 4\pi \times 10^{-7} \text{ H/m} \tag{5.44}$$

稱為真空中的**導磁係數**（permeability），單位為亨利/米（H/m）。由（5.43）式可知，磁通密度 **B** 的單位應為（亨利/米）×（安培/米）=（亨利·安培）/米²。在應用上為簡便起見，單位「亨利·安培」可換成一個新的單位「**韋伯**」（Weber，簡作 Wb）；故磁通密度的單位一般都寫

作 韋伯/米² (Wb/m²)。最近，又更簡化，以**特斯勒**（Tesla，簡作 T）來代替 韋伯/米²。在一些舊的書籍資料中，磁通密度的單位是**高斯**（gauss，簡作 G），1 高斯等於 10^{-4} 特斯勒。

磁通密度，顧名思義，屬於通量密度的一種，係通過單位面積的磁通量。因此，**磁通量**（magnetic flux）Φ 可由磁通密度 **B** 積分而得，即

$$\Phi = \int \mathbf{B} \cdot d\mathbf{S} \tag{5.45}$$

例 5.11 如圖 5-24 所示，無限長直導線中載有電流 I，試求通過其旁邊之矩形區域中的磁通量。

解：由安培定律知，無限長直導線所產生之磁場強度為 $\mathbf{H} = (I/2\pi r)\mathbf{a}_\phi$，故磁通密度為

$$\mathbf{B} = \mu_0 \mathbf{H} = \frac{\mu_0 I}{2\pi r}\mathbf{a}_\phi$$

由（5.45）式，得

$$\begin{aligned}\Phi &= \int_0^h \int_a^b \left(\frac{\mu_0 I}{2\pi r}\mathbf{a}_\phi\right) \cdot (\mathrm{d}r\,\mathrm{d}z\,\mathbf{a}_\phi) \\ &= \frac{\mu_0 I}{2\pi} \int_0^h \int_a^b \frac{\mathrm{d}r}{r}\mathrm{d}z \\ &= \frac{\mu_0 I}{2\pi} h \ln\frac{b}{a}\end{aligned} \tag{5.46}$$

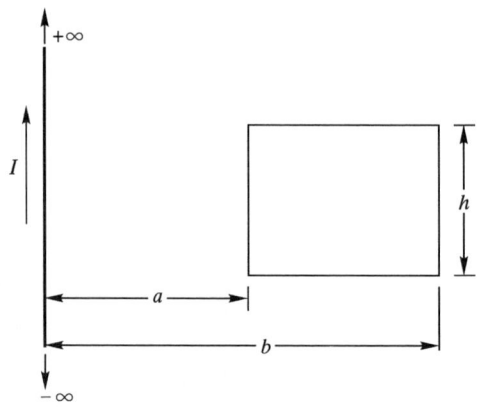

圖 5-24　例 5.11 用圖

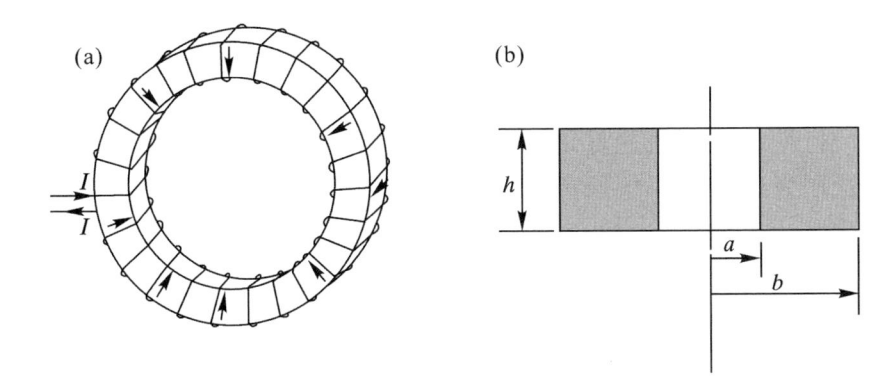

圖 5-25　例 5.12 用圖

例 5.12　圖 5-25(a)示一螺線環（torus），其截面如圖 5-25(b)所示，設匝數為 N，則通過電流 I 時，環內之磁通量為何？

解：由安培定律可知環內之磁場強度為 $\mathbf{H} = (NI/2\pi r)\mathbf{a}_\phi$，故磁通密度為

$$\mathbf{B} = \mu_0 \mathbf{H} = \frac{\mu_0 NI}{2\pi r}\mathbf{a}_\phi$$

磁通量為

$$\Phi = \int_0^h \int_a^b \left(\frac{\mu_0 NI}{2\pi r}\mathbf{a}_\phi\right) \cdot (dr\, dz\, \mathbf{a}_\phi)$$

$$= \frac{\mu_0 NI}{2\pi} h \ln\frac{b}{a} \qquad (5.47)$$

【練習題 5.22】 一細長螺線管每單位長度之匝數為 N_l，截面半徑為 a，通電流 I 時，管中之磁通量為何？
答：$\pi \mu_0 N_l I a^2$。

　　在電學裏面，由高斯定律我們知道通過任意封閉曲面（高斯面）的總電通量，恆等於高斯面內部的總電量，即

$$\oint \mathbf{D} \cdot d\mathbf{S} = Q$$

而在磁場裏面，通過任一高斯面的總**磁**通量又等於什麼呢？這個問題必須由實際情況去瞭解才行。我們知道，電通量係以正電荷為源點，負電荷為其匯點。也就是說，電通量是由正電荷所發出，而以負電荷為其匯聚點。但磁通量則大不相同；根據所有的實驗觀察，我們發現磁通量並無源點或匯點的存在。也就是說，所有的磁通線，都是連續的封閉的曲線。因此，穿入一高斯面的磁通量必定完全等於穿出的磁通量，如圖 5-26 所示。依磁通量之符號規定，穿入者取負號，穿出者取正號；如此一來，我們可以說通過任一高斯面的總磁通量恆等於零，寫成數學式子，就是

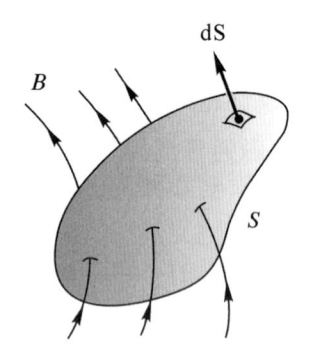

圖 5-26　通過一高斯面之總磁通恆等於零

$$\oint \mathbf{B} \cdot d\mathbf{S} = 0 \tag{5.48}$$

依高斯散度定理〔見（3.68）式〕，（5.48）式可寫成微分形式如下：

$$\nabla \cdot \mathbf{B} = 0 \tag{5.49}$$

亦即磁通密度 **B** 為一無散度場（divergenceless field）。

【練習題 5.23】試驗證下列各狀況下之磁通密度均為無散度場：(a)無限長直導線：$\mathbf{B} = \dfrac{\mu_0 I}{2\pi r} \mathbf{a}_\phi$（線外）；$\mathbf{B} = \dfrac{\mu_0 I}{2\pi a^2} r \, \mathbf{a}_\phi$（線內）。
(b)磁偶極之磁場〔見（5.9）式〕：$\mathbf{B} = \dfrac{\mu_0 m}{4\pi r^3}(2\cos\theta \, \mathbf{a}_r + \sin\theta \, \mathbf{a}_\theta)$。

第九節 電荷在磁場中的運動

一電荷在靜電場中必受一靜電力 $\mathbf{F} = Q\mathbf{E}$ 作用；我們看到，電荷受力 $\mathbf{F}$ 的方向都是與電場 $\mathbf{E}$ 的方向平行的。同理，在磁場中之電荷也受磁力的作用，但卻有些不同：其一，電荷必須正在運動，且其運動方向**不**與磁通密度的方向平行，才有磁力出現；其二，磁力的方向並不與磁通密度的方向平行，而是垂直，如圖 5-27 所示。設一點電荷之電量為 Q，則在磁通密度 $\mathbf{B}$ 之磁場中以速度 $\mathbf{v}$ 運動時，所受的磁力為

$$\mathbf{F} = Q\mathbf{v} \times \mathbf{B} \tag{5.50}$$

若在某一空間有電場與磁場同時存在，則點電荷 Q 在其中所受的力顯然是靜電力與磁力之和，即

$$\mathbf{F} = Q(\mathbf{E} + \mathbf{v} \times \mathbf{B}) \tag{5.51}$$

稱為電磁作用力，或<u>羅倫茲力</u>（Lorentz force）。

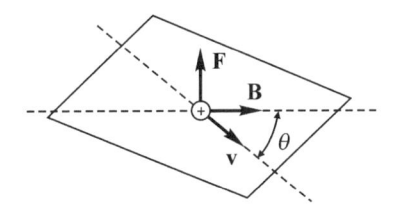

圖 5-27　磁力的方向恆與磁通密度及電荷運動方向垂直

首先，我們討論一個最簡單的狀況。若有一點電荷 Q 在一均勻磁場

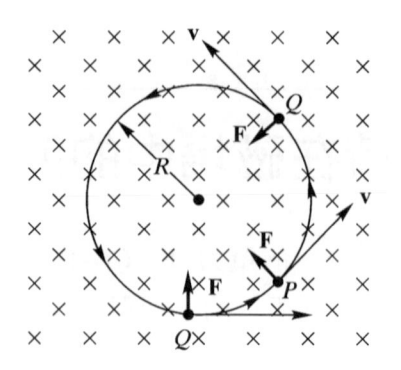

圖 5-28　點電荷在均勻磁場中之運動

B 之垂直面上以速度 **v** 運動，則由於磁力 **F** 的方向恆與 **B** 垂直，故它只能在一平面上運動；同時，磁力又與速度 **v**（運動軌跡的切線方向）垂直，亦即磁力恆在運動軌跡之法線方向，成了電荷運動的向心力。由（5.50）式知，此一向心力 $F = QvB\sin 90° = QvB$ 為一定值；力學計算告訴我們，向心力為定值的運動必為等速圓周運動，如圖 5-28 所示。因向心力為

$$F = \frac{mv^2}{R} = \frac{4\pi^2 mR}{T^2} = QvB$$

其中 m 為電荷所具有的質量，R 為運動半徑，T 為運動週期，故得

$$R = \frac{mv}{QB} \tag{5.52}$$

$$T = \frac{2\pi m}{QB} \tag{5.53}$$

例 5.13　圖 5-29 為一個應用磁場偏向的陰極射線管。一電子質量 m 電量 e，以速度 v 沿著 x 軸方向射入一均勻磁場 B 中，試求螢光屏上之磁偏向距離 y_M。

解：由（5.52）式知，電子在磁場中作圓弧運動時之半徑為

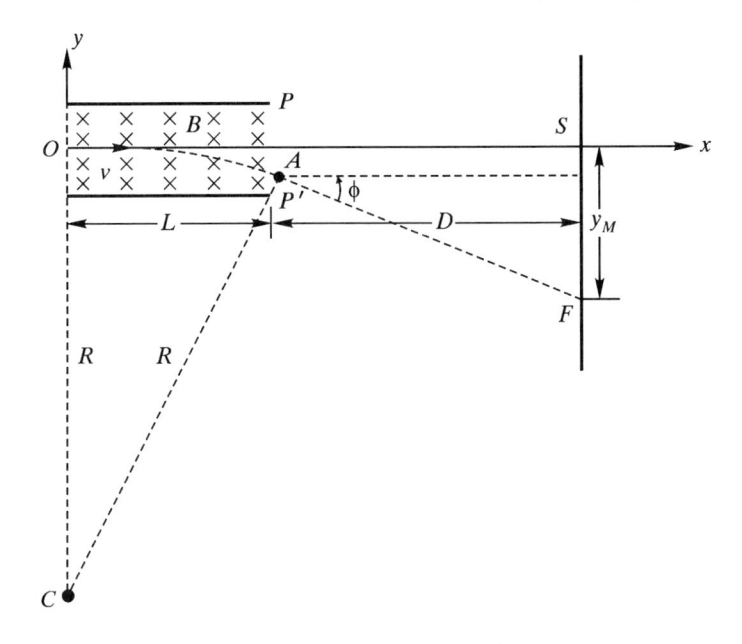

圖 5-29　例 5.13 用圖

$$R = \frac{mv}{eB} \tag{5.54}$$

且其軌跡方程式為

$$(y-R)^2 + x^2 = R^2$$

將此式展開，並略去 y^2 項（因電子在磁場中之 y 偏向通常很小），得

$$y = \frac{x^2}{2R}$$

由此式可知當電子穿出磁場（即圖 5-29 中之 A 點）時，其 y 偏向為 $y_A = L^2/2R$；同時，偏向角 ϕ 可以下一關係求出：

$$\tan\phi = \frac{dy}{dx}\bigg|_{x=L} = \frac{L}{R}$$

電子穿出磁場後，一直到撞擊螢光屏以前，即圖 5-29 中之線段 AF 為直線

運動，故總偏向為

$$y_M = y_A + D \tan \phi = \frac{L^2}{2R} + \frac{DL}{R} = \frac{L}{R}(\frac{L}{2} + D)$$

最後以（5.54）式代入，即得

$$y_M = \frac{eBL}{mv}(\frac{L}{2} + D) \tag{5.55}$$

【練習題 5.24】設在圖 5-29 中，除了磁場 B 外，另外在兩板 P 與 P' 加一電壓，使產生一個 $-y$ 方向的電場 E，則電子以若干速度穿過時，恰不生偏向？
答：E/B。

例 5.14 如圖 5-30 所示，點電荷 Q_1，Q_2 之速度分別為 $\mathbf{v}_1 = v_1 \mathbf{a}_y$，$\mathbf{v}_2 = v_2 \mathbf{a}_x$，試求(a) Q_1 所受的磁力；(b) Q_2 所受的磁力。

解：由（5.2）式可知，電荷 Q_2 在 Q_1 處所產生之磁通密度為

$$\mathbf{B}_2 = \mu_0 \mathbf{H}_2 = \frac{\mu_0}{4\pi} \frac{Q_2 v_2}{R^2} \sin \theta_2 \mathbf{a}_z$$

$$= \frac{\mu_0}{4\pi} \frac{Q_2 v_2 y_0}{(x_0^2 + y_0^2)^{3/2}} \mathbf{a}_z$$

故由（5.50）式知 Q_1 所受之磁力為

$$\mathbf{F}_1 = Q_1 \mathbf{v}_1 \times \mathbf{B}_2 = \frac{\mu_0}{4\pi} \frac{Q_1 Q_2 v_1 v_2 y_0}{(x_0^2 + y_0^2)^{3/2}} \mathbf{a}_x$$

(b)同理，Q_2 所受之磁力為

$$\mathbf{F}_2 = \frac{\mu_0}{4\pi} \frac{Q_1 Q_2 v_1 v_2 x_0}{(x_0^2 + y_0^2)^{3/2}} \mathbf{a}_y$$

第五章 真空中的靜磁場　201

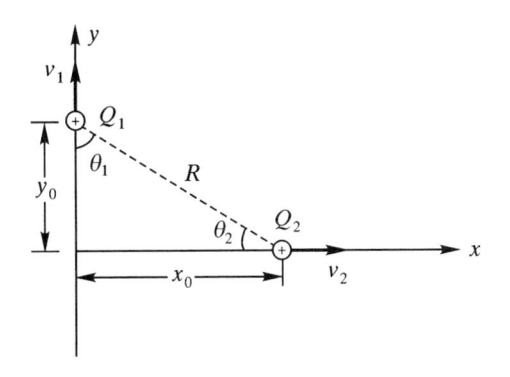

圖 5-30　例 5.14 用圖

例 5.15　設在均勻磁場 $\mathbf{B}=B\mathbf{a}_z$ 中，於 $t=0$ 時，有一質量 m 之點電荷 Q 在座標之原點，初速為 $\mathbf{v}_0=v_\perp\mathbf{a}_x+v_\parallel\mathbf{a}_z$，如圖 5-31 所示，試求該電荷之運動軌跡。

解：設點電荷之速度為 $\mathbf{v}=v_x\mathbf{a}_x+v_y\mathbf{a}_y+v_z\mathbf{a}_z$，則由（5.50）式及牛頓第二運動定律知

$$\mathbf{F}=Q\mathbf{v}\times\mathbf{B}=QB(v_y\mathbf{a}_x-v_x\mathbf{a}_y)=m\mathbf{a}=m\frac{d\mathbf{v}}{dt}$$

$$=m(\frac{dv_x}{dt}\mathbf{a}_x+\frac{dv_y}{dt}\mathbf{a}_y+\frac{dv_z}{dt}\mathbf{a}_z)$$

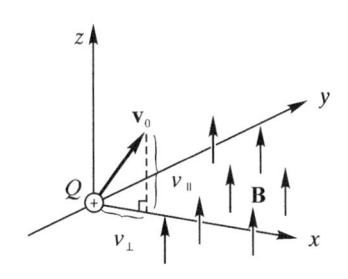

圖 5-31　例 5.15 用圖

式中等號兩邊之對應分量應相等，即

$$m\frac{dv_x}{dt} = QBv_y \tag{5.56}$$

$$m\frac{dv_y}{dt} = QBv_x \tag{5.57}$$

$$m\frac{dv_z}{dt} = 0 \tag{5.58}$$

將（5.56）式對時間 t 微分，然後以（5.57）式代入，得

$$\frac{d^2v_x}{dt^2} + \omega^2 v_x = 0 \quad (\omega = \frac{QB}{m}) \tag{5.59}$$

同理，將（5.57）式對時間 t 微分，再以（5.56）式代入，即得

$$\frac{d^2v_y}{dt^2} + \omega^2 v_y = 0 \tag{5.60}$$

將（5.59），（5.60）及（5.58）式分別積分，並考慮初始條件：$t = 0$ 時 $\mathbf{v}_0 = v_\perp \mathbf{a}_x + \mathbf{v}_\parallel \mathbf{a}_z$，及 $\mathbf{F}(t=0) = Q\mathbf{v}_0 \times \mathbf{B} = -QBv_\perp \mathbf{a}_y$，得

$$v_x = v_\perp \cos\omega t \:,\: v_y = -v_\perp \sin\omega t \:,\: v_z = v_\parallel$$

再積分一次，並注意 $t = 0$ 時，電荷在原點(0, 0, 0)，故得

$$x = \frac{mv_\perp}{QB}\sin\omega t \:,\: y = \frac{mv_\perp}{QB}(\cos\omega t - 1) \:,\: z = v_\parallel t \tag{5.61}$$

由（5.61）式所示的參數方程式可知，電荷之運動軌跡為一螺旋線，其半徑為

$$R = \frac{mv_\perp}{QB}$$

週期為

$$T = \frac{2\pi}{\omega} = \frac{2\pi m}{QB}$$

螺距為

$$P = v_\| T = \frac{2\pi v_\| m}{QB}$$

第十節　載流導線所受的磁力

在前一節中，我們已經看到，若一電荷在磁場中運動，只要其運動方向不與磁場平行，就必受磁力之作用。同樣的道理，若一導線置於磁場中，只要其中之電流方向不與磁場平行，也必受磁力之作用，如圖 5-32 所示。設導線上一小段線元 $\mathrm{d}\mathbf{L}$ 中所具有的流動電荷為 $\mathrm{d}Q$，則由（5.50）式知，在磁場 $\mathbf{B}$ 中所受的磁力為

$$\mathrm{d}\mathbf{F} = \mathrm{d}Q\mathbf{v}\times\mathbf{B} = \mathrm{d}Q\frac{\mathrm{d}\mathbf{L}}{\mathrm{d}t}\times\mathbf{B} = \frac{\mathrm{d}Q}{\mathrm{d}t}\mathrm{d}\mathbf{L}\times\mathbf{B} = I\,\mathrm{d}\mathbf{L}\times\mathbf{B}$$

積分即得整條導線的磁力

$$\mathbf{F} = \int I\,\mathrm{d}\mathbf{L}\times\mathbf{B} \tag{5.62}$$

在一些特殊情況下，(5.62) 式可以化簡成很簡單的形式：

（一）載流直導線置於均勻磁場中時，$\mathbf{B}$ 為定值，可提出積分符號之外，故磁力為

$$\mathbf{F} = -I\mathbf{B}\times\int\mathrm{d}\mathbf{L} = -I\mathbf{B}\times\mathbf{L}$$

即

$$\mathbf{F} = I\mathbf{L}\times\mathbf{B} \tag{5.63}$$

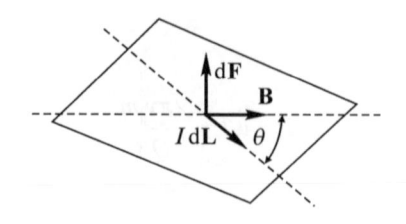

圖 5-32　載流導線所受之磁力

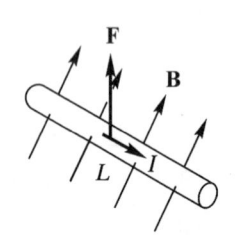

圖 5-33　載流直導線在均勻磁場中所受之磁力

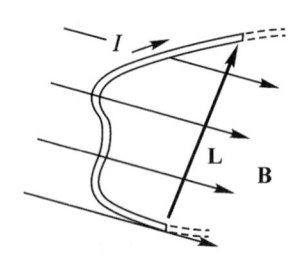

圖 5-34　彎曲載流導線在均勻磁場中所受之磁力

特別是當導線方向與磁場成垂直時，如圖 5-33 所示，則（5.63）式之磁力大小變為

$$F = IBL \tag{5.64}$$

（二）載流彎曲導線置於均勻磁場中時，所受之磁力為

$$\mathbf{F} = -I\mathbf{B} \times \int d\mathbf{L}$$

此時注意，d**L** 之積分係向量積分，其結果等於由導線起點直接指向終點的向量，而**不是導線的實際長度**，見圖 5-34 所示。故磁力為

$$\mathbf{F} = I\mathbf{L} \times \mathbf{B} \tag{5.65}$$

（三）載流線圈置於均勻磁場中時，所受之磁力

$$\mathbf{F} = -I\mathbf{B} \times \oint d\mathbf{L}$$

式中，d**L** 在一迴路上的積分（向量積分）恆爲零，故

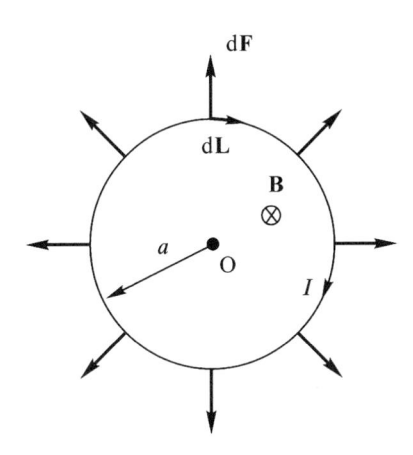

$$\mathbf{F} = 0 \tag{5.66}$$

圖 5-35 均勻磁場中，任何載流線圈所受的磁力都是零

此式告訴我們，在均勻磁場中，**任何形狀**的載流線圈所受的總磁力恆等於零，如圖 5-35 所示。從力學的理論來說，若一載流線圈所受的總力爲零，則靜者恆靜，也就是它將不會因而產生移動，但可能產生**轉動**。

圖 5-36 示一長寬分別爲 l 及 w 之矩形線圈。置於一均勻磁場 **B** 中。由（5.63）式知，線圈之兩段 w 均不受磁力，而兩段 l 所受的磁力大小均爲 IlB，形成一對力偶。在力學裏面，力偶是一對大小相等方向相反而不共線的力，它可使物體產生轉動；產生轉動的轉矩，其大小等於力偶中任一個力與兩者之間垂直距離的乘積，即

$$T = (IlB)w$$

其中 $lw = S$ 爲線圈圈面的面積，故

$$T = (IS)B = mB \tag{5.67}$$

式中 $m = IS$ 稱爲線圈之磁偶極矩〔參見（5.8）式〕。轉矩是一個向量，其方向之規定如下：以右手拇指除外之四指表示線圈轉動的方向，則拇指

直立起來的方向就是轉矩 **T** 的方向。例如在圖 5-36 中，線圈係以 y 軸為轉軸，作逆時針方向之轉動，那麼轉矩的方向就是負 y 軸的方向。為了表示此一方向。(5.67) 式可改為如下之向量式：

$$\mathbf{T} = \mathbf{m} \times \mathbf{B} \tag{5.68}$$

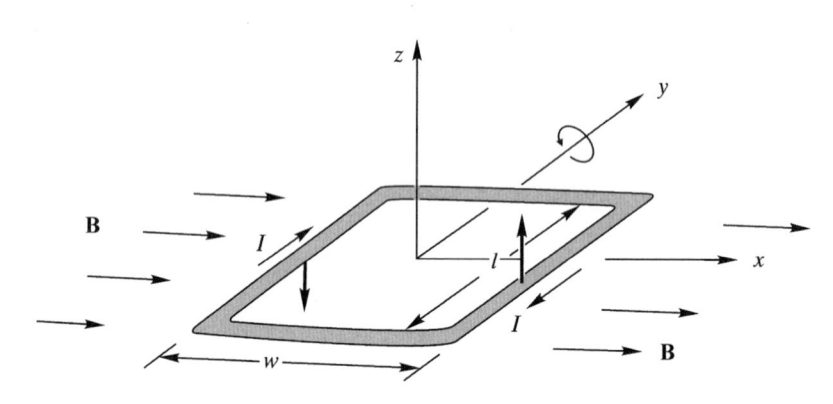

圖 5-36　載流線圈在磁場中受磁力矩而轉動

注意此式與 (2.59) 式具有相同的形式。如 (5.68) 式所示，一載流線圈在磁場中受轉矩 **T** 作用，產生轉動，此即**電動機**（motor）之操作原理。

例 5.16　如圖 5-37 所示，相距 R 之兩無限長直導線中分別載有電流 I_1 及 I_2，試求單位長度之相互作用力。

解：導線 I_1 在 I_2 處所產生之磁通密度為

$$B_1 = \frac{\mu_0 I_1}{2\pi R}$$

故 I_2 單位長度所受的磁力為

$$F_2 = \frac{\mu_0 I_1 I_2}{2\pi R} \text{（向左）}$$

同理，導線 I_2 在 I_1 處所產生之磁通密度為

$$B_2 = \frac{\mu_0 I_2}{2\pi R}$$

故 I_1 單位長度所受的磁力為

$$F_1 = \frac{\mu_0 I_2 I_1}{2\pi R} \text{（向右）}$$

當 I_1 與 I_2 同向時，兩導線相引；反向時，相斥。

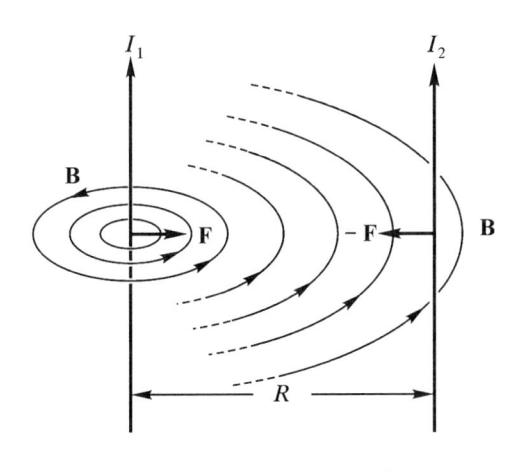

圖 5-37　例 5.16 用圖

例 5.17　一半徑 a 之圓形線圈電流為 I，置於均勻磁場 B 中，如圖 5-38 所示，試由積分，求該線圈之轉矩。

解：首先，在線圈上任選兩段對稱於轉軸 OO' 之線元 d**L** 及 d**L**′，此兩線元所受的磁力大小為

$$dF = dF' = IB\,dL\sin\alpha = IBa\sin\alpha\,d\alpha \text{，}$$

此兩力構成一力偶，其垂直距離為 $2a\sin\alpha$，故轉矩為

$$dT = (IBa\sin\alpha\,d\alpha)(2a\sin\alpha) = 2IBa^2\sin^2\alpha\,d\alpha$$

積分即得整個線圈的轉矩

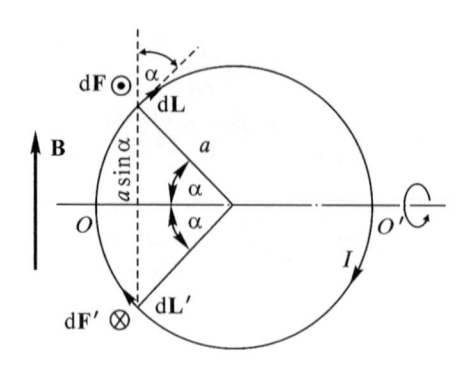

圖 5-38　例 5.17 用圖

$$T = \int_0^\pi 2IBa^2 \sin^2\alpha \, d\alpha = I(\pi a^2)B$$

此一結果與（5.67）式相同。我們可以作如下之推論：在一均勻磁場中之平面載流線圈，不論其形狀為何，當繞任何軸轉動時，轉矩恆如（5.67）式或（5.68）式所示。

【練習題 5.25】半徑 a 之半圓形導線中有電流 I，置於均勻磁場 B 中，求所受的磁力。
答：$2IaB$。

【練習題 5.26】設圖 5-39 所示之矩形線圈附近之磁通密度為 $\mathbf{B} = 0.05(\mathbf{a}_x + \mathbf{a}_y)/\sqrt{2}$ 特斯勒，則線圈中電流為 5.0A 時，線圈之轉矩為若干？
答：$5.7 \times 10^{-4} \mathbf{a}_z (\text{N} \cdot \text{m})$。

【練習題 5.27】如圖 5-40 所示，一長直導線垂直穿過一平面電流，設導線電流為 I，平面電流密度為 K，試求直導線單位長度所受的磁力。
答：$\mu_0 KI/2$。

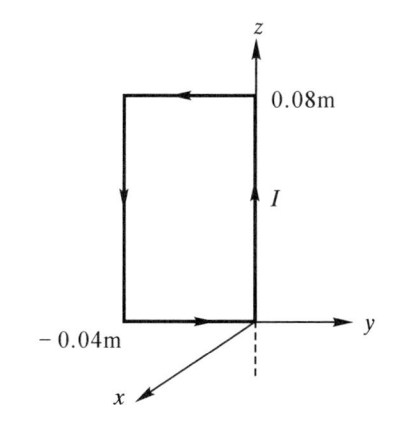

圖 5-39　練習題 5.26 用圖

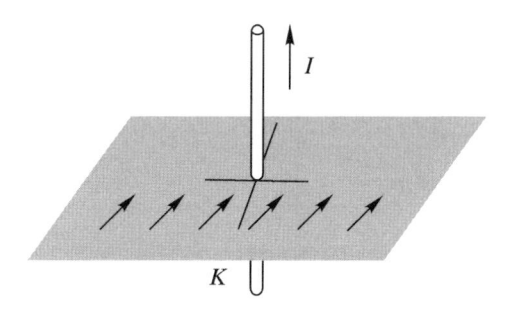

圖 5-40　練習題 5.27 用圖

第十一節　向量磁位

在靜電場中，我們已經知道有一純量電位 V，其負梯度等於電場強度 $\mathbf{E}$，即

$$\mathbf{E} = -\nabla V \tag{5.69}$$

根據向量恆等式 $\nabla \times (\nabla V) \equiv 0$〔見（5.40）式〕，我們可以看出，靜電場為

一不旋場，即

$$\nabla \times \mathbf{E} = 0$$

同樣的，在磁場裏面，也有類似的情形。在（5.49）式中我們看到，磁通密度 $\mathbf{B}$ 爲一無散度場；故由另一向量恆等式 $\nabla \cdot (\nabla \times \mathbf{A}) \equiv 0$〔見（5.39）式〕可知

$$\mathbf{B} = \nabla \times \mathbf{A} \tag{5.70}$$

我們稱向量 $\mathbf{A}$ 爲向量磁位（magnetic vector potential），其旋度等於磁通密度 $\mathbf{B}$。向量磁位的單位爲韋伯/米（Wb/m）。

（5.69）式與（5.70）式可以視爲電學與磁學之對應公式。由於電位

$$V = \frac{1}{4\pi\varepsilon_0} \int \frac{\rho \, \mathrm{d}v}{R}$$

故磁位可以仿照此形式而得：

$$\mathbf{A} = \frac{\mu_0}{4\pi} \int \frac{I \, \mathrm{d}\mathbf{L}}{R} \tag{5.71}$$

向量磁位 $\mathbf{A}$ 除了可以由旋度計算出磁通密度 $\mathbf{B}$ 之外，還可以用來求磁通量。由（5.45）式，（5.70）式，以及<u>史多克士</u>定理，即（5.41）式，可得

$$\Phi = \int \mathbf{B} \cdot \mathrm{d}\mathbf{S} = \int (\nabla \times \mathbf{A}) \cdot \mathrm{d}\mathbf{S} = \oint \mathbf{A} \cdot \mathrm{d}\mathbf{L} \tag{5.72}$$

故知向量磁位在一圍線上之環流量，恆等於通過圍線內部之磁通量。

例 5.18 (a)一無限長直導線中之電流爲 I，設距該導線 r_0 處爲向量磁位之零參考點，求向量磁位。(b)兩平行無限長直導線中各有電流 I，但方向相反；設空間一點 P 與兩導線之距離分別爲 r_1 及 r_2，試求 P 點之向量磁位。

解：(a)由於導線係無限長，故向量磁位僅與圓柱座標 r 有關，而與 ϕ、z 無關。由（5.70）式知

$$-\frac{dA_z}{dr}\mathbf{a}_\phi = \frac{\mu_0 I}{2\pi r}\mathbf{a}_\phi$$

消去 $\mathbf{a}_\phi$ 並積分,得

$$A_z = -\frac{\mu_0 I}{2\pi}\ln r + C$$

其中 C 為積分常數。由題意,當 $r = r_0$ 時,$A_z = 0$,故得 $C = (\mu_0 I/2\pi)\ln r_0$,

$$\mathbf{A} = A_z \mathbf{a}_z = \frac{\mu_0 I}{2\pi}(\ln\frac{r_0}{r})\mathbf{a}_z \tag{5.73}$$

(b) 設電流為正 z 方向之直導線與 P 點之距離為 r_1,則由(5.73)式得此電流在 P 點產生之磁位為

$$\mathbf{A}_1 = \frac{\mu_0 I}{2\pi}(\ln\frac{r_0}{r_1})\mathbf{a}_z$$

另一導線中之電流為負 z 方向,故其磁位為

$$\mathbf{A}_2 = \frac{\mu_0}{2\pi}(-I)(\ln\frac{r_0}{r_2})\mathbf{a}_z$$

故得

$$\begin{aligned}\mathbf{A} &= \mathbf{A}_1 + \mathbf{A}_2 \\ &= \frac{\mu_0 I}{2\pi}(\ln\frac{r_2}{r_1})\mathbf{a}_z\end{aligned} \tag{5.74}$$

例 5.19 設一半徑 a 之圓形線圈中之電流為 I,試求距線圈中心為 r 處($r \gg a$)之向量磁位。(此線圈稱為一**磁偶極**)

解:由(5.71)式知,向量磁位之分佈情況與電流的方向一致,本題中,電流為 $\mathbf{a}_\phi$ 方向(球座標系),故向量磁位也必為 $\mathbf{a}_\phi$ 方向,即 $\mathbf{A} = A_\phi \mathbf{a}_\phi$,如圖 5-41(a)所示。首先,我們在線圈上任選一段線元 $d\mathbf{L} = a\,d\phi\,\mathbf{a}_\phi$,則由(5.71)式知此線元之電流在一極遠點 M 所產生之磁位為

212 電磁學

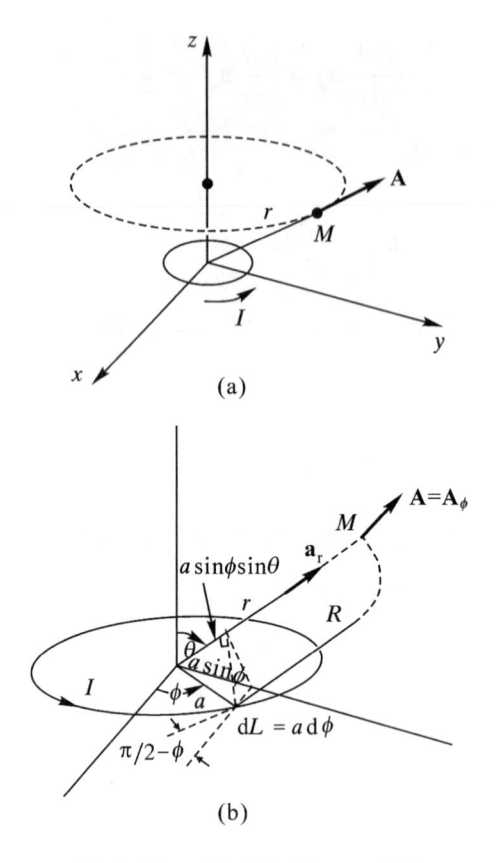

圖 5-41 磁偶極磁位之計算

$$dA_\phi = \frac{\mu_0 I}{4\pi} \frac{dL \sin\phi}{R}$$

由圖 5-41(b)得

$$\frac{1}{R} \approx \frac{1}{r - a\sin\phi\sin\theta} \approx \frac{1}{r}(1 + \frac{a}{r}\sin\phi\sin\theta)$$

代入 dA_ϕ 式中,積分即得

$$A_\phi = \frac{\mu_0 I a}{4\pi r} \int_0^{2\pi} (1 + \frac{a}{r}\sin\phi\sin\theta)\sin\phi\, d\phi$$

$$= \frac{\mu_0 I a^2 \sin\theta}{4\pi r^2} \int_0^{2\pi} \sin^2\phi \, d\phi = \frac{\mu_0 I a^2 \pi \sin\theta}{4\pi r^2} = \frac{\mu_0 m \sin\theta}{4\pi r^2} \tag{5.75}$$

式中 $I(\pi a^2) = IS = m$ 為此線圈之磁偶極矩〔見（5.8）式〕；今令磁偶極矩為一向量 **m**，其方向為線圈之法線方向，則上式可寫成向量式

$$\mathbf{A} = \frac{\mu_0 \mathbf{m} \times \mathbf{a}_r}{4\pi r^2} \tag{5.76}$$

【練習題 5.28】試將（5.75）式代入（5.70）式中，求磁偶極附近之磁通密度 **B**。
答：$(\mu_0 m / 4\pi r^3)(2\cos\theta \, \mathbf{a}_r + \sin\theta \, \mathbf{a}_\theta)$。

習 題

1. 邊長為 L 之正方形線圈中之電流為 I，試求其中央點之磁場強度。
2. 一矩形線圈之長寬分別為 l 及 h，載有電流 I，試求其中央點之磁場強度。
3. 圖 5-42 中，試求半圓圓心處之磁場強度。
4. 一圓柱形導線內有一軸向圓柱形空腔，如圖 5-43 所示，設通過導線截面之電流密度 **J** 為一定值，試求空腔中的磁場強度。

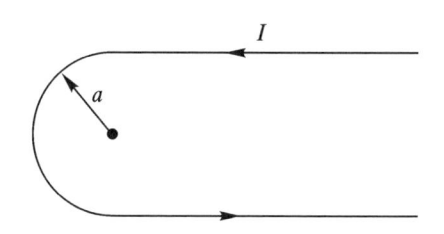

圖 5-42　習題第 3 題用圖

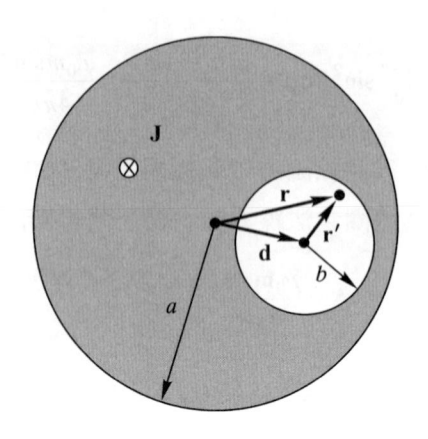

圖 5-43　習題第 4 題用圖

5. 設電流密度 **J** 以圓柱座標表示時為

$$\mathbf{J} = kr^2 \mathbf{a}_z$$

(a)求磁場強度 **H**；(b)試證 $\nabla \times \mathbf{H} = \mathbf{J}$。

6. 設電流密度 $\mathbf{J} = J_0 (\cos^2 2r) \mathbf{a}_z$（圓柱座標系），試求磁場強度 **H**。

7. 設在圓柱座標系中，一向量場 $\mathbf{A} = 2r^2(z+1)\sin^2\phi\, \mathbf{a}_\phi$，試在圍線 $r = 2$，$z = 1$，$0 \le \phi \le 2\pi$ 及其內部平面上，驗證史多克士定理。

8. 在球座標中，設向量場 $\mathbf{F} = 5r\sin\theta\cos^2\phi\, \mathbf{a}_\phi$，試在一球面上 $r = 2$，$0 \le \theta \le \pi/4$，$0 \le \phi \le 2\pi$ 之區域以及其周圍之圍線上驗證史多克士定理。

9. 圖 5-44 中示一五面體，其中 $ab = l$，$bc = be = w$，若磁通密度為 $\mathbf{B} = B_0 \mathbf{a}_x$，
(a)試求分別通過平面 abcd 及 aefd 上之磁通量；
(b)試求通過全部五個面的總磁通量。

圖 5-44　習題第 9 題用圖

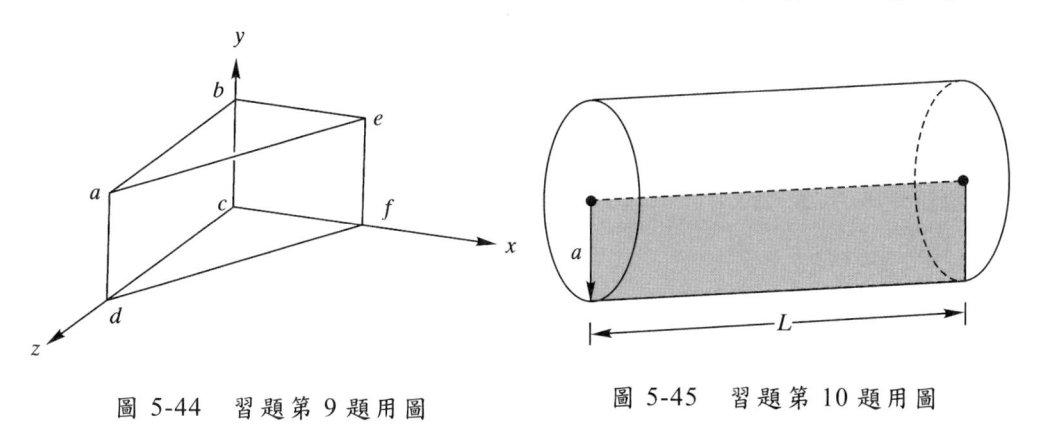

圖 5-45　習題第 10 題用圖

10. 截面半徑為 a 之圓導線中電流為 I，如圖 5-45 所示，試求通過導線內斜線部份之磁通量。

11. 相距為 d 之兩平行細長直導線中，各有電流 I（方向相反），設兩導線之截面半徑均為 a（$a \ll d$），試求在單位長度中，通過兩導線之間之磁通量。

12. 試求圖 5-46 所示同軸電纜在單位長度中之總磁通量。

13. 如圖 5-47 所示，在均勻磁場 $\mathbf{B} = B_0 \mathbf{a}_x$ 中，求各段載流導線 ab，bc，cd，de，ef 分別所受的磁力。設正立方形邊長為 l。

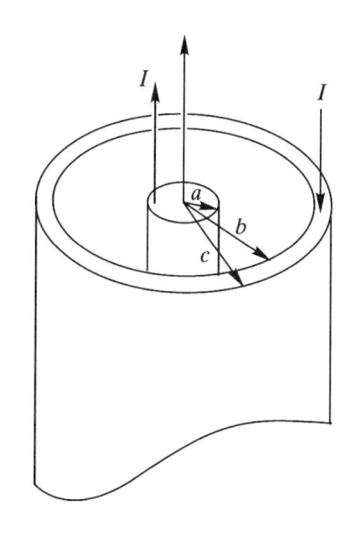

圖 5-46　習題第 12 題用圖

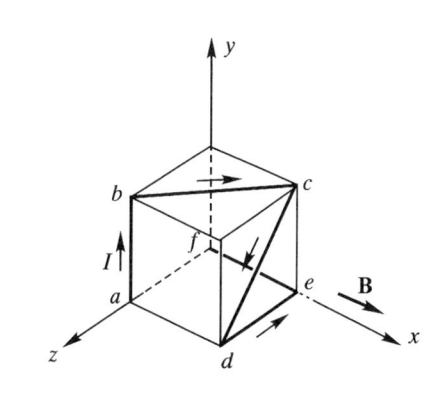

圖 5-47　習題第 13 題用圖

14. 試求上題中，各段所受磁力之向量和。
15. 一正點電荷 +Q 固定於圓心，另一質量為 m 之負點電荷 –Q 以穩定的半徑 r 環繞之，設兩者間之磁力可以忽略，求圓心處之磁通密度。
16. 如圖 5-48 所示，距平面電流密度 **K** 之平板金屬為 h 之處有一半徑 a 之載流線圈，設其中之電流為 I。試求該線圈所受的磁力及轉矩。

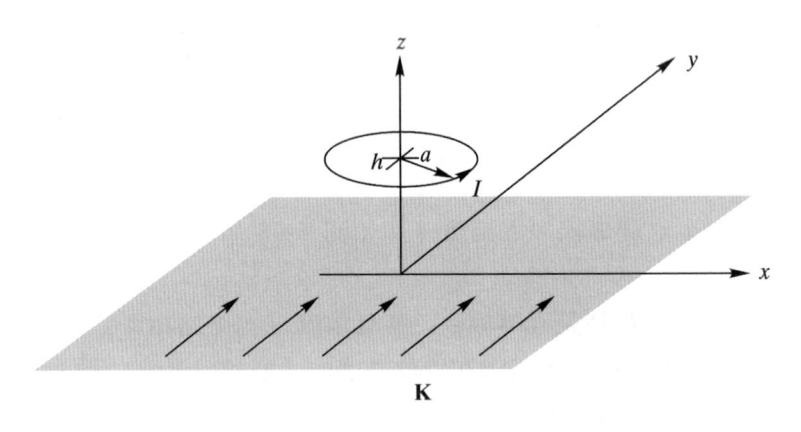

圖 5-48　習題第 16 題用圖

17. 如圖 5-49 所示，無限長直導線中有電流 I_1，其附近有一長寬為 b 及 c 之矩形線圈，線圈中之電流為 I_2，試求：(a)線圈所受的總磁力；(b)線圈所受的轉矩。

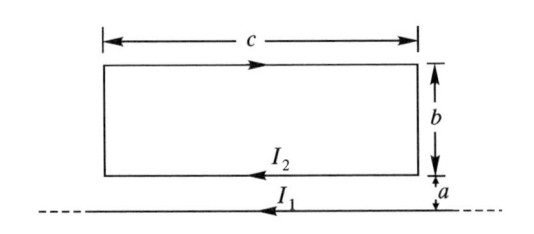

圖 5-49　習題第 17 題用圖

18. 均勻面電流 $\mathbf{K} = K_0 \mathbf{a}_z$ 置於 $x = 0$ 平面上，另一 $\mathbf{K} = -K_0 \mathbf{a}_z$ 置於 $x = d$ 平面上，試求下列各區域之向量磁位：(a) $x < 0$；(b) $0 \leq x \leq d$；(c) $x > d$。
19. 一細長螺線管之截面半徑為 a，每單位長度之匝數為 N_l，通電流 I 時，求

管內及管外的向量磁位。

20. 兩個半徑均為 a 的圓形線圈相距 b 同軸放置，如圖 5-50 所示，設兩線圈中之電流均為 I，且方向相同，試證中點 M 附近之磁場幾為一均勻磁場。

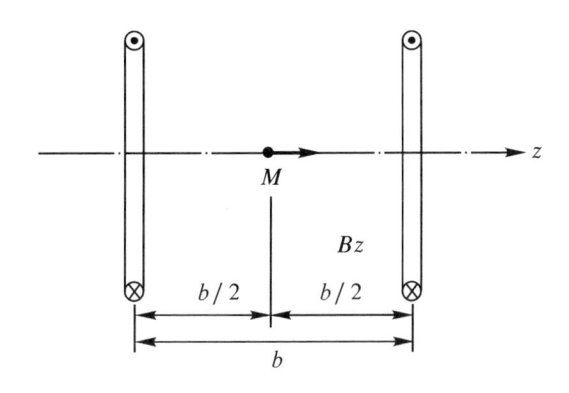

圖 5-50　習題第 20 題用圖

第六章

物質中的靜磁場及磁的應用

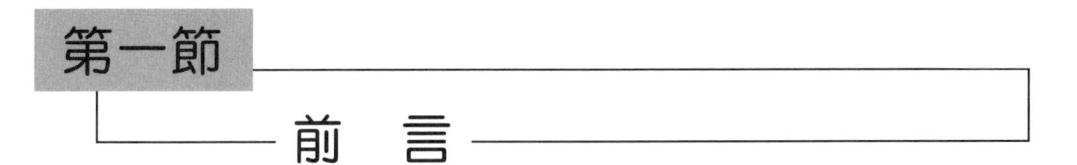

第一節　前　言

在上一章裏面,我們已經知道,磁性是由電荷之運動產生的一種物理現象。根據這個觀點,每一種原子必然都具有(或潛在的具有)磁性,原因是因為原子裏面的基本粒子都是不停的在運動之故。更進一步的說,物質既然是由原子所構成的,因此在理論上,各種物質必然具有磁性的本質。

有些物質在不受外界任何影響之下,就具有磁性,可以在其四周建立磁場,如永久磁鐵、地球等。但絕大多數的物質卻無法單獨產生磁性,必須放在一個外加的磁場裏面,受到**磁化**,才能顯出磁性來。在本章中,我們首先討論上述第二種物質的磁性;而永久磁鐵則在第八節中敘述。在最後幾節中,則介紹一些磁的應用。

第二節　原子之磁性

自然界中所有的物質都是由原子構成的,而原子又是由原子核及軌道

電子所構成。因此在一個原子裏面，就有三個磁性的來源：

一、電子的軌道運動：電子在軌道上運動就相當於一個小的電流環，故有一磁偶極矩產生，如圖 6-1 所示，設電子電量為 e，速度為 v，軌道半徑為 r，則軌道上之電流為 $I = ev/2\pi r$，因軌道內部的面積為 $S = \pi r^2$，

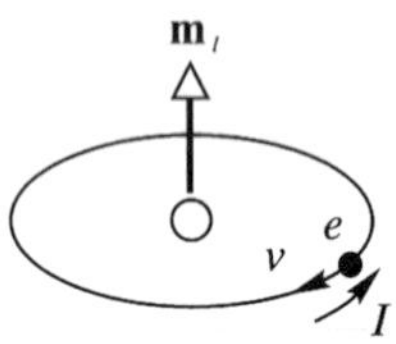

圖 6-1　一個原子常可視為一個磁偶極 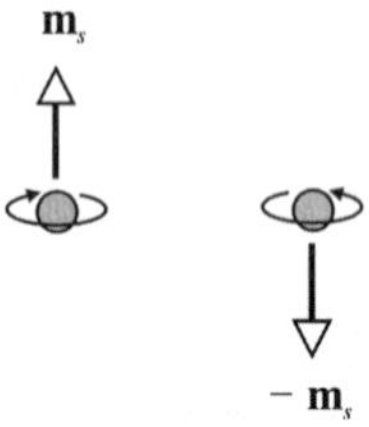　　圖 6-2　電子之自旋及自旋磁偶極矩

故所產生之磁偶極矩為

$$m_l = IS = \frac{1}{2}evr \tag{6.1}$$

二、電子之自旋：自古典電磁學的觀點而言，電荷必須作繞轉運動（例如上述之軌道運動），才能產生磁偶極矩。但由實驗發現，電子竟然也有磁偶極矩 $\mathbf{m}_s$。那麼，單獨一個電子究竟如何作繞轉運動呢？唯一的可能就是自旋（spin），如圖 6-2 所示。由實驗得知電子自旋之磁偶極矩為

$$m_s = \frac{eh}{4\pi m} \tag{6.2}$$

其中 h 為普朗克常數，等於 6.625×10^{-34} J·s；e 及 m 分別為電子的電量（1.6×10^{-19} C）及質量（9.1×10^{-31} kg）。注意，由於（6.2）式中有普朗克常數出現，因此嚴格而言，電子自旋應屬**量子**現象；不是古典電磁學裏面能夠說明的（參見習題第 6 題及第 7 題）。

將 h，e 及 m 等已知數值代入（6.2）式中，可得 $m_s = 9.27 \times 10^{-24}$ A·m²，

此為自然界中基本粒子的磁偶極矩單位，稱為**波爾**磁子（Bohr magneton）。

三、原子核自旋：原子核中各粒子（如質子、中子）和電子一樣具有自旋，但均為複雜的量子現象，且其磁偶極矩甚小，故在下面的討論中，均略而不計。

一個原子的磁偶極矩是由上述三種組合而成的。由於組合方式之不同，以及各原子之間磁偶極矩之交互作用方式不同，故由巨觀的性質而言，各種物質即顯示出各種不同的磁性來。在本章中，我們將在第六節至第八節中依序討論**反磁性**、**順磁性**、**鐵磁性**以及**超導體之磁性**等。

第三節 物質之磁化

當無磁場存在時，一物質中之磁偶極矩方向不一，故其磁性互相抵消；而當外加一磁場時，各原子即受到一個轉矩 $\mathbf{T} = \mathbf{m} \times \mathbf{B}$〔見（5.68）式〕而轉動，於是各原子的磁偶極矩最後都會沿著磁場的方向排列起來，如圖 6-3 所示。

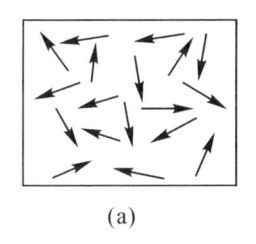

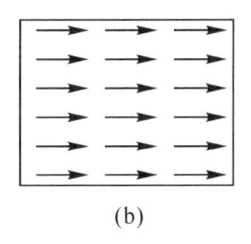

圖 6-3　(a)不加磁場時，各原子之磁偶極矩作散亂不規則的分佈
　　　　(b)加一向右的磁場時，各原子之磁偶極矩均順著磁場方向排列

其結果是各原子之軌道電子都不約而同的作同一方向的繞轉，如圖 6-4 所示。我們可以看到，在物質之內部，相鄰兩原子之軌道電子環流的

方向都是相反的,其產生之磁效應可視為互相抵消,因此物質內部各原子之總磁效應等於零。而在表面上的一層原子其外側並無任何環流可與之相抵消,因此在表面上看起來即有一股等效的表面電流,稱為**磁化電流**(magnetization current)I_m;此一表面電流是各原子之軌道電子之集體行為,屬於**束縛電流**(bound current)。它的產生並不是由於電場的推動,而是由磁場之作用而來,故歐姆定律對它並不適用;同時,它並不消耗能量或產生熱;這些性質均與一般電路裏面的**自由電流**(free current)截然不同;然而兩者建立磁場的效能卻是相同的。像這樣,物質置於磁場中時,

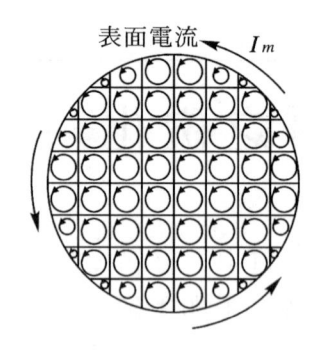

圖 6-4 物質磁化後之截面圖

各原子之磁偶極矩規則排列的現象,稱為**磁化**(magnetization)。

一物質磁化程度的大小,在數量上可用**磁化量**(magnetization)**M** 來表示。所謂磁化量,就是在單位體積中已經沿磁場方向排列起來的原子之磁偶極矩的總和。設每單位體積中之原子數為 N,各原子之磁偶極矩為 **m**,則磁化量 **M** 可寫成

$$\mathbf{M} = N\mathbf{m} \tag{6.3}$$

磁化量 **M** 與磁化電流有直接的關係,今以一圓柱形物體為例,如圖 6-5 所示。設其長度為 l,截面積為 S,則此圓柱體中所包含的總原子數為 $N(lS)$,故總磁偶極矩為

第六章　物質中的靜磁場及磁的應用　223

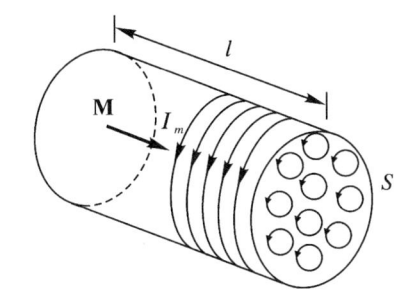

圖 6-5　磁化物質表面磁化電流之計算

$$N(lS)m = (Nm)lS = (Ml)S \qquad (6.4)$$

我們已經知道，磁偶極矩等於電流與面積的乘積；今若將圖 6-5 之圓柱形物質視為一個大的磁偶極，則（6.4）式中之 Ml 即可視為環繞於它表面上之磁化電流 I_m，即

$$I_m = Ml \qquad (6.5)$$

注意，磁化電流 I_m 等於磁化量 M 與長度 l 的乘積；然正式的說法應該是磁化電流等於磁化量 $\mathbf{M}$ 在一圍線上的環流量，即

$$I_m = \oint \mathbf{M} \cdot d\mathbf{L} \qquad (6.6)$$

此式與安培定律〔（5.16）式〕頗為相似。

（6.5）式中所示之磁化電流既為表面電流，故 I_m/l 即為磁化電流的面電流密度 K_m，即

$$K_m = M \qquad (6.7)$$

此式告訴我們，磁化物質表面之磁化面電流密度恆等於該物質之磁化量。注意，由圖 6-5 中我們看到磁化電流密度 K_m 與磁化量 M 是互成垂直的，因此（6.7）式應寫成如下的向量式：

$$\mathbf{K}_m = \mathbf{M} \times \mathbf{a}_n \qquad (6.8)$$

其中 $\mathbf{a}_n$ 為物質表面的單位法線向量。

例 6.1 如圖 6-6 所示，半徑 a 之圓盤上均勻帶有電量 Q，繞其中心軸以角頻率 ω 轉動，試求其磁偶極矩。

解： 在圓盤上考慮一半徑為 r，寬度為 dr 的環狀部分，其面積為 $dS = 2\pi r\,dr$，其上所帶之電量為

$$dQ = \frac{dS}{\pi a^2}Q = \frac{2Q}{a^2}r\,dr$$

將（6.1）式中之 e 及 v 分別以 dQ 及 $r\omega$ 代入，得

$$dm = \frac{1}{2}(\frac{2Q}{a^2}r\,dr)(r\omega)r = \frac{Q\omega}{a^2}r^3\,dr$$

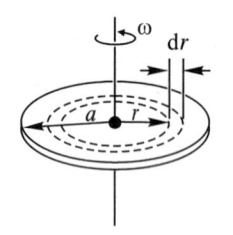

圖 6-6　例 6.1 用圖

積分，即得

$$m = \int dm = \int_0^a \frac{Q\omega}{a^2}r^3\,dr = \frac{1}{4}Q\omega a^2$$

例 6.2 半徑 a 之球體受磁化後，產生均勻的磁化量 $\mathbf{M}$，如圖 6-7 所示，試求總磁化電流 I_m。

解： 由（6.8）式知，球體表面上之磁化電流密度大小為 $K_m = M\sin\theta$，方向為 $\mathbf{a}_\phi$ 方向。其橫向（即 $\mathbf{a}_\theta$ 方向）之線元為 $a\,d\theta$，故總磁化電流為

$$I_m = \int_0^\pi K_m(a\,d\theta) = Ma\int_0^\pi \sin\theta\,d\theta = 2Ma$$

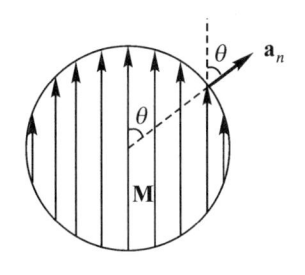

圖 6-7　例 6.2 用圖

【練習題 6.1】已知鐵原子之磁偶極矩為 1.8×10^{-23} A·m²，則一長度為 6cm，截面積為 1 cm² 之條形磁鐵完全磁化後的磁偶極矩為若干？（Fe = 56，比重 7.87）。

答：9.14 A·m²。

【練習題 6.2】上題中，磁鐵表面之磁化電流為若干？
答：9.14×10^4 A。

【練習題 6.3】試利用（6.6）式求例 6.2 之磁化電流 I_m。

第四節　磁性物質之安培定律

在前一章中，我們曾介紹過真空中的安培定律，即：在任意圈線上磁場強度 H_0 的環流量，恆等於圍線內部的總電流；以數學式子表示之，為

$$\int \mathbf{H}_0 \cdot d\mathbf{L} = \oint \frac{\mathbf{B}_0}{\mu_0} \cdot d\mathbf{L} = I \quad \text{（真空中）} \qquad (6.9)$$

226 電磁學

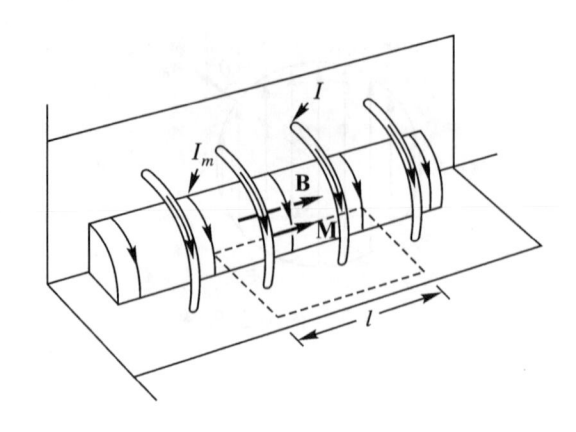

圖 6-8 磁場是由自由電流以及磁化電流共同產生的

其中 $\mathbf{B}_0 = \mu_0 \mathbf{H}_0$，且 I 指自由電流。現在我們面對的問題是，若有磁性物質存在的話，安培定律應該作什麼修正。要解決這個問題，我們必須知道，由磁學的眼光來看，磁性物質的重要作用在於其磁化電流 I_m，磁化電流雖然與一般自由電流在許多方面性質不同，但其產生磁場的作用卻是一樣的。圖 6-8 示一磁性物質受磁化後的情形，請注意導體中的自由電流 I 及物質表面之磁化電流 I_m 方向是一致的，因此，兩者產生磁性的效果是相加的。綜上所述，我們應該在（6.9）式等號右邊將磁化電流 I_m 補上，以表示磁性物質的存在，即

$$\oint \frac{\mathbf{B}}{\mu_0} \cdot d\mathbf{L} = I + I_m \tag{6.10}$$

將（6.6）式代入（6.10）式，並整理之，即得

$$\oint (\frac{\mathbf{B}}{\mu_0} - \mathbf{M}) \cdot d\mathbf{L} = I \tag{6.11}$$

注意此式右邊只剩下自由電流 I 一項；比照真空中的安培定律，我們規定積分式中的 $\mathbf{B}/\mu_0 - \mathbf{M}$ 為物質中的磁場強度 $\mathbf{H}$，即

$$\mathbf{H} = \frac{\mathbf{B}}{\mu_0} - \mathbf{M} \tag{6.12}$$

或
$$\mathbf{B} = \mu_0(\mathbf{H} + \mathbf{M}) \tag{6.13}$$

在大多數物質中，磁化量 **M** 係與磁場強度 **H** 成正比，即

$$\mathbf{M} = \chi_m \mathbf{H} \tag{6.14}$$

比例常數 χ_m 稱為物質的**磁化率**（magnetic susceptibility），為一無名數。將（6.14）式代入（6.13）式中，可得

$$\mathbf{B} = \mu_0(1 + \chi_m)\mathbf{H} \tag{6.15}$$

為了應用上的方便，我們令

$$\mu_r = 1 + \chi_m \tag{6.16}$$

為物質的**相對導磁係數**（relative permeability），並令

$$\mu = \mu_0 \mu_r \tag{6.17}$$

為物質的導磁係數。如此一來，（6.15）式即可化簡為

$$\mathbf{B} = \mu \mathbf{H} \tag{6.18}$$

而（6.11）式亦可寫成

$$\oint \mathbf{H} \cdot d\mathbf{L} = I \tag{6.19}$$

此即為磁性物質中的<u>安培</u>定律。表面上看起來，此式與真空中的<u>安培</u>定律，即（6.9）式，形式上似乎差不多，但意義上卻不相同。（6.9）式中的 $\mathbf{H}_0$ 為真空中的磁場強度，自無包含磁性物質之影響在內；而（6.19）式中的 **H** 則已考慮了磁性物質的作用〔見（6.12）式〕。在應用上，磁化電流 I_m 之量測甚為困難，而自由電流 I 則用普通安培計即可測出。是故（6.19）式中，將自由電流 I 顯著的表示出來，而將 I_m 隱含在 **H** 裏面，是一個相當高明的作法，在實用上亦有無比的方便。

例 6.3 如圖 6-9 所示，同軸電纜中，內外兩導體之導磁係數均為 μ，若內導體

電流為 I，外導體無電流，試求各處的 **H**，**B**，**M**。

解：由（6.19）式知：

$$\oint \mathbf{H} \cdot d\mathbf{L} = H(2\pi r) = \begin{cases} Ir^2\pi/a^2\pi & (r \leq a) \\ I & (r \geq a) \end{cases}$$

解之，得
$$\mathbf{H} = \begin{cases} (Ir/2\pi a^2)\mathbf{a}_\phi & (r \leq a) \\ (I/2\pi r)\mathbf{a}_\phi & (r \geq a) \end{cases}$$

故
$$\mathbf{B} = \begin{cases} (\mu Ir/2\pi a^2)\mathbf{a}_\phi & (r < a) \\ (\mu_0 I/2\pi r)\mathbf{a}_\phi & (a<r<b \text{ 及 } r>c) \\ (\mu I/2\pi r)\mathbf{a}_\phi & (b<r<c) \end{cases}$$

再由（6.12）式得

$$\mathbf{M} = \begin{cases} (\dfrac{\mu}{\mu_0}-1)\dfrac{I}{2\pi a^2} r\, \mathbf{a}_\phi & (r<a) \\ (\dfrac{\mu}{\mu_0}-1)\dfrac{I}{2\pi r}\mathbf{a}_\phi & (b<r<c) \\ 0 & \text{（其他）} \end{cases}$$

【**練習題 6.4**】設某物質的相對導磁係數為 50，物質內部之磁通密度為 $0.05\,\text{Wb/m}^2$ 時，試求：(a)磁化率 χ_m；(b)磁場強度 H；(c)磁化量 M。
答：(a)49；(b)800 A/m；(c)39000 A/m。

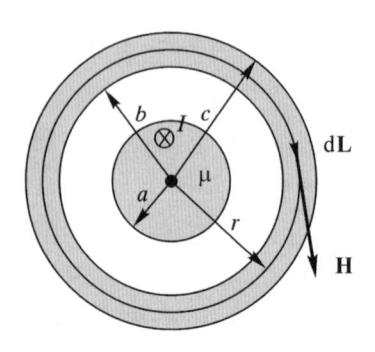

圖 6-9　例 6.3 用圖

【練習題 6.5】試利用（6.6）式，求圖 6-9 所示電纜內外兩導體中之磁化電流 I_m。
答：內：$(\mu/\mu_0 - 1)I/\pi a^2$；外：0。

第五節　邊界條件

磁場的邊界條件，其意義與電場中者相仿，是敘述當兩種不同的磁性物質之間有一界面時，在界面上，磁場強度 **H** 及磁通密度 **B** 的大小及方向將作什麼變化。

首先，我們利用磁通密度的連續性，即（5.48）式，

$$\oint \mathbf{B} \cdot d\mathbf{S} = 0 \tag{6.20}$$

並選擇一高度甚小的高斯面，如圖 6-10 所示，可得

$$\oint \mathbf{B} \cdot d\mathbf{S} = -B_{1n}\Delta S + B_{2n}\Delta S = 0$$

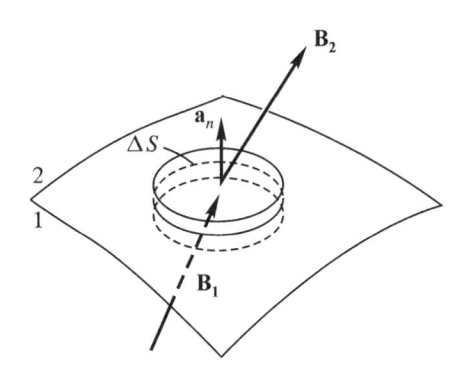

圖 6-10　證明邊界條件（6.21）所用之高斯面

故得

$$B_{1n} = B_{2n} \qquad (6.21)$$

此式告訴我們,在任兩種物質界面兩邊,磁通密度的法線分量是一樣的。

其次,再應用(6.19)式,即安培定律。在大多數情況下,兩物質之

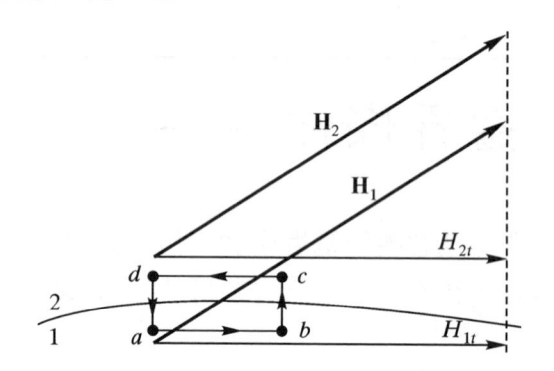

圖 6-11 證明邊界條件(6.22)所用的圍線

接觸面上通常都沒有自由電流,故可令 $I = 0$;並選擇一矩形圍線,如圖 6-11 所示,則

$$\oint \mathbf{H} \cdot d\mathbf{L} = H_{1t}\Delta L - H_{2t}\Delta L = 0$$

故得

$$H_{1t} = H_{2t} \qquad (6.22)$$

此式告訴我們,在不同兩物質界面兩邊,磁場強度的切線分量是一樣的。(6.21)式及(6.22)式已足夠用來解決所有邊界問題,稱為磁場的**邊界條件**。

下面我們舉一個簡單的例子,說明邊界條件如何應用。

例 6.4 已知在導磁係數為 μ_1 之物質中,磁通密度為 B_1,入射角為 α_1,如圖 6-12 所示。試求在導磁係數為 μ_2 之物質中,磁通密度 B_2 及折射角 α_2。

解:由圖 6-12 知

$$\tan\alpha_1 = \frac{B_{1t}}{B_{1n}} \text{ , } \tan\alpha_2 = \frac{B_{2t}}{B_{2n}}$$

故,由邊界條件以及 $B = \mu H$ 的關係,可得

$$\frac{\tan\alpha_1}{\tan\alpha_2} = \frac{B_{1t}/B_{1n}}{B_{2t}/B_{2n}} = \frac{B_{1t}}{B_{2t}} = \frac{\mu_1}{\mu_2}$$

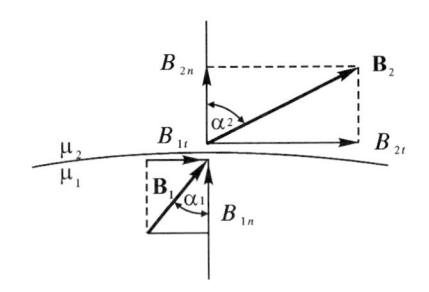

圖 6-12　邊界條件應用之一例;例 6.4 用圖

即
$$\alpha_2 = \tan^{-1}(\frac{\mu_2}{\mu_1}\tan\alpha_1) \tag{6.23}$$

又
$$B_2 = \sqrt{B_{2n}^2 + B_{2t}^2} = \sqrt{B_{1n}^2 + (\mu_2/\mu_1)^2 B_{1t}^2}$$

因
$$B_{1n} = B_1\cos\alpha_1 \text{ , } B_{1t} = B_1\sin\alpha_1$$

故得
$$B_2 = B_1\sqrt{\cos^2\alpha_1 + (\mu_2/\mu_1)^2\sin^2\alpha_1} \tag{6.24}$$

在一般應用上,最常見的情況就是置於空氣($\mu_2 \simeq \mu_0$)中的鐵磁性物質($\mu_1 \gg \mu_0$),如圖 6-13 所示。由(6.23)式可知

$$\alpha_2 = \tan^{-1}(\frac{\mu_2}{\mu_1}\tan\alpha_1) \simeq 0 \tag{6.25}$$

也就是說,不論磁通密度 **B** 在磁鐵中之入射角如何,當穿出於空氣中時,磁通密度 **B** 幾乎與表面垂直。

232　電磁學

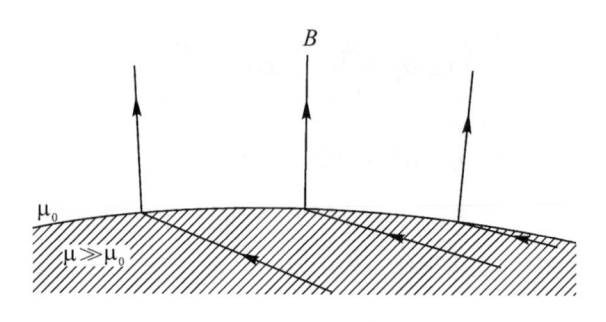

圖 6-13　鐵磁性物質置於空氣中時，其表面上之磁場恆與表面垂直

【練習題 6.6】設兩互相接觸之磁性物質導磁係數之比為 $\mu_2/\mu_1 = \sqrt{3}$，且 B_1 在邊界之入射角為 $\alpha_1 = 30°$，試求：(a)折射角 α_2；(b) B_2/B_1；(c) H_2/H_1。
答：(a) 45°；(b) $\sqrt{3}/\sqrt{2}$；(c) $1/\sqrt{2}$。

第六節 — 反 磁 性

反磁性（diamagnetism）是由原子中軌道電子之運動所引起的一種磁性現象。在反磁性物質中，每個原子的總磁矩原來都等於零；也就是說，該原子中所有電子之軌道磁矩 m_l〔見（6.1）式〕及自旋磁矩 m_s〔見（6.2）式〕恰好完全抵消。但當此原子置於一磁場中時，由於軌道電子運動受到磁力的影響，軌道磁矩 m_l 變小，上述之磁矩平衡狀態就被破壞，使得原子的總磁矩不再等於零，而顯出磁性來。

為什麼原子在磁場中時，電子之軌道磁矩 m_l 會變小呢？其原因如圖 6-14 所示。圖 6-14(a)示當無磁場存在時，軌道電子僅受靜電力 $F_e = mr\omega_0^2$ 之作用，其中 m 為電子質量，r 為軌道半徑，ω_0 為軌道運動之角頻率；此時，電子之軌道磁矩，根據（6.1）式，可寫成 $m_l = er^2\omega_0/2$。今若加一磁場 B，則軌道電子除了靜電力 F_e 以外，還多了一個磁力

$F_m = evB = er\omega B$，其方向與 F_e 相反，如圖 6-14(b)所示，此時電子之軌道運動角頻率則由原來的 ω_0 減為 ω；依牛頓第二運動定律，可得

$$F_e - F_m = ma$$

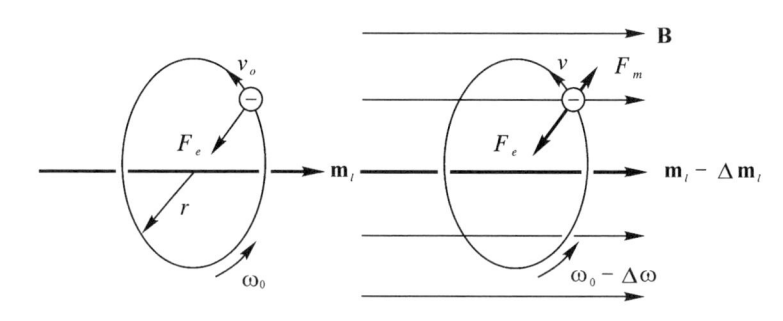

圖 6-14 反磁性之解析

即
$$mr\omega_0^2 - er\omega B = mr\omega^2 \qquad (6.26)$$

整理之，得
$$e\omega B = m(\omega_0 + \omega)(\omega_0 - \omega) \qquad (6.27)$$

由於 ω 與 ω_0 之差 $\Delta\omega$ 極其微小，因此我們可以說 $\omega_0 + \omega \approx 2\omega$，如此一來，由（6.27）式即可解出

$$\Delta\omega \simeq \frac{eB}{2m} \qquad (6.28)$$

由於此一角頻率之減小，因此所產生的軌道磁矩也隨之減小，

$$\Delta m_l = \frac{1}{2}er^2(\Delta\omega) = \frac{e^2r^2}{4m}B = \frac{e^2r^2}{4m}\mu_0 H \qquad (6.29)$$

此一軌道磁矩的減小，使得原子得到一個磁矩 **m**，其大小即為 Δm_l，而其方向則與磁場的方向相反，如圖 6-15 所示。亦即該原子之總磁矩為

$$\mathbf{m} = -\frac{e^2r^2}{4m}\mu_0 \mathbf{H} \qquad (6.30)$$

設某物質單位體積中含有 N 個原子，則由（6.3）式知，該物質在磁場中磁化時，產生之磁化量為

$$\mathbf{M} = -N\frac{e^2 r^2}{4m}\mu_0 \mathbf{H} \tag{6.31}$$

再與（6.14）式比較，即得該物質的磁化率：

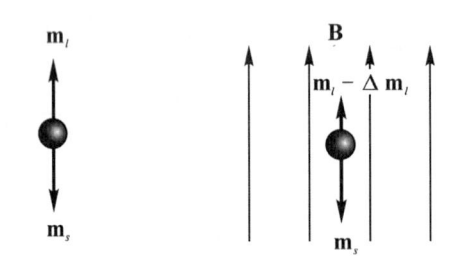

圖 6-15　(a)無磁場時；(b)有磁場時

$$\chi_m = -\mu_0 N \frac{e^2 r^2}{4m} \tag{6.32}$$

由（6.30）式我們可以看到，若一原子原來的磁偶極矩為零，則置於磁場裏面時，必產生一與磁場方向相反的磁偶極矩；因此種原子所構成的物質在磁場中必產生反磁場方向的磁化現象，如（6.31）式所示，這種現象就稱為**反磁性**。我們注意到，反磁性物質的磁化率 χ_m 都是負的，也因此其相對導磁係數恆小於 1。由於反磁性係由磁場直接感應出來的，不受溫度的影響，故反磁性物質的磁化率或導磁係數與溫度無關。

金屬鉍具有相當顯著的反磁性，若以鉍做羅盤的指針，則它將不指南北，而指東西。其他如氫、氦及其他惰性氣體，以及氯化鈉、銅、金、矽、鍺、硫黃等，均具有反磁性。

【**練習題 6.7**】已知氫原子中，軌道電子之運動半徑為 0.5Å，則在磁場 $B = 2.0\,\text{Wb/m}^2$ 中時，軌道磁矩的變化為若干？
答：$3.7 \times 10^{-29}\,\text{A}\cdot\text{m}^2$。

第七節 ─ 順 磁 性

在某些元素的原子中，電子之軌道磁矩與自旋磁矩並沒有完全抵消，而使得原子在正常狀態之下，就具有一個不等於零的磁矩，稱為**永久磁矩**；這類原子多屬於過渡元素、稀土元素，或鋼系元素。將此類原子置於一磁場中時，每一個原子的磁偶極矩都將朝著磁場方向轉過去，如圖 6-16 所示。設某物質中，單位體積中的原子數為 N，每個原子所具有的永久磁矩為 m，則當所有的原子完全沿著磁場方向整齊排列時，物質的磁化量應為

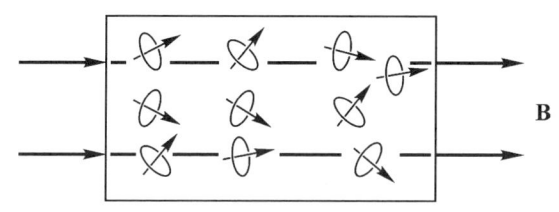

$$M_{max} = Nm \tag{6.33}$$

圖 6-16 具有永久磁矩的原子在磁場中有沿著磁場方向排列之趨勢

但在實際上，由於一般物質的溫度都大於絕對零度，因此所有原子都不是靜止狀態，而是不停的來回振動，而破壞了整個的排列。是故，物質的磁化量實際上應小於（6.33）式所示；由理論上的計算，應該是

$$M = \frac{Nm^2}{3kT}\mu_0 H \tag{6.34}$$

（此式之推導超出本書範圍，故從略）。式中，$k = 1.38 \times 10^{-23}$ J/°K，稱為**波茲曼常數**（Boltzmann's constant），T 為絕對溫度。（6.34）與（6.14）

式比較，可得磁化率為

$$\chi_m = \frac{\mu_0 N m^2}{3kT} \tag{6.35}$$

由（6.34）式我們看到，若物質中的原子具有永久磁矩，則置於磁場中時，必產生一個與磁場方向**相同**的磁化量，這種現象，稱為**順磁性**（paramagnetism）。順磁性物質的磁化率都是正的，但數值不大；故其相對導磁係數都是略大於 1 的正數。

例 6.5 一順磁性氣體在 STP 之下置於 $B = 1.0 \text{ Wb/m}^2$ 之磁場中，設每一氣體分子之永久磁矩為 $1.9 \times 10^{-23} \text{ A} \cdot \text{m}^2$；試求：(a)單位體積中之分子數；(b)磁化率；(c)磁化量。

解：(a) $N = \dfrac{6.02 \times 10^{23}}{22.4 \times 10^{-3}} = 2.7 \times 10^{25}$（個/米^3）

(b)由（6.35）式得

$$\chi_m = \frac{(4\pi \times 10^{-7})(2.7 \times 10^{25})(1.9 \times 10^{-23})^2}{3 \times (1.38 \times 10^{-23})(273)} = 1.1 \times 10^{-6}$$

(c) $M = \chi_m H = \dfrac{\chi_m}{\mu_0} B = \dfrac{(1.1 \times 10^{-6})(1.0)}{4\pi \times 10^{-7}} = 0.88 \text{ (A/m)}$

【練習題 6.8】 根據更精確的計算，順磁性物質的磁化量應為

$$M = Nm(\coth \frac{mB}{kT} - \frac{kT}{mB}) = M_{max}(\coth \frac{mB}{kT} - \frac{kT}{mB}) \tag{6.36}$$

試繪出 M 對 mB/kT 之函數圖形。
答：見圖 6-17。

【練習題 6.9】 試證，當 $mB/kT \ll 1$ 時，（6.36）式可化為（6.34）式。
答：利用公式：$\coth x \cong 1/x + x/3$。

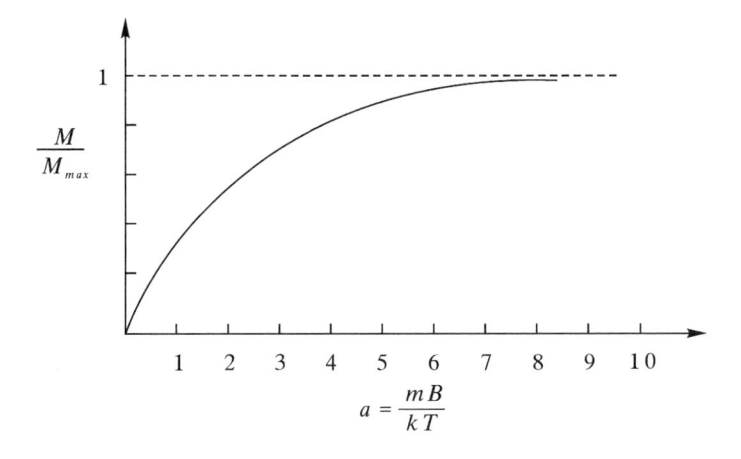

圖 6-17　練習題 6.8 之答

第八節　鐵磁性

　　自然界中有五種元素，即鐵（Fe）、鈷（Co）、鎳（Ni）、釓（Gd）和鏑（Dy），以及此五種元素與其他元素之合金，具有高度的順磁性排列，且不受熱擾動的影響，我們稱之為**鐵磁性**（ferromagnetism）。

　　在鐵磁性物質中，磁化量 M 均甚大，且不與磁場強度 H 成正比，而呈非線性關係。亦即，磁化量的大小不僅與所加之磁場有關，而且也與該物質之磁化過程有關。因此，在鐵磁性物質中，$\mathbf{M} = \chi_m \mathbf{H}$ 的關係並不成立；同時，其相對導磁係數 μ 亦不為定值，如圖 6-18 所示。由於鐵磁性物質的磁化量 M 甚大（$M \gg H$），$B = \mu_0(H+M) \simeq \mu_0 M$，故在應用上，磁化量 M 與磁場強度 H 之非線性關係通常都以 $B-H$ 曲線來表示。稱為**磁化曲線**（magnetization curve）。

　　鐵磁性之來源與前述之順磁性或反磁性有一顯著的不同，就是它並不是由各原子之磁矩而來，而是相鄰之原子間發生一種特殊形式的相互作用，叫做**互換耦合**（exchange coupling）。所謂互換耦合是一種量子力學

（quantum mechanics）裏面才能解釋的現象，它是一種相鄰兩原子之電子自旋磁矩間的強烈作用力，可以使得各自旋磁矩堅固的結合成互相平行的整齊排列，其磁性互相加強，成為強有力的鐵磁性；在室溫之下，分子的熱運動仍無法破壞其排列。若將鐵磁性物質加熱至極高溫，分子的熱運動才足以破壞自旋磁矩的排列，而使物質變成順磁性；這個溫度叫做**居里溫度**（Curie temperature）。

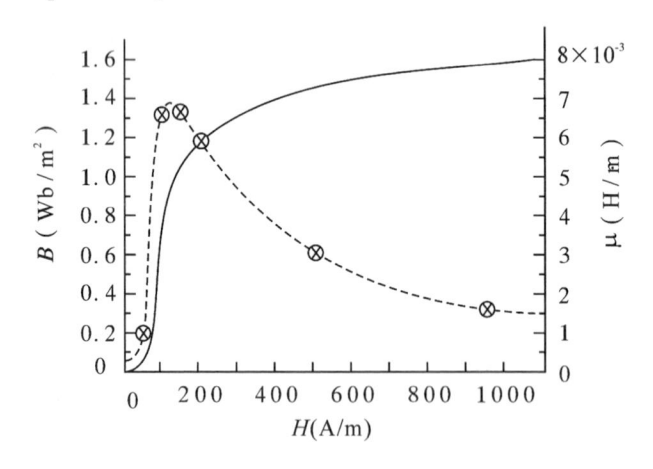

圖 6-18　鐵磁性物質之 $B-H$ 曲線（實線）及 $\mu-H$ 曲線（虛線）

既然在鐵磁性物質裏，各原子之間由於互換耦合的相互作用，而使得各磁矩結成牢不可破的一體，那麼將它們放在磁場中時，這一群磁矩之轉向行動是一致的。這麼說來，當一塊磁性物質放在磁場中時，是否所有原子的磁矩都一起轉到磁場的方向，而馬上達到飽和狀態呢？那也不盡然，根據實驗，鐵磁性物質之磁化量 M 係隨外加之磁場強度 H 而增加，當 H 到達相當大的數值時，M 才趨於飽和，如圖 6-18 中之 $M-H$（即 $B-H$）曲線所示。要解釋此一磁化的現象，我們必須對鐵磁性物質之構造加以詳加的觀察；原來鐵磁性物質之內部有**磁域**（magnetic domain）之存在，如圖 6-19 所示。磁域是體積約為 $10^{-6}\,\text{cm}^3$ 至 $10^{-2}\,\text{cm}^3$ 不等的小區域；在此區域中，各原子間均有互換耦合之相互作用，其磁矩均作同一方向之整齊排列。當物質未受磁化時，各磁域的磁矩分佈為散亂狀態，此即圖 6-20 中之 O 點。當外加磁場逐漸增大時，首先，磁矩方向與磁場方

向大略相同的磁域，其範圍逐漸擴大，即圖 6-20 中之 O 點至 c 點這一段過程。若外加磁場再增強，則各磁域之磁場方向一齊向磁場方向轉過去，即在圖 6-20 中之 c 至 e 段。我們特別注意，磁域的擴大或轉動都是一簇一簇的發生。因此，若將磁化曲線放大來看，並不是圓滑的曲線，而是由細小的線段組成，這種現象稱為<u>巴克豪森</u>效應（Barkhausen effect）。

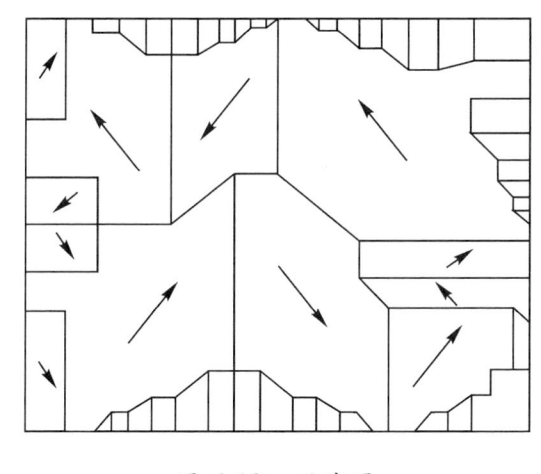

圖 6-19　磁域圖

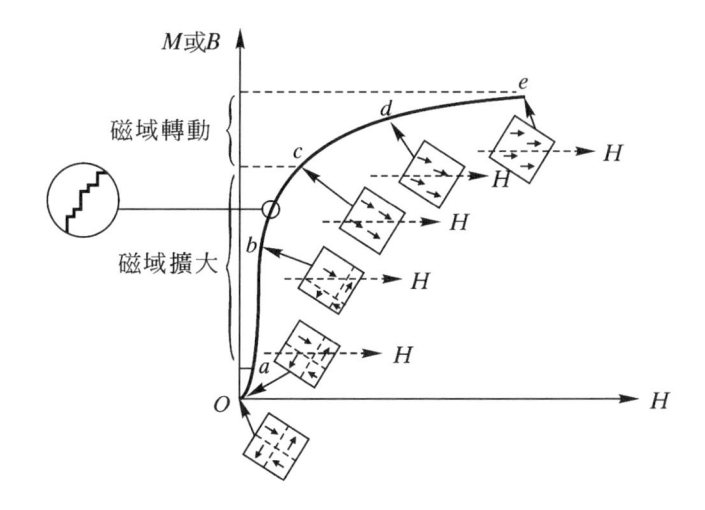

圖 6-20　磁域之活動與磁化曲線之關係

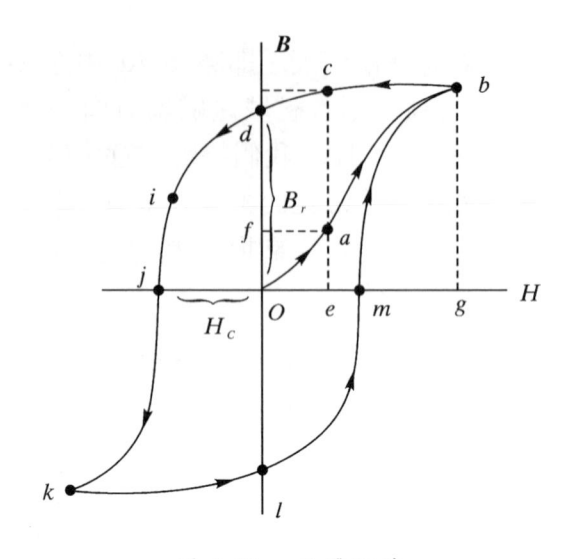

圖 6-21　磁滯迴線

　　一鐵棒受磁化了以後，我們就說它已經具有磁性了；但如將外加磁場 H 除去，我們發現其磁性並不完全消失，而保留一些殘留的磁化量（或磁通密度）在裏面，成為永久磁鐵。這可用圖 6-21 中所示的曲線表示出來。曲線上之 Oab 段就是圖 6-18 及圖 6-20 中的磁化曲線，代表磁棒由完全沒有磁性（O 點）被磁化到某一程度（b 點）。接著，當外加磁場 H 漸次除去以後，磁棒裏面的磁化量（或磁通密度）並不隨之消失，而只稍微減小一點，如圖 6-21 中之 bcd 段所示。當外加磁場完全消失時（即 d 點），磁棒中殘留的磁通密度 B_r 稱為**剩餘磁性**（remanence），此時之磁棒即為一永久磁鐵。在永久磁鐵中，所有磁域之磁矩方向仍維持相當整齊的排列，而要破壞此一排列，可加一反向的磁場以擾亂之，就如圖 6-21 中之 dij 段所示，磁通密度次第減小，至反向磁場的大小為 H_c 時，磁通密度降為零，此時磁棒之磁性完全消失，我們稱 H_c 為**強迫磁力**（coercive force）。若反向磁場繼續增強，磁棒中的磁域則又重新朝著磁場方向（現為反向）整齊排列起來，磁棒又恢復了磁性，但其極性則與原先相反，這就是圖 6-21 的 jk 段。倘若此時再將反向磁場減弱至零，磁棒中依然留有剩餘磁性，故圖 6-21 中，kl 段與 bcd 段完全相當，且 Ol 段的長度也等於剩餘磁性 B_r；這剩餘磁性依然可以再將磁場反向以消除

之，故圖 6-21 中的 *lm* 段也與 *dij* 段完全相當，*Om* 段的長度也等於強迫磁力 H_c。最後，若增強磁場，又可將磁棒磁化，這過程就是圖 6-21 中的 *mb* 段，它與 *jk* 段完全相當的。

由上述的變化過程，我們看到，當一外加磁場 *H* 逐漸減小而消失（如 *bcd* 段）時，磁棒中的磁性（磁通密度）並未隨之而消失，而必須延遲（滯後）至 *j* 點磁性才消失，這種現象稱為**磁滯現象**（hysteresis），描述磁滯現象的迴線，即圖 6-21，稱為**磁滯迴線**（hysteresis loop）。

磁滯現象的一個重要結果是引起功率損耗，這是由於磁域活動時，摩擦產生熱而散失掉。由理論的推斷顯示，單位體積中之磁滯功率損耗恰等於磁滯迴線內部的面積。故磁滯迴線越「胖」，表示磁滯功率損耗越大。

第九節　磁性材料

由應用的觀點而言，鐵磁性材料可分為**軟性**（soft）材料及**硬性**（hard）材料兩種。軟性材料的成分及構造必須很均勻，使得在交變之磁場中磁域活動時，摩擦力減至最小，如此，則材料中的損耗可減至最低程度。由上節敘述中知磁滯迴線內部的面積係代表單位體積中的磁滯功率損耗，因此，軟性材料之磁滯迴線的形狀都是瘦長形的，如圖 6-22 所示，其中，強迫磁力 H_c 都很小，一般大約在 100A/m 以下，由於軟性材料的損耗低，故廣泛的被採用於發電機，馬達，變壓器等裝置之中。

相反的，永久磁鐵所用的材料則必須有相反的性質，也就是它的強迫磁力 H_c 必須越大越好，以免外界的影響而破壞其磁性，這種材料稱為硬性材料；一般永久磁鐵所用的材料，其強迫磁力 H_c 都在 8×10^4 A/m 左右。由於硬性材料的 H_c 甚大，故其磁滯迴線看起來都很胖，如圖 6-22 所示。

鐵磁性物質的優點是能夠產生甚強的磁場，但缺點是在交變磁場中，

即使是軟性材料,其損耗都很大,尤其在高頻之下為然。因此,無論是射頻線圈的鐵芯,或者在計算機的記憶器中,都改用另一種磁性材料,叫做**磁鐵石**(ferrite),或鐵淦氧磁體,俗稱鐵粉芯。磁鐵石是由一些合金粉末熔壓而成的,其分子式是(MO)(Fe$_2$O$_3$),其中,M 代表二價元素,如鐵、錳、鈷、鎳、鎂、鋅、鎘等。磁鐵石中,電子自旋磁矩之組合方式與一般磁鐵性材料不同,如圖 6-23 所示。在鐵磁性物質中,各電子之自旋磁矩都是同方向排列,故磁性較強;而在磁鐵石中,卻有一較小之磁矩以相反的方向穿插其中,故其磁性較小。

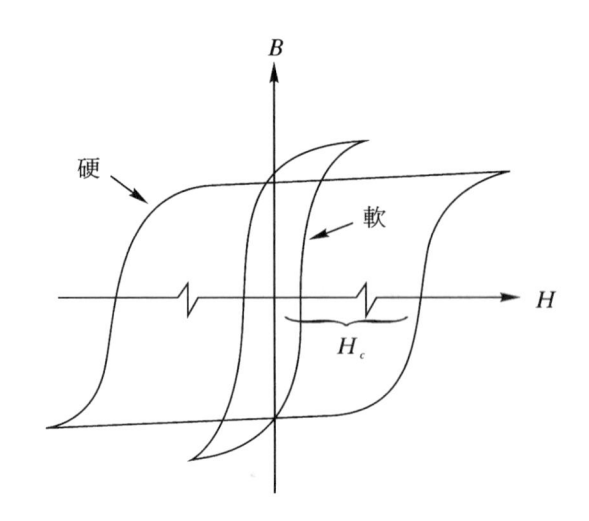

圖 6-22　軟性及硬性磁性材料之磁滯迴線比較

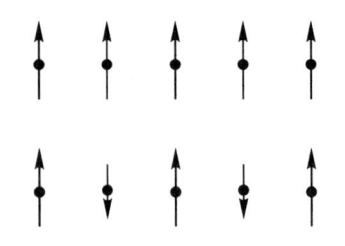

圖 6-23　鐵磁性(上)及石鐵磁性(下)材料中,電子自旋磁矩之組態

磁鐵石之磁性雖較磁鐵為小，但它有一磁鐵所沒有的優點，就是它的導電性甚小，幾近於一絕緣體，因此在交變磁場中，它的損耗遠較磁鐵為低。故在低功率高頻率之應用中，它被廣泛的採用。

　　另外有一種較新的磁性物質，叫做**超導體**（superconductor），超導體有兩個重要的基本性質：（一）在電學方面，當金屬之溫度降低至接近絕對零度時，其電阻會突然神秘的消失，如圖 6-24(a) 所示，使得電流可以無限制的在其中流動而永不止息，這就是**歐尼斯**（H. K. Onnes）於西元 1911 年發現的。（二）在磁學方面，當一超導體置於磁場中時，它表現非常強烈的反磁性，可以將所有的磁場驅逐出去，使其內部之磁場

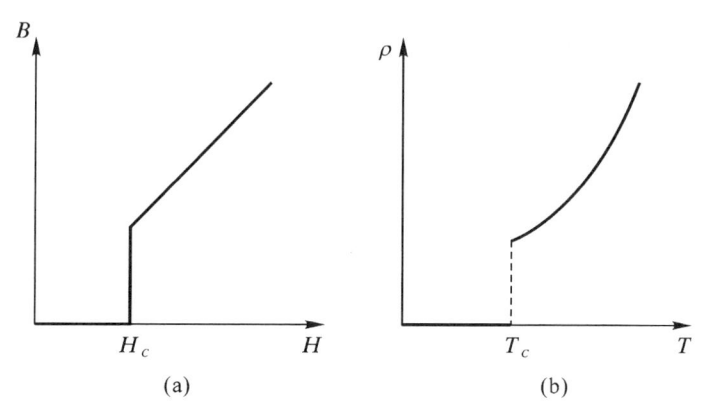

圖 6-24　超導體置於磁場 H 中時，其內部之 (a) 磁通密度 B 及 (b) 電阻率 ρ 之變化情形

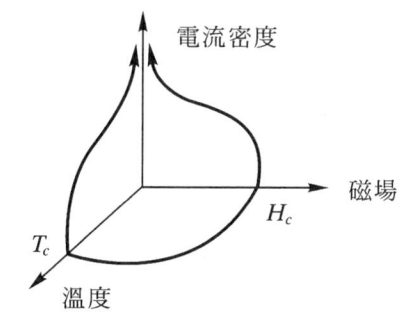

圖 6-25　超導現象只能在低溫，弱磁場之下才能出現，也就是在圖中之洋蔥形區域內才有

為零，如圖 6-24(b) 所示。這是麥斯那（W. Meissner）於西元 1933 年發現的，稱為麥斯那效應（Meissner effect）。

在應用上，我們要注意超導現象只有在適當的情況之下才會發生，亦即溫度必須低於一臨界溫度 T_c，通以電流所產生之磁場必須小於臨界磁場 H_c，如圖 6-25 所示；超過此二臨界值，超導現象即行消失，超導體變回普通導體。易言之，超導現象只有在圖 6-25 所示的洋蔥形範圍內才會產生。

第一代的超導體臨界溫度及臨界磁場都太低，沒有什麼實用價值；而在西元 1980 年代發展出來的第二類超導體（如 $YBa_2Cu_3O_7$），臨界溫度已高於氮的沸點 77°K，同時可產生 $20\,Wb/m^2$ 左右的強磁場，成為比磁鐵（最大產生約 $2\,Wb/m^2$）更強的磁性材料。

第十節　磁　極

一個受磁化的物體若其相對導磁係數 μ_r 甚大，則其中之磁通密度 B 必遠大於其周圍空間者。因此，在該物體之兩端，磁力線穿出或穿入的地方，磁性必然最強，稱為磁極（magnetic poles），如圖 6-26(a)所示。任何一個磁化物體必同時具有兩個磁極；磁力線指向外的一極稱為 N 極，指向內者為 S 極。欲明瞭這兩個名稱的來源可參考圖 6-26(b)；將一根磁棒懸起，則其 N 極必指北，S 極指南。

由實驗得知，同性磁極相斥，異性磁極相引。問題是，磁極間之引力或斥力應如何計算？首先，我們必須要瞭解磁極的磁極強度（magnetic pole strength）。如圖 6-27 所示，一均勻磁化的物體，其磁極必出現在其兩端；由圖中可以看到，在物體內磁化量為 M，而在物體外則等於零。我們可以說磁極之形成係由磁化量之不連續所致；例如，若在物體內部任取一高斯面，如圖 6-27 中之(a)，則顯而易見的，磁化量在(a)上之積分恆

等於零，這表示該處無磁極出現。反之，若在磁化物體之 N 極周圍取一高斯面(b)，則磁化量 **M** 在該面上之積分即不為零，而為一負值；同理，在 S 極周圍之高斯面(c)上，磁化量 **M** 之積分亦不為零，而為一正值。綜上所述，可知磁極的存在與否，以及磁極強度的大小，若以磁化量 **M** 在一高斯面上的積分來表示，則甚為恰當，即

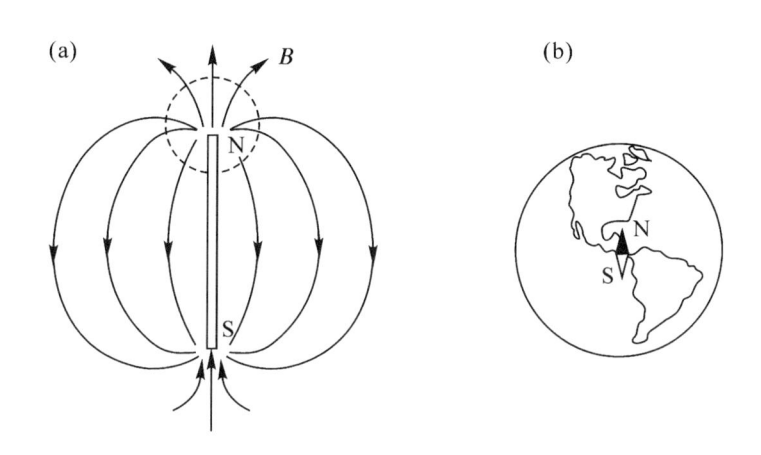

圖 6-26　(a)磁性物體之磁極；(b)磁極之命名

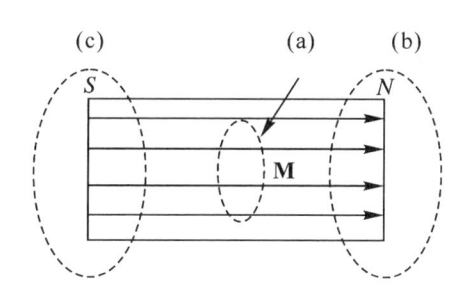

圖 6-27　磁極強度之計算

$$q_m = -\oint \mathbf{M} \cdot d\mathbf{S} \tag{6.37}$$

式中，q_m 稱為磁極強度（magnetic pole strength），單位為安培・米（A・m）。由於（6.37）式中的負號，使得 N 極的磁極強度為正，S 極為負。

在許多應用上，(6.37) 式可以化成很簡單的形式；如圖 6-27 中所示，若一物體受到均勻的磁化，則 **M** 爲一定值；同時，若磁極表面爲一面積 S 之平面，則其磁極強度可化爲

$$q_m = \pm MS \tag{6.38}$$

注意，磁極強度還可以用磁化物體產生的磁場強度 H 來表示。由 (6.13) 及 (6.20) 式可知

$$0 = \oint \mathbf{B} \cdot d\mathbf{S} = \mu_0 \left(\oint \mathbf{H} \cdot d\mathbf{S} + \oint \mathbf{M} \cdot d\mathbf{S} \right)$$

故磁極強度即可寫成

$$q_m = \oint \mathbf{H} \cdot d\mathbf{S} \tag{6.39}$$

假如我們考慮一距離甚遠處之磁場，則磁極均可視爲一點，因而磁力線的分佈即近似於球形對稱，若選定一以磁極爲圓心以 r 爲半徑之球面，則 (6.39) 式可化爲

$$q_m = H(4\pi r^2)$$

利用此式與 $B = \mu_0 H$，可得一磁極所產生的磁通密度：

$$B = \frac{\mu_0}{4\pi} \frac{q_m}{r^2} \tag{6.40}$$

此式與<u>庫侖</u>定律

$$E = \frac{1}{4\pi\varepsilon_0} \frac{q}{r^2} \tag{6.41}$$

具有相同的數學形式，故 (6.40) 式可稱爲磁學的<u>庫侖</u>定律。唯一要注意的是，電荷 q 可以單獨存在，但磁極 N 與 S 卻是永遠成對存在，無法分開。是故，(6.41) 式可以單獨運用，但 (6.40) 式則必須同時考慮兩個磁極。設一條形磁鐵長度爲 l，磁極強度爲 $\pm q_m$，則由一遠距離 r ($r \gg l$) 觀之，該磁鐵即可視爲一磁偶極。仿照電偶極矩〔(2.58) 式〕，

可令磁鐵之磁偶極矩為

$$m = q_m l \tag{6.42}$$

所產生之磁通密度也可以仿照（2.56）式得出為

$$\mathbf{B} = \frac{\mu_0 m}{4\pi r^3}(2\cos\theta\, \mathbf{a}_r + \sin\theta\, \mathbf{a}_\theta) \tag{6.43}$$

例 6.6 一條形磁鐵之長度為 10cm，截面積為 $1.0\,\text{cm}^2$，設磁鐵之磁化量 $M = 1.5 \times 10^6$ A/m，求：(a)磁極強度；(b)磁偶極矩；(c)在磁鐵的垂直平分線上 1m 遠處之磁通密度。

解：(a) $q_m = \pm MS = \pm(1.5 \times 10^6)(1.0 \times 10^{-4})$
$\qquad\qquad = \pm 1.5 \times 10^2$ (A·m)
(b) $m = q_m l = (1.5 \times 10^2)(0.1) = 15$ (A·m^2)
(c) 在垂直平分線上，$\theta = 90°$，故由（6.43）式得

$$\mathbf{B} = 1.5 \times 10^{-6}\,\mathbf{a}_\theta \;(\text{Wb/m}^2)$$

在第二章裏，我們知道，點電荷 Q 在電場 $\mathbf{E}$ 中所受的靜電力為

$$\mathbf{F}_e = Q\mathbf{E}$$

仿此，一個強度為 q_m 之磁極，在磁通密度為 $\mathbf{B}$ 之磁場中所受的磁力應為

$$\mathbf{F}_m = q_m \mathbf{B} \tag{6.44}$$

一偶極矩為 $\mathbf{p}$ 之電偶極在電場 $\mathbf{E}$ 中所受的轉矩為〔見（2.59）式〕

$$\mathbf{T} = \mathbf{p} \times \mathbf{E}$$

仿此，偶極矩為 $\mathbf{m} = q_m \mathbf{l}$（$\mathbf{l}$ 為由 S 極指向 N 極的距離向量），在磁場 $\mathbf{B}$ 中所受的轉矩應為

$$\mathbf{T} = \mathbf{m} \times \mathbf{B} \tag{6.45}$$

例 6.7 如圖 6-28 所示，長度均為 l 之兩個細長條形磁鐵，磁極強度均為 q_m，則相距 l 平行放置時，兩者間之斥力為何？

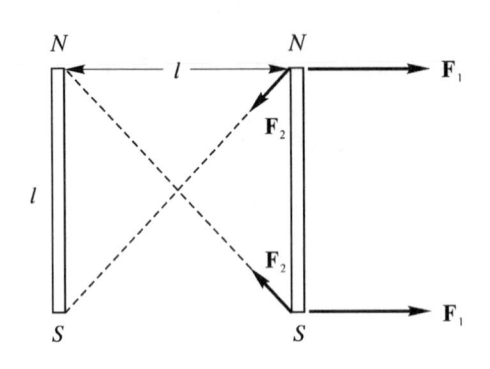

圖 6-28　例 6.7 用圖

解：由（6.40）及（6.44）式知

$$F_1 = \frac{\mu_0}{4\pi} \frac{q_m^2}{l^2}$$

$$F_2 = \frac{\mu_0}{4\pi} \frac{q_m^2}{(\sqrt{2}l)^2}$$

故各磁鐵所受的總磁力為

$$F = 2F_1 - 2F_2 \cos 45° = \frac{\mu_0 q_m^2}{4\pi l^2}\left(2 - \frac{1}{\sqrt{2}}\right)$$

【練習題 6.10】 如圖 6-29 所示，A、B 兩個磁鐵之磁偶極矩均為 m，相距 r 放置，設 r 遠大於磁鐵的長度，求：(a) A 所受的轉矩；(b) B 所受的轉矩。
答：(a) $\mu_0 m^2 / 2\pi r^3$；(b) $\mu_0 m^2 / 4\pi r^3$。

圖 6-29　練習題 6.10 用圖

第十一節 — 磁 路

在許多電器設備如發電機或電動機中，常需用到磁場。由於磁場在空氣中容易散失，因此必須用鐵磁性材料來加以約束。由於鐵磁性物質的導磁係數 μ 很大，由（6.18）式可知，其中的磁通密度必然甚大，如此，由一激磁線圈中之電流所建立的磁場，絕大部份都被約束在鐵磁性物質中；易言之，鐵磁性物質可以作為磁場之通路，稱為**磁路**（magnetic circuit）。

圖 6-30(a)示一簡單的磁路構造，係由三段鐵材連接而成，並繞以 N 匝的線圈。當線圈中通以電流 I 時，由安培定律知

$$\oint \mathbf{H} \cdot d\mathbf{L} = NI \tag{6.46}$$

設每段鐵材之粗細都是均勻的，那麼其內部的磁場強度 H_1、H_2 及 H_3 必然都幾近於定值，故（6.46）式可化為

$$H_1 l_1 + H_2 l_2 + H_3 l_3 = NI \tag{6.47}$$

其中 l_1、l_2 及 l_3 分別為三段鐵材的長度，其次，由於鐵材的導磁係數均遠比空氣為大，漏失於空氣中的磁力線非常稀少，故我們可以說，每段鐵材中之磁通量幾乎都相等，即

$$\Phi_1 = \Phi_2 = \Phi_3 = \Phi \tag{6.48}$$

設 S_1、S_2、S_3 分別為各段鐵材之截面積，則由 $\Phi = BS = \mu HS$ 之關係可得

$$H_1 = \frac{\Phi}{\mu_1 S_1}, \quad H_2 = \frac{\Phi}{\mu_2 S_2}, \quad H_3 = \frac{\Phi}{\mu_3 S_3}$$

代入（6.47）式中，即得

250 電磁學

$$NI = \Phi(\frac{l_1}{\mu_1 S_1} + \frac{l_2}{\mu_2 S_2} + \frac{l_3}{\mu_3 S_3})\tag{6.49}$$

仔細分析此式，我們發現它與電路中之<u>歐姆</u>定律

$$V = I(R_1 + R_2 + R_3)\tag{6.50}$$

具有密切的對應關係，見圖 6-30(b)及(c)。磁路中之能量來源 NI，稱為磁路之**磁動勢**（mmf），與電路中之能量來源 V（電動勢）是對應的；串聯磁路中各處之 Φ 相同，這與串聯電路中各處電流 I 相同也是對應的；甚至於（6.49）式括弧裏面的 $l/\mu S$ 也與電路中的電阻 $R = l/\sigma S$ 對應。是故我們稱

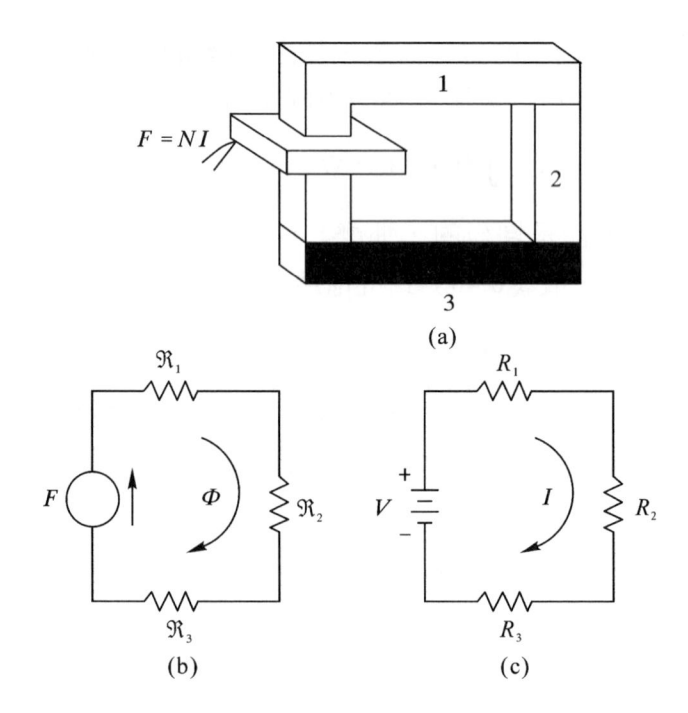

圖 6-30 磁路的觀念。(a)實際構造；(b)等效磁路；(c)與電路之類比

$$\mathfrak{R} = \frac{l}{\mu S}\tag{6.51}$$

為鐵材的**磁阻**（magnetic reluctance），單位為（亨利）$^{-1}$，即 H^{-1}。在一般磁路中，所用鐵材之磁阻值以小者為佳；其原因是，若激磁電流為一定，則在磁阻小的鐵材中產生的磁通量 Φ 必較大。

遇到磁路有並聯的情況，如圖 6-31 所示，其計算方法與並聯電路完全相同。例如，我們可以寫出：

$$NI - H_1 l_1 = H_2 l_2 = H_3 l_3$$

以及

$$\Phi_1 = \Phi_2 + \Phi_3$$

特別注意，在一般情況下，鐵材的導磁係數並不為一定值，而是隨著外加磁場 H 而變，如圖 6-18 中之虛線所示；此時我們必須利用該曲線尋出適當的導磁係數來，才能代入（6.51）式去求出磁阻。

或者，我們也可以利用磁化曲線（$B-H$ 曲線），即圖 6-18 中之實線，找出 B 與 H 的對應關係，直接代入（6.47）及（6.48）兩式中，亦可完全解得磁路之問題；但此時就不必用到磁阻的公式了。

圖 6-32 示常用的四種鐵材的磁化曲線，可作為磁路計算的參考。

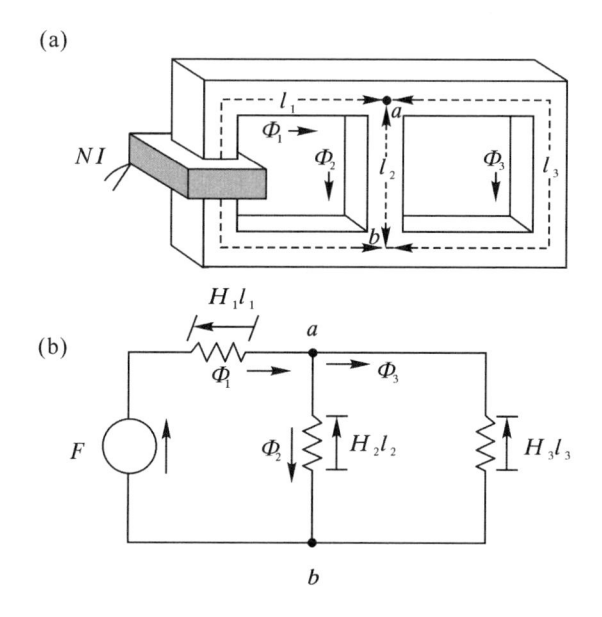

圖 6-31 並聯磁路。(a)實際構造　(b)等效磁路

252 電磁學

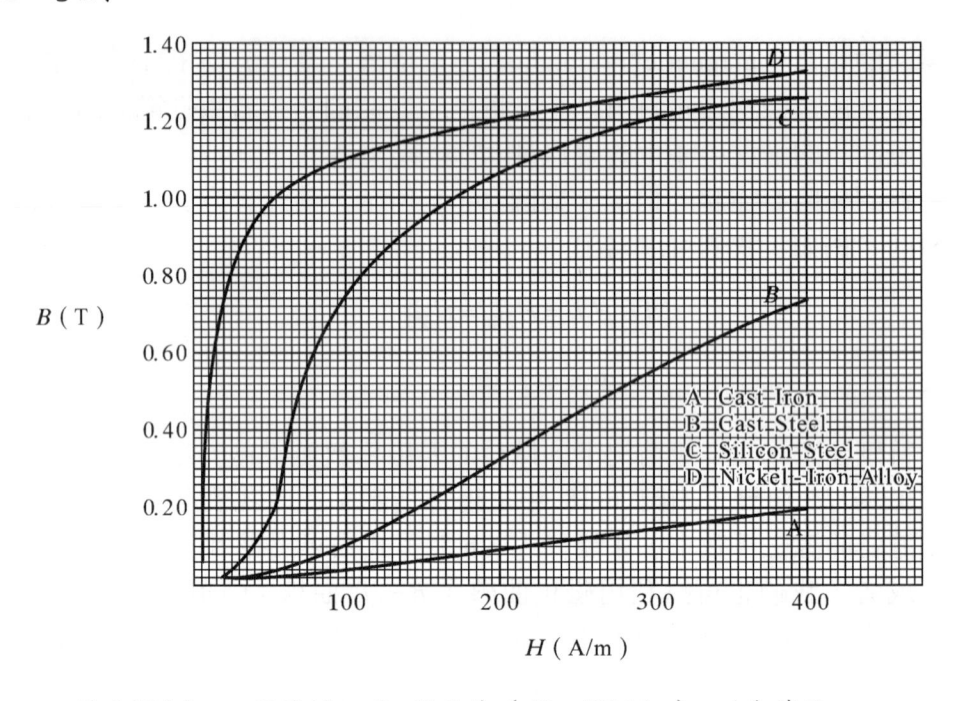

圖 6-32(a)　四種鐵材之 $B-H$ 曲線（$H < 400\,\text{A/m}$）。A 為鑄鐵，B 為鑄鋼，C 為矽鋼，D 為鎳鐵合金

例 6.8　如圖 6-33 所示，一 C 形的鑄鋼與一條形的鑄鐵構成一磁路，激磁線圈之匝數為 150 匝。若欲在鑄鐵中產生 $B_2 = 0.45\,\text{Wb/m}^2$ 之磁通密度，求所需之激磁電流。

解：由圖上知，鑄鋼與鑄鐵部份之截面積分別為 $S_1 = 4\times 10^{-4}\,\text{m}^2$，$S_2 = 3.6\times 10^{-4}\,\text{m}^2$，平均長度分別為 $l_1 = 0.34\,\text{m}$，$l_2 = 0.14\,\text{m}$。由圖 6-32 中可以查出，當鑄鐵之 $B_2 = 0.45\,\text{Wb/m}^2$ 時，所對應的磁場強度為 $H_2 = 1270\,\text{A/m}$。又由（6.48）式知，

$$\Phi = B_1 S_1 = B_2 S_2$$

故得

$$B_1 = \frac{B_2 S_2}{S_1} = \frac{(0.45)(3.6\times 10^{-4})}{4\times 10^{-4}} = 0.41(\text{Wb/m}^2)$$

續圖 6-32(b)　本圖中 H>400A/m

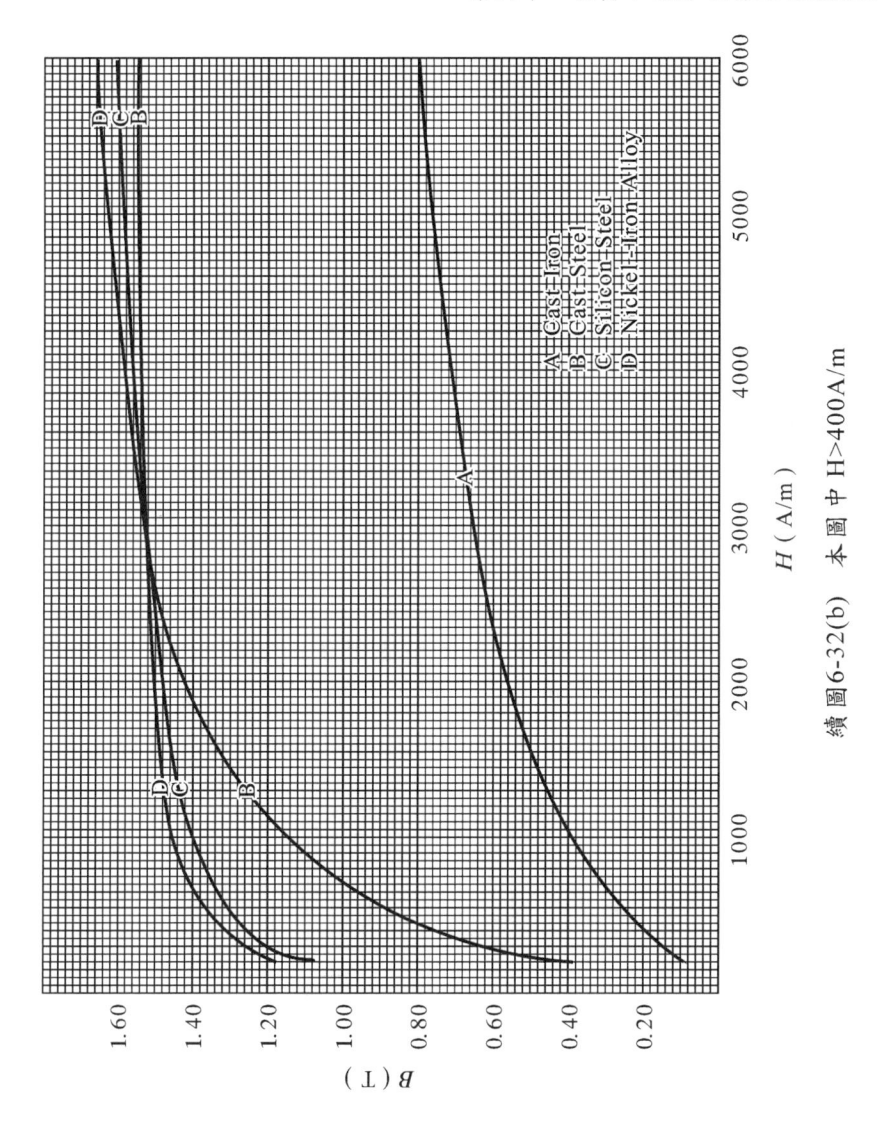

再一次由圖 6-32 中查出，當鑄鋼之 $B_1 = 0.41 \text{Wb/m}^2$ 時，所對應的 H_1 為 233A/m。最後，由（6.47）式知

$$NI = H_1 l_1 + H_2 l_2$$

即
$$150I = (233)(0.34) + (1270)(0.14)$$

254 電磁學

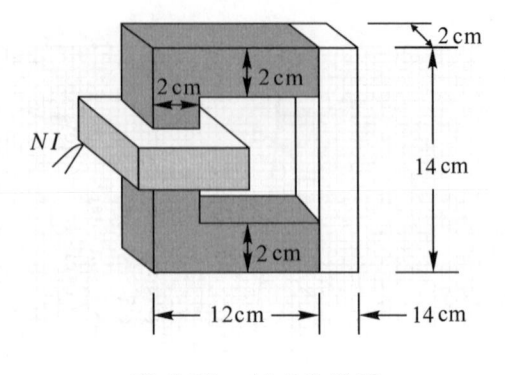

圖 6-33 例 6.8 用圖

解之得

$$I = 1.71\text{A}$$

例 6.9 如圖 6-34 所示，一個 C 形的電磁鐵係由鑄鐵所製，其平均長度為 $l_i = 0.44\text{m}$，其截面為邊長 0.02m 之正方形，空隙的長度為 $l_a = 2\text{mm}$，激磁線圈為 400 匝。今欲在空隙中產生 0.141mWb 之磁通量，所需電流為若干？

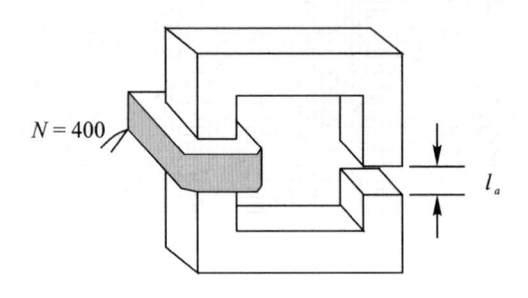

圖 6-34 例 6.9 用圖

解：空隙長度不大時，磁力線鬆散的情況就不很顯著，此時可將空隙視為導磁係數 $\mu = \mu_0$ 之「材料」。由（6.48）式知，鑄鐵中之磁通密度為

$$B_i = \frac{\Phi}{S_i} = \frac{0.141 \times 10^{-3}}{4 \times 10^{-4}} = 0.35\,\text{Wb/m}^2$$

由圖 6-32 查出鑄鐵中 $B_i = 0.35 \text{Wb/m}^2$ 所對應的 $H_i = 850 \text{A/m}$。其次，空隙之有效截面積為 $S_a = (0.02 + l_a)^2 = (0.02 + 0.002)^2 = 4.84 \times 10^{-4} \text{m}^2$，（請注意空隙之截面積本來應該是 $0.02^2 = 4.0 \times 10^{-4} \text{m}^2$，但由於磁場在空隙中稍有鬆散，故其截面之有效邊長通常都加入修正量 l_a，以減少誤差）。由（6.47）式得

$$NI = H_i l_i + H_a l_a = H_i l_i + \frac{\Phi}{\mu_0 S_a} l_a$$

即

$$400I = (850)(0.44) + \frac{0.141 \times 10^{-3}}{(4\pi \times 10^{-7})(4.84 \times 10^{-4})} \times (2 \times 10^{-3})$$

解之得 $I = 2.1 \text{A}$。

【練習題 6.11】設某一直流電機之磁路中有一空隙，有效截面積為 $4.26 \times 10^{-2} \text{m}^2$，空隙長度為 5.6mm，試求空隙之磁阻。
答：$1.05 \times 10^5 \text{H}^{-1}$。

【練習題 6.12】一 C 形鐵材之截面為 $40\text{mm} \times 60\text{mm}$，空隙長度為 2.5mm，當鐵材中之磁通量為 $\Phi = 1.44 \text{mWb}$ 時，試求空隙之磁動勢降落。
答：1079 A。

第十二節　電　感

在第五章中，我們曾計算許多情況的磁通量，例如：
㈠無限長載流直導線中單位長度的磁通量：

$$\Phi = \frac{\mu}{4\pi} \tag{6.52}$$

㈡平行兩無限長直導線之間單位長度的磁通量：

$$\Phi = \frac{\mu I}{\pi} \ln(\frac{d}{a}) \qquad (6.53)$$

　　如圖 6-35(a)所示。

㈢同軸電纜內部單位長度的磁通量：

$$\Phi = \frac{\mu I}{2\pi}(\ln\frac{b}{a}) \qquad (6.54)$$

　　如圖 6-35(b)所示。

㈣平行兩大平面電流板間單位長度的磁通量：

$$\Phi = \mu I \frac{d}{b} \qquad (6.55)$$

　　如圖 6-35(c)所示。

㈤細長螺絲管內部單位長度之磁通量：

$$\Phi = \mu NSI \qquad (6.56)$$

　　如圖 6-35(d)所示。

㈥截面為矩形之螺線環內部之磁通量：

$$\Phi = \frac{\mu I}{2\pi} Nh(\ln\frac{b}{a}) \qquad (6.57)$$

　　如圖 6-35(e)所示。

㈦截面形狀任意之細螺線環內部之磁通量：

$$\Phi = \frac{\mu NS}{2\pi r} I \qquad (6.58)$$

　　如圖 6-35(f)所示。

　　由以上諸式中，我們可以發現，無論電流 I 如何分佈，其所產生的磁通量恆與 I 直接成正比關係，即 $\Phi \propto I$。因此，在應用上，我們可以令

$$N\Phi = LI \tag{6.59}$$

其中 L 稱為電感（inductance），單位為亨利（H）；N 為匝數，（電流來回一次為一匝）。將（6.52）至（6.58）各式代入（6.59）式之定義中，我們即可求出各種狀況之電感：

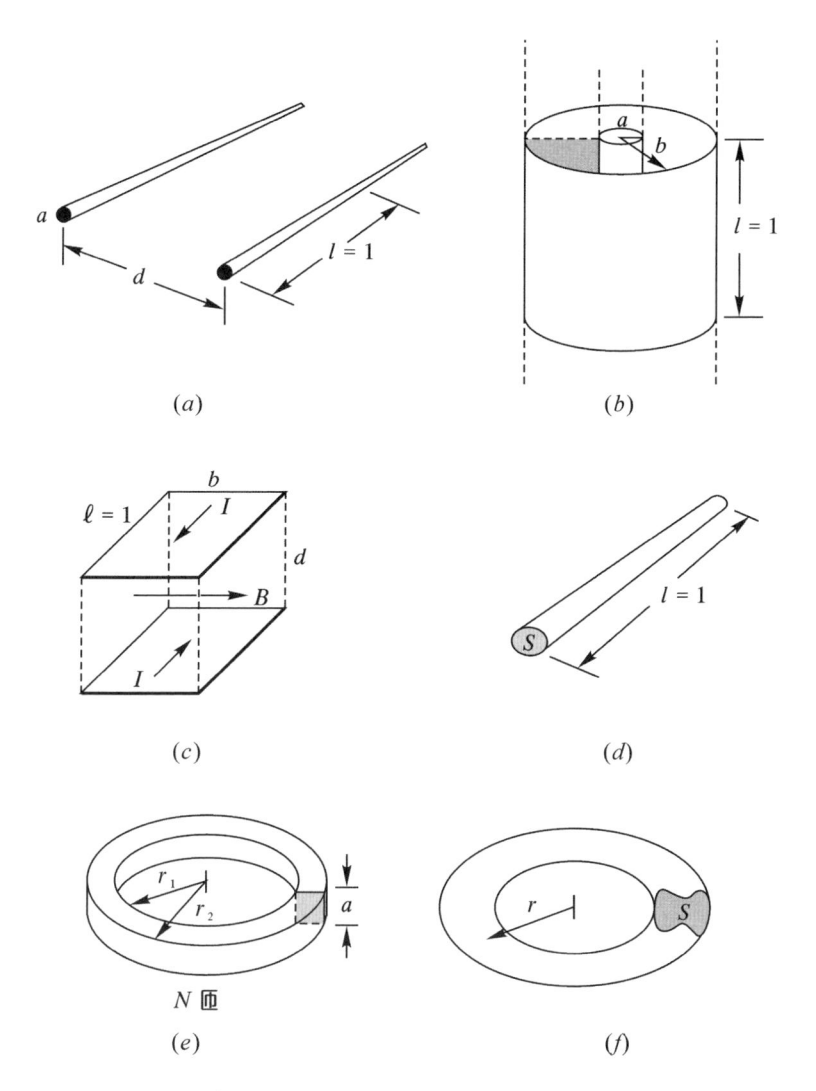

圖 6-35　(a)平行直導線；(b)同軸電纜；(c)平行平面電流板；(d)細長螺線管；(e)截面為矩形之螺線環；(f)截面為任意形狀之細螺線環

㈠無限長直導線每單位長度之內電感：

$$L_l = \frac{\mu}{8\pi} \text{（H/m）} \tag{6.60}$$

注意此時電流只去不回，算是 1/2 匝。

㈡平行兩直導線單位長度之電感：

$$L_l = \frac{\mu}{\pi} \ln \frac{d}{a} \text{（H/m）} \tag{6.61}$$

㈢同軸電纜單位長度之電感：

$$L_l = \frac{\mu}{2\pi}(\ln \frac{b}{a}) \text{（H/m）} \tag{6.62}$$

㈣平行兩平面電板間每單位長度之電感：

$$L_l = \mu \frac{d}{a} \text{（H/m）} \tag{6.63}$$

㈤細長螺線管單位長度之電感：

$$L_l = \mu N^2 S \text{（H/m）} \tag{6.64}$$

㈥截面為矩形之螺線環之電感：

$$L = \frac{\mu N^2 h}{2\pi} \ln \frac{b}{a} \text{（H）} \tag{6.65}$$

㈦截面形狀任意之細螺線環的電感：

$$L = \frac{\mu N^2 S}{2\pi r} \text{（H）} \tag{6.66}$$

在第四章第五節中，我們曾提過，輸送線常見的有三種形式，即同軸式、變線式及平板式，其單位長度的電容分別如（4.13）式，（4.24）式，以及（4.14）式所示。將此三式分別與（6.62）式、（6.61）式及（6.63）式比較，我們發現輸送線單位長度的電容與電感有一重要的關係，即

$$L_l C_l = \mu\varepsilon \qquad (6.67)$$

【練習題 6.13】試求一無磁性（$\mu = \mu_0$）之導線單位長度的內電感。
答：5×10^{-8} H/m。

【練習題 6.14】由（4.23）式知，雙線式輸送線單位長度之電容 C_l，其精確公式應為

$$C_l = \frac{\pi\varepsilon}{\cosh^{-1}(d/2a)}$$

試求其單位長度電感 L_l 之精確公式。
答：$(\mu/\pi)\cosh^{-1}(d/2a)$。

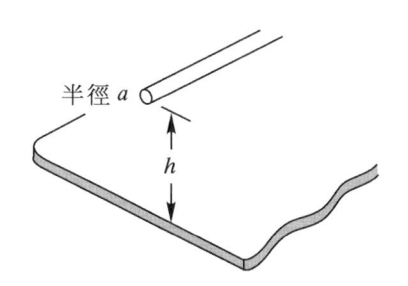

圖 6-36　練習題 6.15 用圖

【練習題 6.15】如圖 6-36 所示，半徑 a 之導線平行架設於地面上高度 h，試求單位長度之電感。
答：$(\mu_0/2\pi)\cosh^{-1}(h/a)$。

第十三節　磁場之屏蔽

在第四章第二節中，我們已介紹過靜電屏蔽，亦即，一中空的良導體

可將外界的電場完全阻擋，使其中空部份的空間完全沒有電場。同樣的道理，中空的鐵材（或導磁係數甚大的材料）也可以作為磁場的屏蔽，如圖 6-37 所示；然其隔絕磁場的效果並不像靜電屏蔽隔絕電場的效果那麼理想，其原因是一般常用的鐵材之相對導磁係數 μ_r 並不是無限大（最大不超過 2×10^4），因此，仍然會有一小部份磁場會侵入其內部。設圖 6-37 中，球殼之內外半徑分別為 a 及 b，置於磁場 B_0 中時，根據計算，侵入其中空部份的磁通密度為

$$B = \frac{9}{2\mu_r(1-a^3/b^3)}B_0 \qquad (6.68)$$

欲使隔絕效果提高，唯有選用 μ_r 值高的材料，以及增加球殼的厚度，使 $a/b \ll 1$。

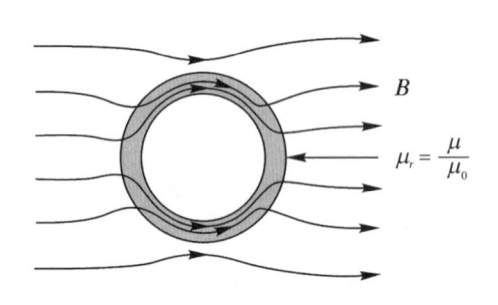

圖 6-37 磁場的屏蔽

第十四節 霍爾效應

霍爾效應（Hall effect）是西元 1879 年由霍爾（E. H. Hall）首先發現的。將一扁平的導體或半導體置於磁場中並通以電流時，導體或半導體之兩側即出現一電壓，稱霍爾電壓，如圖 6-38 所示。利用以往學過的公

式,我們可以算出霍爾電壓如下。設導體或半導體（暫假定為 n 型）之寬度及厚度分別為 a 及 d,置於磁通密度 B 之磁場中。若通以電流 I,則電流密度為 $J = I/ad = NQv$,其中 N 為單位體積中之自由電子數,Q 為電子電量,v 為電子流動之平均速度。由於磁場之存在,因此每一個流動電子均受一磁力 $F_m = QvB$ 之作用而偏向。在導體或 n 型半導體中,電流係以電子之流動為主,如圖 6-38(a) 所示,這些電子受磁力而向右偏向,使得右側累積了一層負電荷,而左側則相對的出現等量的正電荷,其間即產生了一個電場；累積的正、負電荷越多,其間的電場越強,最後,當電場達到 $E = vB$ 之值時,流動電子所受的電力與磁力恰好大小相等,即 $QE = QvB$,但方向相反。此時電子不再偏向,使得導體或 n 型半導體兩側之電荷不再繼續累積而呈穩定狀態；易言之,兩側之電位差即維持一穩定值,此即為霍爾電壓 V_H。

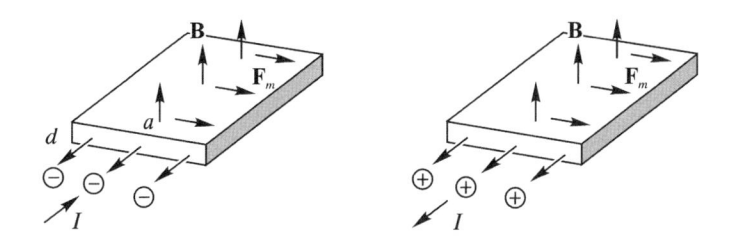

圖 6-38 霍爾效應原理。(a) n 型半導體或導體；(b) p 型半導體

$$V_H = Ea = vBa$$

因 $v = I/NQad$,故

$$V_H = \frac{IB}{NQd} \tag{6.69}$$

由於一般 n 型半導體中,單位體積之自由電子數 N 較導體少得很多,因此由（6.69）式可以看到,半導體的霍爾效應比導體顯著。又,若電流 I 維持一定,由（6.69）式也可以知道霍爾電壓與磁通密度成正比,由此一關係,我們可以利用霍爾效應測量磁通密度的大小。另外,若以 p 型

半導體代替 n 型,則所產生之霍爾電壓,其極性必相反,如圖 6-38(b) 所示,因此,霍爾效應亦可用鑑別半導體是 n 型或 p 型。

第十五節 — 磁能密度及磁能

在第二章裏面,我們已經知道,電場中具有電能;由(2.17)式可知,若電場強度為 E,則電能密度(即單位體積中之電能)為

$$u_E = \frac{\varepsilon}{2} E^2 \qquad (6.70)$$

同樣的,磁場中也具有磁能,仿照上式,我們可將磁能密度(magnetic energy density)寫成

$$u_H = \frac{\mu}{2} H^2 \qquad (6.71)$$

此即為單位體積中所具有的磁能。欲求出某一已知空間中之總磁能,可將(6.71)式積分而得

$$W_H = \int \frac{\mu}{2} H^2 dv \qquad (6.72)$$

例 6.10 試求圖 6-35(e)所示之螺線環內之磁能密度及總磁能。

解:由安培定律知,螺線環內之磁場強度為

$$H = \frac{NI}{2\pi r}$$

故由(6.71)式得磁能密度為

$$u_H = \frac{\mu N^2 I^2}{8\pi^2 r^2}$$

再由（6.72）式，得總磁能為

$$W_H = \int_0^h \int_0^{2\pi} \int_a^b \frac{\mu N^2 I^2}{8\pi^2 r^2}(r\,dr\,d\phi\,dz)$$

$$= \frac{\mu N^2 I^2}{4\pi} h \ln \frac{b}{a} \tag{6.73}$$

比較（6.73）與（6.65）兩式，我們發現磁能 W_H 也可以寫成如下之形式：

$$W_H = \frac{1}{2}LI^2 \tag{6.74}$$

只要電感為已知，我們就可以利用這個式子求出磁能。反之，若已知磁能，我們也可以利用這個式子來求電感。例如，設一圓柱形導線之截面半徑為 a，則通以電流 I 時，導線內部之磁場強度為

$$H = \frac{I}{2\pi a^2} r$$

故知磁能密度為

$$u_H = \frac{\mu}{2} H^2 = \frac{\mu I^2}{8\pi^2 a^4} r^2$$

由此得單位長度之導線內的磁能為

$$W_H = \int_0^1 \int_0^{2\pi} \int_0^a \frac{\mu I^2}{8\pi^2 a^4} r^2 (r\,dr\,d\phi\,dz) = \frac{\mu I^2}{16\pi}$$

再由（6.74）式即得單位長度之電感為

$$L_l = \frac{2W_H}{I^2} = \frac{\mu}{8\pi}$$

此結果與（6.60）式完全一致。

習題

1. 半徑為 a 之薄球殼上均勻帶有電量 Q，以一直徑為軸作角頻率 ω 之轉動，試求其磁偶極矩。
2. 半徑為 a 之實心球體內均勻分佈電荷，總電量為 Q，今以一直徑為軸作角頻率 ω 之轉動，試求其磁偶極矩。
3. 如圖 6-39 所示，半徑 a 之圓柱形之均勻磁化物質中這磁化量為 M，試求其總磁化電流。

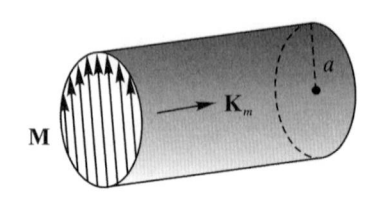

圖 6-39　習題 3 用圖

4. 在 $z>0$ 之區域中，$\mu_{r1}=2$，$\mathbf{B}_1=0.4\mathbf{a}_x-0.2\mathbf{a}_y+0.3\mathbf{a}_x(\text{Wb/m}^2)$；在 $z<0$ 之區域中，$\mu_{r2}=5$，試求：(a) $\mathbf{M}_1$；(b) $\mathbf{B}_2$；(c) $\mathbf{M}_2$。
5. 由測量得知，地球具有 $6.4\times10^{21}\text{A}\cdot\text{m}^2$ 的磁偶極矩，若沿赤道（半徑 $6.4\times10^6\text{m}$）繞一單匝的線圈，則須通以若干安培之電流才能產生相同的磁偶極矩？
6. 設電子為一正球形的質點，其質量 m 及電量 e 均勻的分佈於球內，設其半徑為 a，自旋角頻率為 ω，試求：(a) 自旋角動量 L_s；(b) 自旋磁矩 m_s；(c) L_s 與 m_s 之比值。
7. 由實驗得知，電子的自旋角動量及自旋磁矩分別為 $L_s=0.5276\times10^{-36}$ 焦耳・秒，$m_s=9.27\times10^{-24}\text{A}\cdot\text{m}^2$，試驗證 $L_s/m_s=e/m$。注意此一實驗結果與上題

之計算結果不同，顯示出上題之**古典**觀念無法說明電子的自旋，因為電子自旋是**量子**現象。

8. 如圖 6-40 所示，磁偶極矩同為 m 之 A，B 兩磁鐵之間的距離遠大於其長度。今將一小磁針置於其間，距 A，B 兩磁鐵分別為 x_1，x_2 之處，設磁針偏轉 θ 角，試求 x_1/x_2。

9. 如圖 6-41 所示，兩馬蹄形鐵材相距 x 放置，設兩者導磁係數均為 μ （$\mu \gg \mu_0$），截面積同為 S，總長度為 l（$l \gg x$），今在其中一鐵材繞以 N 匝導線，並通以電流 I；試求兩者間之磁力。

10. 設一條形磁鐵中每一原子之磁偶極矩為 1.8×10^{-23} 安培·米^2，且磁化後，所有磁偶極矩均沿長度方向排列。若磁鐵之長度為 5.0cm，截面積為 1.0cm^2，(a)試求此磁鐵之磁偶極矩；(b)將此磁鐵置於 1.5 Wb/m^2 之磁場中，需用多少力矩才能使它與磁場方向保持垂直？

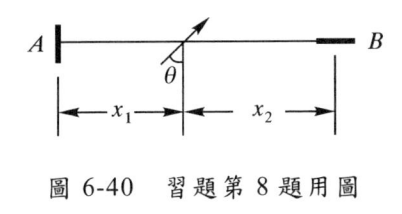

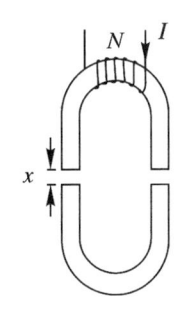

圖 6-40　習題第 8 題用圖

圖 6-41　習題第 9 題用圖

11. 如圖 6-42 所示，矽鋼鐵芯之截面為 10mm×8mm，平均長度為 150mm，空隙之長度為 0.8mm。欲在空隙中產生 80μWb 之磁通量，所需之磁動勢為若干？

12. 上題中，設磁動勢為 600 A，試求空隙中的磁通量。

13. 如圖 6-43 所示，鑄鐵芯各部份截面積均為 1.5cm^2，$l_1 = l_3 = 10$cm，$l_2 = 4$cm，在第一段鐵材上繞有 500 匝導線。欲在第三段鐵材中產生 0.25 Wb/m^2 之磁通密度時，須電流若干？

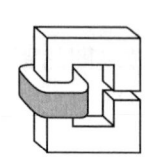

圖 6-42　習題第 11 題用圖　　　　圖 6-43　習題第 13 題用圖

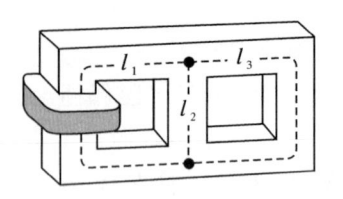

14. 如圖 6-44 所示之鑄鋼磁路，$l_1 = 40\,\text{mm}$，$l_2 = 110\,\text{mm}$，$l_3 = 109\,\text{mm}$，空隙長度 $l_a = 1\,\text{mm}$；截面積 $S_1 = 300\,\text{mm}^2$，$S_2 = S_3 = \frac{1}{2}S_1$，並設空隙截面積 S_a 比 S_3 大 17%。欲在空隙中產生 $125\,\mu\text{Wb}$ 之磁通量，則所通之電流應為若干？設線圈為 500 匝。

15. 如圖 6-45 所示，矽鋼材料各段截面均為 $1.30\,\text{cm}^2$，各段長度為 $l_1 = l_3 = 25\,\text{cm}$，$l_2 = 5\,\text{cm}$，兩組線圈均為 50 匝，其磁動勢方向如圖上之箭頭所示，若欲產生磁通量 $\Phi_1 = 90\,\mu\text{Wb}$，$\Phi_3 = 120\,\mu\text{Wb}$，試求各線圈中之電流。

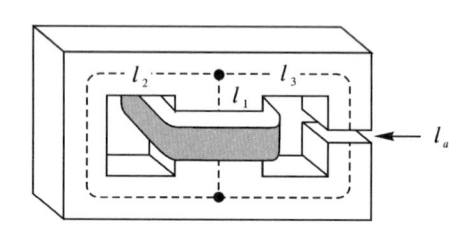

圖 6-44　習題第 14 題用圖

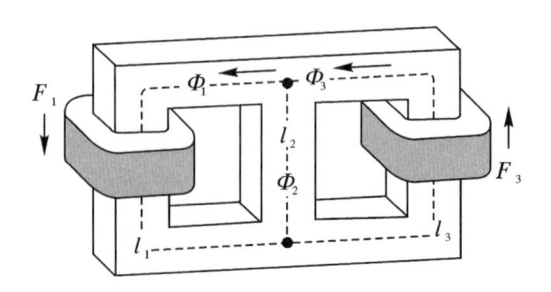

圖 6-45　習題第 15 題用圖

第七章

電磁感應與電磁波

第一節　前言

　　在前面幾章中，我們已經學過靜電與靜磁的各種現象。靜電現象可用庫侖定律，或推而廣之的高斯定律來解釋，而靜磁現象則用比歐‧沙瓦定律，或較廣義的安培定律來描述。我們的印象裏面，似乎電與磁各自成一系統，互不相干。這種看法在靜電與靜磁現象中是對的；亦即，若一電場是靜態（不隨時間而變）的，那麼它就不會轉變成為磁場，同樣的，靜態的磁場也不會轉變成電場。

　　在本章中，我們要談到動態（隨時間而變）的電磁場。由理論的推導以及實際的驗證，我們發現動態的電磁場中有*電磁感應*（electromagnetic induction）的現象，也就是說，電磁場並非各自孤立的，而是可以互相轉變的，此時我們稱這種場為*電磁場*（electromagnetic field）；此一電磁場之傳播即為*電磁波*（electromagnetic wave）。

第二節　感應電動勢

首先，我們討論如何在磁場中感應出電動勢的問題。如圖 7-1 所示，若一

長度 l 之導體在磁場 **B** 中以速度 **v** 運動，此時導體中任何電荷 q 均受一磁力

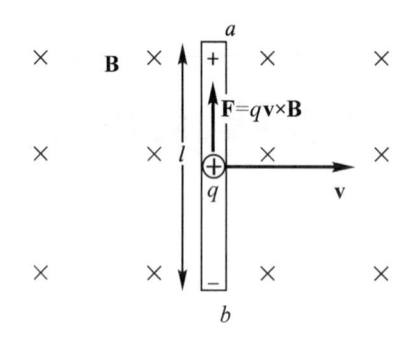

圖 7-1　導體在磁場中運動，可以產生感應電動勢

$$\mathbf{F} = q\mathbf{v} \times \mathbf{B} \quad (7.1)$$

之作用而移動。例如在圖 7-1 中，我們可以看到導體中之正電荷係向上移動（若為負電荷則向下），結果在導體之兩端就出現了正、負電荷，而產生了高、低電位的差異。由（7.1）式，並仿照（2.27）式及（2.31）式，我們規定，在磁場中運動之導體內必有一等效電場

$$\mathbf{E} = \frac{\mathbf{F}}{q} = \mathbf{v} \times \mathbf{B} \quad (7.2)$$

感應出來；同時，導體兩端的感應電動勢（induced emf）為

$$\mathcal{E} = \int_b^a \mathbf{E} \cdot d\mathbf{L} = \int_b^a (\mathbf{v} \times \mathbf{B}) \cdot d\mathbf{L} \quad (7.3)$$

在圖 7-1 中我們特別注意，感應電場 **E** 的方向並不是由正電荷聚集的上端指向負電荷聚集的下端，而是由下指向上；這表示電場 **E** 並不是由這些正、負電荷所建立的，而是由磁場感應出來的；同理，感應電動勢 $\mathcal{E}$ 的方向也是從 b 到 a，而非由 a 到 b。

圖 7-2 中示一以速度 **v** 移動之迴線，其中，在磁場中的 ab 段產生了感應電動勢 $\mathcal{E}$，可視為一電源，在迴線中推動一順時針方向的電流。此

時感應電場僅存在於電源 ab 段中，其餘部份則無，因此，（7.3）式所示之電動勢也可寫成

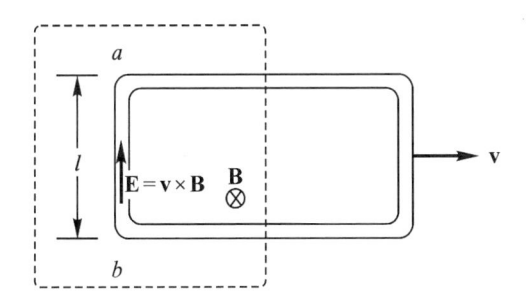

圖 7-2 迴線在磁場中之 ab 段可視為電源，其餘部份則視為外電路

$$\mathcal{E} = \oint \mathbf{E} \cdot d\mathbf{L} = \oint (\mathbf{v} \times \mathbf{B}) \cdot d\mathbf{L} \tag{7.4}$$

結果是一樣的。

　　在圖 7-1 或圖 7-2 中，我們看到導線 ab 之方向、速度及磁場三者互成垂直，此時（7.3）式可化簡為

$$\mathcal{E} = vBl \tag{7.5}$$

例 7.1　如圖 7-3 所示，一無限長直導線中之電流為 I，其右側有一矩形迴線以等速度 v 向右運動，試求該迴線中之感應電動勢。

解：設在 $t=0$ 時，矩形迴線之左段與載流直導線相距為 r_0，則在 t 時刻，距離應為 $r = r_0 + vt$，此時，該處之磁通密度為

$$B = \frac{\mu_0 I}{2\pi r}$$

由（7.5）式知在左段中之感應電動勢為

$$\mathcal{E}_1 = vBb = \frac{\mu_0 I v b}{2\pi r}$$

同理，矩形迴線右段中之感應電動勢為

$$\mathcal{E}_2 = \frac{\mu_0 Ivb}{2\pi(r+a)}$$

但迴線之上、下兩段，由於其方向與速度方向平行，感應電動勢為零，故得整個迴線之總感應電動勢為

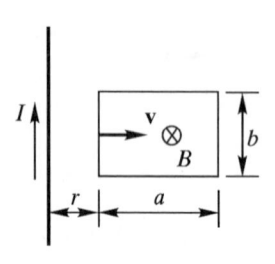

圖 7-3　例 7.1 用圖 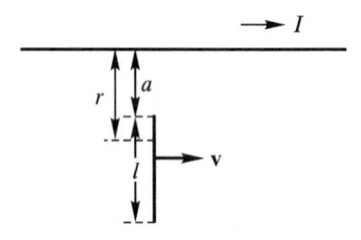　　　　　圖 7-4　例 7.2 用圖

$$\mathcal{E} = \mathcal{E}_1 - \mathcal{E}_2 = \frac{\mu_0 Iabv}{2\pi r(r+a)}$$

例 7.2　如圖 7-4 所示，一無限長直導線中之電流為 I，其附近有一長為 l 之短導線以等速 v 向右移動，若其方向恆與載流長直導線保持垂直，試求其中之感應電動勢。

解：在短導線上距長直導線為 r 之處，磁通密度 $B = \mu_0 I/2\pi r$，故由（7.3）式知

$$\mathcal{E} = \int_a^{a+l} \frac{\mu_0 I}{2\pi r} v\,\mathrm{d}r = \frac{\mu_0 Iv}{2\pi} \ln\frac{a+l}{a}$$

例 7.3　如圖 7-5 所示，半徑 a 之導體圓盤在磁場 B 中以角頻率 ω 轉動，則盤緣與軸心之間所產生的感應電動勢為何？

解：在盤上距軸心為 r 之 M 點，其運動速度為 $v = r\omega$，故由（7.3）式得

$$\mathcal{E} = \int_0^a r\omega B\,\mathrm{d}r = \frac{1}{2}\omega a^2 B$$

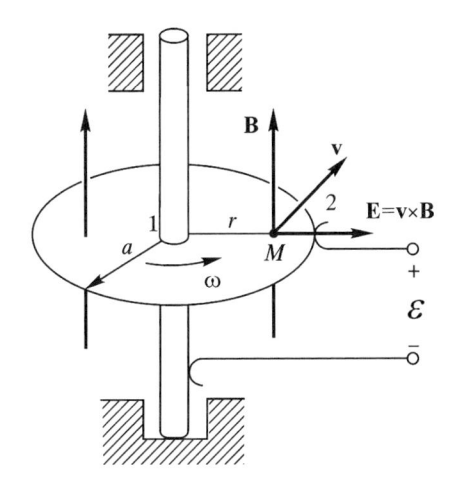

圖 7-5　例 7.3 用圖

【練習題 7.1】 已知某地之地磁場其磁通密度為 B_0，其方向與水平面成 θ 角（稱為磁傾角）。一河寬為 w，河水流速為 v；設河水為導體，且幾乎為水平流動，求河兩岸之感應電動勢。
答：$vB_0 w\sin\theta$。

【練習題 7.2】 某地之地磁場為 B_0，磁傾角為 θ，今將一長度 l 之直導線由高度為 h 處自由落下，設導線恆保持水平，並指東、西方向，試求其著地前之瞬間，兩端之感應電動勢。
答：$\sqrt{2gh}B_0 l\cos\theta$。

第三節　法拉第感應定律

在第一節中，我們已經看到，在磁場中運動的導體可以產生感應電動勢，如（7.3）式或（7.4）式所示。在本節中，我們要從另外一個角度來

求感應電動勢。讓我們再看看圖 7-2，特別注意迴線只有左半部在磁場 **B** 之中，因此當迴線向右以速度 **v** 運動時，迴線**內部**的磁通量 Φ 即逐漸減小，由圖上知，在 dt 時間內，迴線內部磁通量之變化量為

$$d\Phi = -B(lv\,dt) \tag{7.6}$$

其中之負號表示該磁通量為減小。由此可得磁通量之變化率為

$$\frac{d\Phi}{dt} = -Blv \tag{7.7}$$

將此式與（7.5）式比較，可知感應電動勢

$$\mathcal{E} = -\frac{d\Phi}{dt} \tag{7.8}$$

亦即，一封閉迴路中之感應電動勢恆等於迴路內部磁通量之負變化率，此一關係稱為**法拉第感應定律**（Faraday's induction law）。為便於記憶起見，我們可以作如下規定：在圖 7-2 中，若以右手之拇指指著磁場的方向，則當迴線內部磁通量減小時，所產生感應電流的方向即為其餘四指所指示者；相反的，若迴線內部磁通量增加，則感應電流將相反。

若封閉迴路係由 N 匝導線緊密纏繞而成，則（7.8）式應寫成

$$\mathcal{E} = -\frac{d(N\Phi)}{dt} \tag{7.9}$$

又由（6.59）式知，$N\Phi = LI$，其中 L 為線圈之電感，則（7.9）式又可寫成

$$\mathcal{E} = -\frac{d(LI)}{dt} = -L\frac{dI}{dt} \tag{7.10}$$

另外，將（5.45）式及（7.4）式代入（7.8）式中，可得

$$\oint \mathbf{E} \cdot d\mathbf{L} = -\frac{d}{dt}\int \mathbf{B} \cdot d\mathbf{S} = \int \frac{\partial \mathbf{B}}{\partial t} \cdot d\mathbf{S} \tag{7.11}$$

此為法拉第定律的積分形式。再由史多克士定理〔參考（5.41）式〕，
（7.11）式即變成

$$\nabla \times \mathbf{E} = -\frac{\partial \mathbf{B}}{\partial t} \quad (7.12)$$

此即為法拉第感應定律的微分形式。它告訴我們，感應電場為一旋場；而由（5.38）式知電荷所建立之靜電場為一不旋場，這是兩者很重要的區別。

例 7.4 如圖 7-6 所示，設一 N 匝線圈之面積為 A，在磁通密度為 B 之磁場中以角頻率 ω 等速轉動，求產生的感應電動勢。

解：依定義，角頻率 $\omega = d\theta/dt$，其中 θ 為線圈轉動的角度，故得 $d\theta = \omega dt$，積分得 $\theta = \theta_0 + \omega t$，其中 θ_0 為 $t = 0$ 時，線圈法線方向與磁場方向的夾角。由（5.45）式得

$$\Phi = \mathbf{B} \cdot \mathbf{A} = BA\cos\theta = BA\cos(\theta_0 + \omega t)$$

故由（7.9）式得感應電動勢為

$$\mathcal{E} = -NBA\frac{d}{dt}\cos(\theta_0 + \omega t)$$
$$= \omega NBA\sin(\theta_0 + \omega t)$$

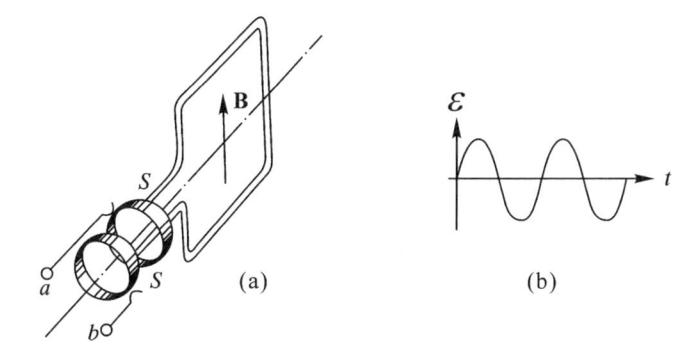

圖 7-6 例 7.4 用圖。交流發電機之構造簡圖(a)以及所產生之電動勢(b)

274 電磁學

例 7.5 如圖 7-7 所示，設磁通密度 **B** 為 z 方向，其大小隨著 x 坐標及時間 t 而變，即

$$B(x,t) = B_0 \cos \omega t \cos kx$$

其中，B_0，ω，及 k 均為定值，設線圈以定速度 v 沿 x 方向移動，試求線圈中之感應電動勢。

解：由（5.45）式知磁通量為

$$\Phi = \int_x^{x+a} B_0 b \cos \omega t \cos kx \, dx$$
$$= \frac{B_0 b \cos \omega t}{k}[\sin k(x+a) - \sin kx]$$

故由（7.8）式知感應電動勢為

$$\mathcal{E} = -\frac{d\Phi}{dt} = -(\frac{\partial \Phi}{\partial t} + \frac{\partial \Phi}{\partial x}\frac{dx}{dt}) = -(\frac{\partial \Phi}{\partial t} + \frac{\partial \Phi}{\partial x} v)$$
$$= \frac{B_0 b \omega \sin \omega t}{k}[\sin k(x+a) - \sin kx] + B_0 bv \cos \omega t [\cos kx - \cos k(x+a)]$$

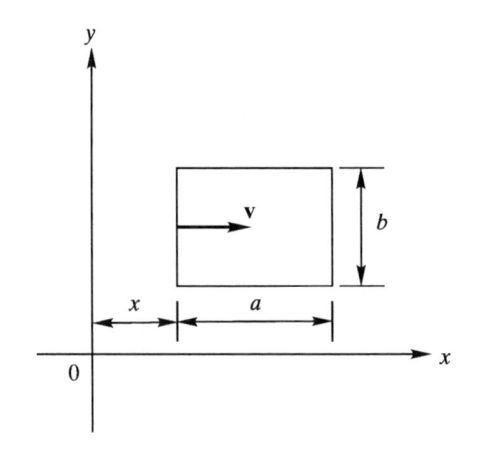

圖 7-7　例 7.5 用圖

例 7.6 如圖 7-8 所示，截面為矩形之螺線環 C_2 內外半徑分別為 a 及 b，高度為 h，繞有 N_2 匝線圈；另外再繞以 N_1 匝的另一組線圈 C_1，設螺線環中通

以交流電 $I_m \cos \omega t$，試求 A、B 兩端的感應電動勢。

解：(5.47) 式知，螺線環中之磁通量為

$$\Phi = \frac{\mu_0 N_2 h}{2\pi} I_m \cos \omega t \ln \frac{b}{a}$$

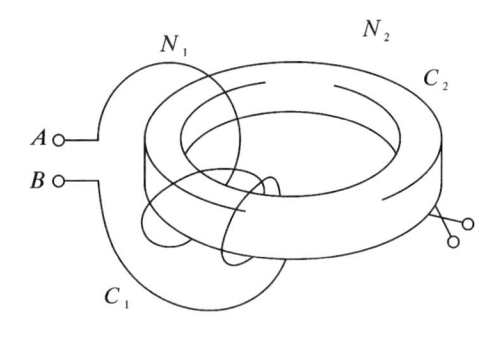

圖 7-8　例 7.6 用圖

故由 (7.9) 式知 a、b 兩端之感應電動勢為

$$\mathcal{E} = \frac{\mu_0 h}{2\pi} \omega N_1 N_2 I_m \sin \omega t \ln \frac{b}{a}$$

例 7.7　已知一磁場之磁通密度為

$$\mathbf{B} = B_0 e^{bt} \mathbf{a}_z \quad \text{（圓柱坐標系統）}$$

其中 B_0 及 b 為定值，試由法拉第定律之：(a)積分形式，即 (7.11) 式；(b)微分形式，即 (7.12) 式，求出感應電場。

解：(a)由對稱關係知，所生之感應電場必為 $\mathbf{a}_\phi$ 方向，即 $\mathbf{E} = E \mathbf{a}_\phi$。若選擇一半徑 r 之圓形積分路徑，則

$$\oint \mathbf{E} \cdot d\mathbf{L} = \oint (E \mathbf{a}_\phi) \cdot (r \, d\phi \, \mathbf{a}_\phi) = E(2\pi r)$$

$$\int \mathbf{B} \cdot d\mathbf{S} = \mathbf{B} \cdot \mathbf{S} = (B_0 e^{bt} \mathbf{a}_z) \cdot (\pi r^2 \mathbf{a}_z) = B_0 e^{bt} \pi r^2$$

故由 (7.11) 式得

276 電磁學

$$E(2\pi r) = -\frac{d}{dt}(B_0 e^{bt} \pi r^2) = -B_0 b e^{bt} \pi r^2$$

解之，得
$$E = -\frac{1}{2} B_0 b e^{bt} r$$

(b)由觀察知，感應電場 E 必為 $\mathbf{a}_\phi$ 方向，且只隨 r 而變，故由（7.12）式得

$$\nabla \times \mathbf{E} = \frac{1}{r}\frac{\partial(rE)}{\partial r}\mathbf{a}_z = -\frac{\partial \mathbf{B}}{\partial t} = -bB_0 e^{bt} \mathbf{a}_z$$

整理之，並積分（由 0 至 r），即得

$$E = -\frac{1}{2} B_0 b e^{bt} r$$

【練習題 7.3】如圖 7-9 所示，在鐵芯上繞有 A、B 兩組線圈，設於線圈 A 中通以電流，方向由 a 至 b，若電流突然中斷，求電阻 R 中感應電流的方向。
答：由左向右。

【練習題 7.4】如圖 7-10 所示，A、B 兩迴路互相靠近放置，若將開關 S 關上，則在關上之瞬間，迴路 B 之電阻中感應電流之方向為何？
答：由 b 向 a。

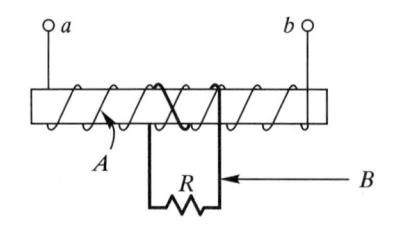

圖 7-9　練習題 7.3 用圖 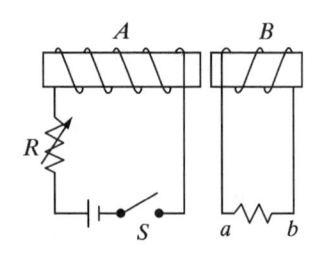　　　圖 7-10　練習題 7.4 用圖

第四節 線性發電機及線性馬達

在例 7.4 中,我們已經看到當一線圈在磁場中轉動時,即可產生感應電動勢,成為一個發電機,稱為旋轉發電機(rotational generator)。惟對於一個初學者而言,通常考慮線性發電機(linear generator)比較適當。圖 7-11 示一線性發電機之構造,係一由滑動桿,一對平行軌條,以及一負載電阻 R 置於垂直之磁場 B 中所組成。設滑動桿受一定力 F_a 之拉動,則當速度為 v 時,所產生的感應電動勢為

$$\mathcal{E} = vBl$$

設滑動桿及平行軌條中之電阻均可忽略,則感應電流必為

$$I = \frac{\mathcal{E}}{R} = \frac{vBl}{R} \tag{7.13}$$

此時滑動桿即受到磁力之作用,其大小為

$$F_m = IBl = \frac{vB^2l^2}{R} \tag{7.14}$$

其方向恆與外力 F_a 相反,如圖 7-11 所示。設滑動桿的質量為 M,則由牛頓第二運動定律知

$$M\frac{dv}{dt} = F_a - F_m = F_a - \frac{vB^2l^2}{R} \tag{7.15}$$

整理之並積分,得

$$\int_0^v \frac{dv}{F_a - \frac{B^2l^2}{R}v} = \int_0^t \frac{dt}{M}$$

278　電磁學

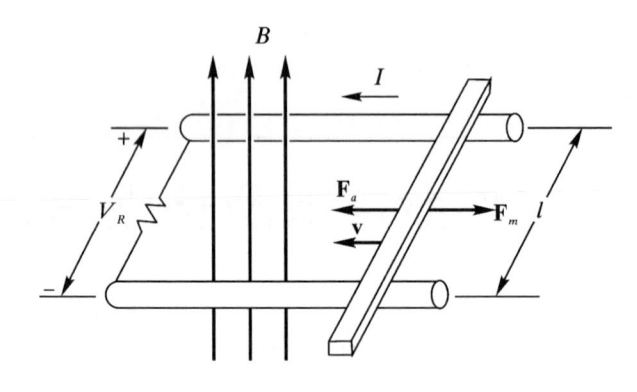

圖 7-11　線性發電機

解之，
$$v = \frac{F_a R}{B^2 l^2}(1 - e^{-B^2 l^2 t / MR}) \tag{7.16}$$

再由（7.13）式，即知所產生的感應電流為

$$I = \frac{F_a}{Bl}(1 - e^{-B^2 l^2 t / MR}) \tag{7.17}$$

由（7.16）或（7.17）式可知，線性發電機在啟動之初，有一段暫態現象，其時間常數為

$$\tau = \frac{MR}{B^2 l^2} \tag{7.18}$$

而在啟動一段時間 $t \gg \tau$ 以後，即到達穩態，此時滑動桿的速度為

$$v_{\max} = \frac{F_a R}{B^2 l^2} \tag{7.19}$$

電動勢及電流分別為

$$\varepsilon_{\max} = \frac{F_a R}{Bl} \tag{7.20}$$

$$I_{\max} = \frac{F_a}{Bl} \tag{7.21}$$

外力 F_a 所作的功率為

$$P = F_a v_{max} = \frac{F_a^2 R}{B^2 l^2} = I_{max}^2 R \qquad (7.22)$$

亦即，外力之功率恆等於負載中消耗之電功率，這一結果完全合乎能量守恆律的要求。

例 7.8 線性馬達（linear motor）。圖 7-12 示一線性馬達之構造簡圖，係由電源（電動勢 V 及內電阻 R）、滑動桿（質量 M）及一對平行軌條置於磁場 B 中所構成，設滑動桿之初速為零，試求其在任意時刻 t 之速度。

解：設在 t 時刻之速度為 v，則滑動桿所產生之感應電動勢為 $\mathcal{E} = vBl$，其正極在桿之下端，與電源電動勢 V 之極性呈反向串聯，故由<u>克希荷夫</u>定律知迴路中之電流為

$$I = \frac{V - \mathcal{E}}{R} = \frac{V - vBl}{R}$$

故滑動桿必受一磁力

$$F_m = IBl = (V - vBl)\frac{Bl}{R} \qquad (7.23)$$

由<u>牛頓</u>第二運動定律知

$$M\frac{dv}{dt} = F_m = (V - vBl)\frac{Bl}{R}$$

移項並積分，得

$$\int_0^v \frac{dv}{(V - vBl)Bl/R} = \int_0^t \frac{dt}{M}$$

故

$$v = \frac{V}{Bl}(1 - e^{-t/\tau}) \qquad (7.24)$$

式中 τ 為時間常數，見（7.18）式。由（7.24）式可知線性馬達啟動之初，也有一段暫態現象，至 $t \gg \tau$ 時，其速度才趨於穩定，此一最大速度為

$$v_{\max} = \frac{V}{Bl}$$

此時滑動桿所產生的感應電動勢 $\mathcal{E}$ 恰等於電源的電動勢 V，電路中幾乎沒有電流。

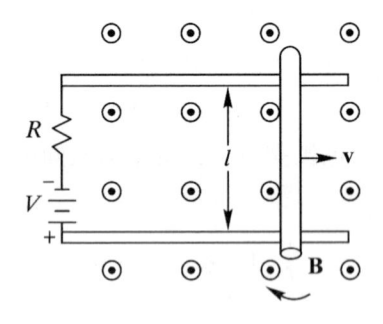

圖 7-12　線性馬達簡圖

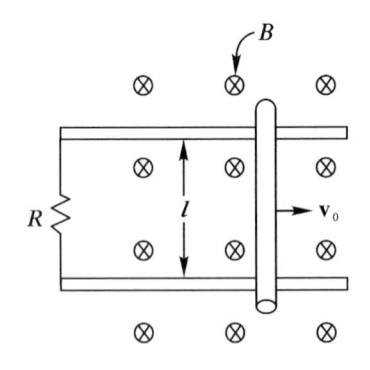

圖 7-13　磁力剎車原理

例 7.9　磁力剎車（magnetic brake）。圖 7-13 示一滑動桿（質量 M）之初速度為 v_0，在磁場 B 中運動時，若產生感應電流而在負載 R 中損耗，則滑動桿的速度（或動能）即漸減，以支應負載中損耗的能量，直到最後停下為止。試求

滑動桿之速度與時間 t 之函數關係。

解：設滑動桿在 t 時刻之速度為 v，則滑動桿所受之磁力即如（7.14）式所示，故由牛頓第二運動定律知

$$M\frac{dv}{dt} = -\frac{B^2l^2}{R}v$$

式中之負號表示磁力之方向係與速度方向相反。此式經整理後，積分

$$\int_{v_0}^{v}\frac{dv}{v} = -\frac{B^2l^2}{MR}\int_0^t dt$$

故得
$$v = v_0 e^{-t/\tau} \qquad (7.25)$$

式中，時間常數 τ 仍如（7.18）式所示。由（7.25）式我們可以看得到，滑動桿的速度係依指數函數方式遞減；當 $t \gg \tau$ 時，完全停止。

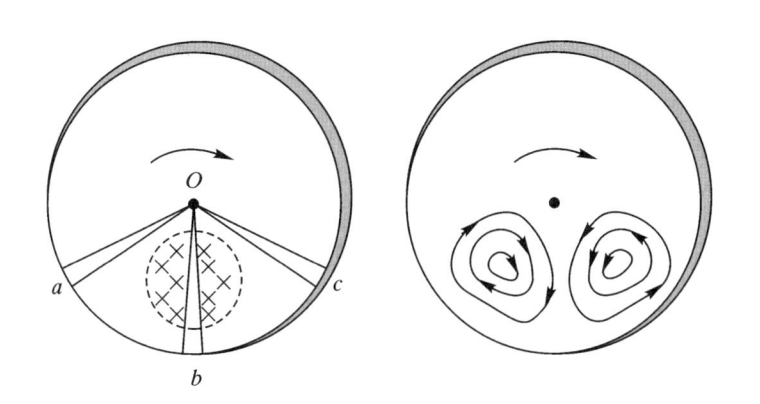

圖 7-14 利用磁力剎車原理調整圓盤的轉速(a)磁場穿過盤面上一小區域；(b)所產生之渦電流

在一些電器設備中，常利用磁力剎車來調整一轉動圓盤的轉速，如圖 7-14 所示。在圖 7-14(a)中，我們看到磁場僅通過圓盤上一小區域；當圓盤上之 Ob 部份掃過磁場時，即產生感應電場；依歐姆定律 $\mathbf{J} = \sigma\mathbf{E}$，此感應電場即可推動電流。由（7.12）式我們知道，感應電場都是旋場，因

此它所推動的電流也都呈旋渦狀，稱為渦電流（eddy current），如圖 7-14(b)所示。我們注意到，在半徑 Ob 附近，渦電流的方向向下；而在 Oa 或 Oc 附近則向上。由於 Oa 或 Oc 附近無磁場，所以這一部份的渦電流並不產生磁力；但在 Ob 附近，由於磁場的存在，渦電流即產生了磁力，其方向恆與圓盤轉動方向相反，因而產生了剎車的作用。

第五節　變壓器

變壓器（transformer）是由兩組線圈繞在一鐵芯上所構成，如圖 7-15 所示；兩組線圈分別稱為*初級線圈*（primary）及*次級線圈*（secondary），其匝數分別以 N_1 及 N_2 表示。在應用上，若適當的調整匝數比 $N_1：N_2$，變壓器可以作為交流電之升、降壓以及阻抗匹配之用，而無發生顯著的功率損耗。

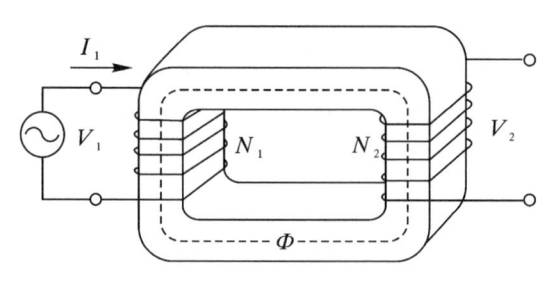

圖 7-15　變壓器

當一交流電壓 V_1 接於初級線圈時，即產生電流 I_1，於是在鐵芯中即建立一磁通量 Φ；由於鐵芯之導磁係數甚大，磁通量絕大部份都循著鐵芯內部分佈，絕少漏失於空氣中，因此，次級線圈中之磁通量亦必等於 Φ。根據（7.9）式，兩組線圈中之感應電動勢分別為

$$V_1 = -N_1 \frac{d\Phi}{dt}, \quad V_2 = -N_2 \frac{d\Phi}{dt} \tag{7.26}$$

若初級線圈中之電阻可以忽略不計，則感應電動勢 V_1 之大小恆等於外加之交流電壓。將（7.26）式中之兩式相除，即得一變壓器之基本公式：

$$\frac{V_1}{V_2} = \frac{N_1}{N_2} \tag{7.27}$$

此式的意思是：初級及次級線圈之電壓與其匝數成正比。在應用上，調整匝數比，即可達到升壓或降壓的目的。

變壓器的鐵芯中，由於磁通量 Φ 不斷在改變，根據法拉第的感應定律，會產生感應電場及渦電流，此渦電流即消耗電功率而降低變壓器的效率。欲抑制渦電流的損耗，一般鐵芯都以數層薄矽鋼片疊合而製成，如圖 7-16 所示。由於薄片中之電阻大，對於相同的感應電動勢，所產生的渦電流即可大量減少，因而抑制了渦電流所產生的損耗。

若鐵芯中之損耗很小，可以略而不計，則一變壓器之輸入及輸出功率必相等，即

$$V_1 I_1 = V_2 I_2 \tag{7.28}$$

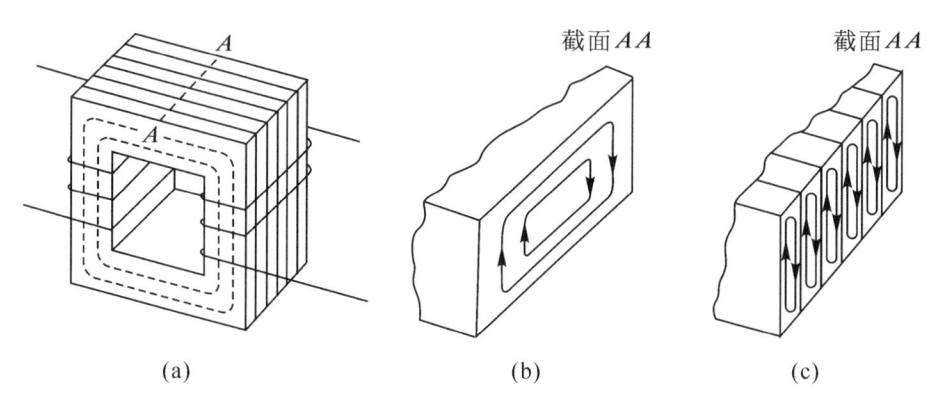

圖 7-16 利用薄片疊成的鐵芯，可以抑制渦電流之損耗。(a)鐵芯外觀；(b)未經薄片處理之鐵芯截面，渦電流損耗較大；(c)薄片疊成的鐵芯，渦電流損耗較小

此式與（7.27）式合併，即得另一基本公式：

$$\frac{I_1}{I_2} = \frac{N_2}{N_1} \qquad (7.29)$$

即，兩組線圈中電流與匝數成反比。

第六節 ── 位移電流

在前幾節中我們已經討論過，磁場變化可以感應出電場；那麼，相反的，電場變化如何感應出磁場呢？要明瞭這個問題，讓我們先將以前所學過的一些定律，作一全面性的檢討。首先是安培定律〔見（5.42）式〕：

$$\nabla \times \mathbf{H} = \mathbf{J} \qquad (7.30)$$

它告訴我們，磁場是由電荷的流動（即電流）所產生的；但它並沒有說出磁場也可以由電場之變化感應出來。很顯然的，（7.30）式僅能適用於**靜態**的情況，也就是說，它只能說明穩定直流電產生穩定磁場的情形；至於交流電（或不穩定的直流電）如何產生磁場，（7.30）式就顯得不夠用了。事實上，我們只要稍加思索，就馬上知道（7.30）式究竟缺少了什麼。首先，將它作散度之運算，即

$$\nabla \cdot (\nabla \times \mathbf{H}) = \nabla \cdot \mathbf{J} \qquad (7.31)$$

由向量恆等式（5.39）式知，$\nabla \cdot (\nabla \times \mathbf{H}) \equiv 0$，但 $\nabla \cdot \mathbf{J}$ 卻不一定等於零。根據電荷守恆律，即連續方程式，

$$\nabla \cdot \mathbf{J} + \frac{\partial \rho}{\partial t} = 0 \qquad (7.32)$$

亦即，在非靜態情況下，$\nabla \cdot \mathbf{J}$ 必須加上 $\partial \rho / \partial t$ 才會等於零。很顯然

的，若在（7.31）式等號右邊加上 $\partial \rho / \partial t$ 這一項，就很完整了，即

$$\nabla \cdot (\nabla \times \mathbf{H}) = \nabla \cdot \mathbf{J} + \frac{\partial \rho}{\partial t} = \nabla \cdot \mathbf{J} + \nabla \cdot (\frac{\partial \mathbf{D}}{\partial t}) \tag{7.33}$$

其中，最後一步是由高斯定律之微分形式

$$\nabla \cdot \mathbf{D} = \rho \tag{7.34}$$

而來。由（7.33）式可得

$$\nabla \times \mathbf{H} = \mathbf{J} + \frac{\partial \mathbf{D}}{\partial t} \tag{7.35}$$

由此式我們馬上發現，在非靜態的情況下，磁場不但可以由電流密度 $\mathbf{J}$ 來產生，同時又可以由電通密度 $\mathbf{D}$ 的變化率感應出來。因 $\partial \mathbf{D}/\partial t$ 這一項與電流密度 $\mathbf{J}$ 具有相同的單位，即安培/米^2，故我們稱

$$\mathbf{J}_d = \frac{\partial \mathbf{D}}{\partial t} \tag{7.36}$$

為位移電流密度（displacement current density），其積分式

$$I_d = \int \frac{\partial \mathbf{D}}{\partial t} \cdot d\mathbf{S} \tag{7.37}$$

稱為位移電流。（7.35）式可以寫成如下積分形式：

$$\oint \mathbf{H} \cdot d\mathbf{L} = \int (\mathbf{J} + \frac{\partial \mathbf{D}}{\partial t}) \cdot d\mathbf{S} \tag{7.38}$$

位移電流的觀念是由馬克士威（J.C.Maxwell）所建立的，作為安培定律的補充，因此（7.38）式就稱為安培・馬克士威定律之積分形式；（7.35）式為其微分形式。

例 7.10 電容器中之位移電流。如圖 7-17 所示，一電容器之電容為 $C = \varepsilon_0 A/d$，接於交流電源 $V = V_0 e^{j\omega t}$，試求：

(a)導線中之傳導電流；(b)電容器中之位移電流。

解：(a)導線中的傳導電流：

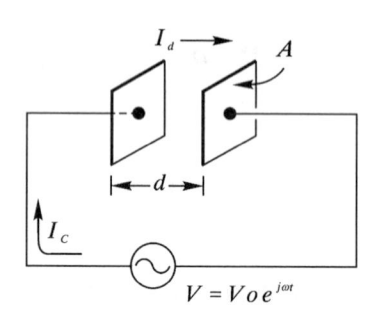

$$I_c = C\frac{dV}{dt} = j\omega CV_0 e^{j\omega t} = j\omega CV$$

圖 7-17　例 7.10 用圖

(b)電容器中之位移電流：若電容器中之電場很均勻，則電場強度

$$E = \frac{V}{d} = \frac{V_0}{d}e^{j\omega t}$$

由（7.36）式知位移電流密度為

$$J_d = \frac{\partial D}{\partial t} = \varepsilon_0 \frac{\partial E}{\partial t} = j\omega\varepsilon_0 \frac{V_0}{d}e^{j\omega t} = j\omega\varepsilon_0 \frac{V}{d}$$

故位移電流為

$$I_d = J_d A = j\omega\frac{\varepsilon_0 A}{d}V = j\omega CV$$

注意 $I_c = I_d$。

例 7.11　一平行板電容器之兩板均為半徑 a 之圓板，接於一交流電源時，已知板上電荷之變化為 $Q = Q_0 \sin\omega t$，試求兩板之間之磁場強度。

解：由題意知，板上之面電荷密度為

$$\rho_s = \frac{Q}{A} = \frac{Q_0}{\pi a^2}\sin\omega t$$

故所產生之電通密度為

$$D = \begin{cases} \rho_s & (r < a) \\ 0 & (r > a) \end{cases}$$

今選一半徑 r 之圓形積分路徑，由（7.38）式（令 $\mathbf{J}=0$）知，若 $r<a$，則

$$\oint \mathbf{H} \cdot d\mathbf{L} = H(2\pi r) = \int \frac{\partial \mathbf{D}}{\partial t} \cdot d\mathbf{S} = (\frac{\omega Q_0}{\pi a^2} \cos \omega t)(\pi r^2)$$

解之，得

$$H = (\frac{\omega Q_0}{2\pi a^2} \cos \omega t) r$$

若 $r>a$，則

$$\oint \mathbf{H} \cdot d\mathbf{L} = H(2\pi r) = (\frac{\omega Q_0}{\pi a^2} \cos \omega t)(\pi a^2)$$

解之，得 $H = \dfrac{\omega Q_0}{2\pi r} \cos \omega t$

【練習題 7.5】設一導線之電導率 σ，容電係數為 ε，則通以角頻率 ω 之交流電時，導線中傳導電流與位移電流之比為何？
答：$\sigma/\omega\varepsilon$。

第七節　馬克士威方程式

到現在為止，所有的基本電磁現象都已經討論過了，包括許多定律及公式。其中有四條敘述電磁場之性質最廣義的公式，稱為馬克士威方程式（Maxwell's equations），它們是

$$\nabla \times \mathbf{E} = -\frac{\partial \mathbf{B}}{\partial t} \tag{7.39}$$

$$\nabla \times \mathbf{H} = \mathbf{J} + \frac{\partial \mathbf{D}}{\partial t} \tag{7.40}$$

$$\nabla \cdot \mathbf{D} = \rho \tag{7.41}$$

$$\nabla \cdot \mathbf{B} = 0 \tag{7.42}$$

其積分形式分別為

$$\oint \mathbf{E} \cdot d\mathbf{L} = -\int \frac{\partial \mathbf{B}}{\partial t} \cdot d\mathbf{S} \tag{7.43}$$

$$\oint \mathbf{H} \cdot d\mathbf{L} = -\int (\mathbf{J} + \frac{\partial \mathbf{D}}{\partial t}) \cdot d\mathbf{S} \tag{7.44}$$

$$\oint \mathbf{D} \cdot d\mathbf{S} = \int \rho \, dv \tag{7.45}$$

$$\oint \mathbf{B} \cdot d\mathbf{S} = 0 \tag{7.46}$$

馬克士威方程式不僅是解決一般電磁學問題通用的公式,而且是探討電磁波的最有力工具,讀者應切實牢記之,並瞭解其意義(請參閱前面有關章節)。

第八節 坡因亭定理

坡因亭定理(Poynting's theorem)是敘述電磁場或電磁波傳播時,能量守恆的觀念,它可由馬克士威方程式直接推導出來。首先,將(7.39)式兩邊乘 $\mathbf{H}$(點乘積);同時,(7.40)式兩邊乘 $\mathbf{E}$,相減得

$$\mathbf{H} \cdot (\nabla \times \mathbf{E}) - \mathbf{E} \cdot (\nabla \times \mathbf{H}) = -\mathbf{H} \cdot \frac{\partial \mathbf{B}}{\partial t} - \mathbf{E} \cdot \mathbf{J} - \mathbf{E} \cdot \frac{\partial \mathbf{D}}{\partial t} \tag{7.47}$$

式中,等號左邊恰好等於 $\nabla \cdot (\mathbf{E} \times \mathbf{H})$,(以直接代入即可證明)。又,假定 $\mathbf{D} = \varepsilon \mathbf{E}$ 及 $\mathbf{B} = \mu \mathbf{H}$ 兩式均成立,則

$$\mathbf{H} \cdot \frac{\partial \mathbf{B}}{\partial t} = \mu \mathbf{H} \cdot \frac{\partial \mathbf{H}}{\partial t} = \frac{\partial}{\partial t}(\frac{1}{2}\mu \mathbf{H} \cdot \mathbf{H}) = \frac{\partial}{\partial t}(\frac{1}{2}\mu H^2)$$

同理，
$$\mathbf{E} \cdot \frac{\partial \mathbf{D}}{\partial t} = \frac{\partial}{\partial t}(\frac{1}{2}\varepsilon E^2)$$

則（7.47）式即可化為

$$\nabla \cdot (\mathbf{E} \times \mathbf{H}) + \mathbf{E} \cdot \mathbf{J} = -\frac{\partial}{\partial t}(\frac{1}{2}\varepsilon E^2 + \frac{1}{2}\mu H^2)$$

將此式對體積積分，並應用散度定理於等號左邊第一項，即得

$$\oint (\mathbf{E} \times \mathbf{H}) \cdot d\mathbf{S} + \int \mathbf{E} \cdot \mathbf{J} dv = -\frac{\partial}{\partial t}\int (\frac{1}{2}\varepsilon E^2 + \frac{1}{2}\mu H^2) dv \quad (7.48)$$

此式為一能量公式，等號右邊表示積分之體積中，電磁能減少之功率。由能量守恆的觀念，一體積中電磁能之減少，其原因不外乎熱損耗（焦耳效應）及輻射損耗；注意（7.48）式左邊第二項顯然是代表熱損耗的功率，因此，

$$\oint (\mathbf{E} \times \mathbf{H}) \cdot d\mathbf{S} = 通過一封閉曲面之電磁波功率 \quad (7.49)$$

此一敘述稱為坡因亭定理。更進一步的觀察，我們發現 $\mathbf{E} \times \mathbf{H}$ 這一項可以解釋為通過單位面積之電磁波功率，我們稱向量

$$\mathcal{P} = \mathbf{E} \times \mathbf{H} \quad (7.50)$$

為坡因亭向量（Poynting vector），單位為瓦/米^2（W/m^2）。

例 7.12 圖 7-18 示一長直導線之一段，設其電導率 σ，當導線中之電流為 I 時，試求導線表面上之坡因亭向量以及通過導線表面之總功率。

解：由題意知，導線中之電流密度為 $J = I/\pi a^2$，故導線內（包括表面上）之電場強度為

$$E = \frac{J}{\sigma} = \frac{I}{\sigma \pi a^2}$$

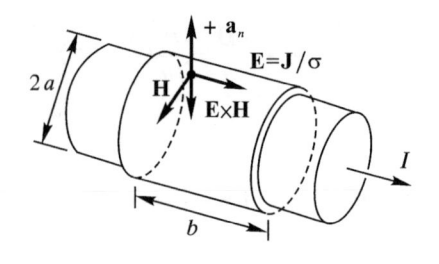

圖 7-18　例 7.12 用圖

又由安培定律知，導線表面之磁場強度為

$$H = \frac{I}{2\pi a}$$

故知坡因亭向量之大小為

$$\mathcal{P} = EH = \frac{I^2}{\sigma(2\pi a)(\pi a^2)}$$

其方向垂直指向導線內部，如圖 7-18 中所示，此即表示有電磁功率由導體表面進入。這些功率進入導體內部後又如何呢？由下面之計算即可分曉：利用（7.49）式，可知通過導線表面之總電磁功率為

$$\oint (\mathbf{E} \times \mathbf{H}) \cdot \mathbf{dS} = \frac{I^2}{\sigma(2\pi a)(\pi a^2)}(2\pi ab) = \frac{b}{\sigma \pi a^2}I^2 = I^2 R$$

亦即，等於導線中之損耗功率。因此，由電磁場的觀念而言，一載流導線中所損耗的功率應視為由表面上之電磁場所攜帶而不斷穿入導體內。

第九節　延遲電磁位

我們都知道，電磁波的傳播速度非常快，但絕不是無限快（在真空中為 $c = 3 \times 10^8$ m/s）。在圖 7-19 中，我們可以看到，電磁波由輻射源 A 發射至 B 點時，需要一段時間 Δt，若 A，B 之距離為 r，則

$$\Delta t = \frac{r}{c} \tag{7.51}$$

因此，於 B 點求取之電磁波，其電位或磁位，在時間上必較由 A 輻射出之時刻延遲 Δt；此種在時間上延遲之電位及磁位，稱為**延遲電磁位**（retarded potential）。

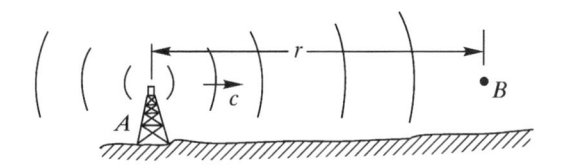

圖 7-19　電磁波傳播的速度並不是無限大，因此，由發射(A)至接收(B)必須經歷一段時間

延遲電磁位的觀念也是馬克士威方程式的一個自然的結果，可直接由馬克士威方程式推導出來。首先，由（7.42）式及向量恆等式 $\nabla \cdot (\nabla \times \mathbf{A}) \equiv 0$〔見（5.39）式〕可得

$$\mathbf{B} = \nabla \times \mathbf{A} \tag{7.52}$$

這個式我們已經在第五章第十一節中介紹過〔見（5.70）式〕。此式代入（7.39）式，得

$$\nabla \times \mathbf{E} = -\frac{\partial \mathbf{B}}{\partial t} = -\frac{\partial}{\partial t}(\nabla \times \mathbf{A}) = -\nabla \times \frac{\partial \mathbf{A}}{\partial t}$$

或
$$\nabla \times (\mathbf{E} + \frac{\partial \mathbf{A}}{\partial t}) = 0 \tag{7.53}$$

再與向量恆等式 $\nabla \times (\nabla f) \equiv 0$〔見（5.40）式〕比較，並令 $f = -V$，即得

$$\mathbf{E} + \frac{\partial \mathbf{A}}{\partial t} = -\nabla V$$

或
$$\mathbf{E} = -\nabla V - \frac{\partial \mathbf{A}}{\partial t} \tag{7.54}$$

今將（7.52）式及（7.54）式分別代入（7.40）及（7.41）式中，並記得 $\mathbf{D} = \varepsilon\mathbf{E}$ 及 $\mathbf{B} = \mu\mathbf{H}$，即得

$$\nabla \times (\nabla \times \mathbf{A}) = \mu\mathbf{J} - \varepsilon\mu\frac{\partial}{\partial t}(\nabla V) - \varepsilon\mu\frac{\partial^2 \mathbf{A}}{\partial t^2} \tag{7.55}$$

及
$$\nabla \cdot (\nabla V) = -\frac{\rho}{\varepsilon} - \nabla \cdot \frac{\partial \mathbf{A}}{\partial t} \tag{7.56}$$

利用向量恆等式

$$\nabla \times (\nabla \times \mathbf{A}) = \nabla(\nabla \cdot \mathbf{A}) - \nabla^2 \mathbf{A} \tag{7.57}$$

（此恆等式證明較繁，本書不予證明；請參看有關的數學課本。）
（7.55）式即可化為

$$\nabla^2 \mathbf{A} = -\mu\mathbf{J} + \varepsilon\mu\nabla\frac{\partial V}{\partial t} + \varepsilon\mu\frac{\partial^2 \mathbf{A}}{\partial t^2} + \nabla(\nabla \cdot \mathbf{A}) \tag{7.58}$$

由偏微分方程式的理論而言，一向量 $\mathbf{A}$ 之旋度及散度必須都已知，才能解出 $\mathbf{A}$，缺一不可。現在只有 $\mathbf{A}$ 的旋度已知〔即（7.52）式〕，而其散度則未曾見過；不過理論上，可以根據實際需要而任意選定。很顯然，對於 $\mathbf{A}$ 之散度最佳的選擇是

第七章　電磁感應與電磁波　293

$$\nabla \cdot \mathbf{A} = -\varepsilon\mu \frac{\partial V}{\partial t} \tag{7.59}$$

因為將它代入（7.58）及（7.56）兩式時，可以馬上得到下列兩條 V 與 $\mathbf{A}$ 完全分離的式子：

$$\nabla^2 V - \varepsilon\mu \frac{\partial^2 V}{\partial t^2} = -\frac{\rho}{\varepsilon} \tag{7.60}$$

$$\nabla^2 \mathbf{A} - \varepsilon\mu \frac{\partial^2 \mathbf{A}}{\partial t^2} = -\mu \mathbf{J} \tag{7.61}$$

（7.59）式稱為羅倫茲條件（Lorentz condition）。（7.60）及（7.61）式雖然一為純量式，一為向量式，但兩者的數學形式卻是完全相同的。同時，我們注意到，兩式都含有時間變數 t 在內，因此求出的電位 V 及磁位 $\mathbf{A}$ 都必定含有時間延遲的觀念在內，亦即，由此兩式所求出的 V 及 $\mathbf{A}$ 必為**延遲電磁位**。茲說明如下。

假定電磁波的輻射源為一點，則所輻射的電磁波必具有球形對稱的性質，故以球坐標表示時，電磁位 V 與 $\mathbf{A}$ 僅與 r 有關，而與 θ 及 ϕ 無關。故由（4.31）式，

$$\nabla^2 V = \frac{1}{r^2} \frac{\partial}{\partial r}(r^2 \frac{\partial V}{\partial r}) = \frac{\partial^2 V}{\partial r^2} + \frac{2}{r} \frac{\partial V}{\partial r}$$

今考慮輻射源外任一點之電位，可令 $\rho = 0$，（7.60）式即變為

$$\frac{\partial^2 V}{\partial r^2} + \frac{2}{r} \frac{\partial V}{\partial r} - \varepsilon\mu \frac{\partial^2 V}{\partial t^2} = 0 \tag{7.62}$$

此式中，若令 $V(r,t) = W(r,t)/r$，可以進一步化簡成為

$$\frac{\partial^2 W}{\partial r^2} - \varepsilon\mu \frac{\partial^2 W}{\partial t^2} = 0 \tag{7.63}$$

這就是所謂的**波方程式**（wave equation），其通解為

$$W(r,t) = W(t - r/c) \tag{7.64}$$

茲驗證如下:將(7.64)式分別對 r 及 t 偏微分,得

$$\frac{\partial W}{\partial r} = \frac{\partial W}{\partial (t-r/c)} \frac{\partial (t-r/c)}{\partial r} = (-\frac{1}{c}) \frac{\partial W}{\partial (t-r/c)}$$

$$\frac{\partial^2 W}{\partial r^2} = \frac{1}{c^2} \frac{\partial^2 W}{\partial (t-r/c)^2}$$

同理,

$$\frac{\partial^2 W}{\partial t^2} = \frac{\partial^2 W}{\partial (t-r/c)^2}$$

代入(7.63)式中,即得

$$\frac{1}{c^2} \frac{\partial^2 W}{\partial (t-r/c)^2} - \varepsilon\mu \frac{\partial^2 W}{\partial (t-r/c)^2} = 0$$

消去同類項,得 $\frac{1}{c^2} - \varepsilon\mu = 0$

故當

$$c = \frac{1}{\sqrt{\varepsilon\mu}} \tag{7.65}$$

時,(7.64)式即為(7.63)式之解。而(7.62)式之解即可寫為

$$V(r,t) = \frac{W(t-r/c)}{r} \tag{7.66}$$

記得我們最初假定輻射源為一點,因此,參考點電荷之電位公式,即(2.37)式,可知 $W(t-r/c) = Q(t-r/c)/4\pi\varepsilon$,則(7.66)式即可寫成

$$V(r,t) = \frac{Q(t-r/c)}{4\pi\varepsilon r} \tag{7.67}$$

這就是由點輻射源所產生的延遲電位。注意式中所顯示之時間延遲的觀念;亦即,輻射源中之電荷 Q 在 $t-r/c$ 時所產生的電位,若由 r 距離

之遠處測量時，在時間上必延遲一段 r/c 時間而變成 t。同時，我們也注意，(7.65) 式中之 c 就是電磁波傳播的速度。

　　延遲磁位也可以應用上述相同的方法求得。設一輻射源之長度為 Δl（Δl 甚小，可視為一點），其中之電流為 I，則仿照 (7.67) 式，我們可以馬上寫出延遲磁位的公式：

$$\mathbf{A}(r,t) = \frac{\mu}{4\pi} \frac{I(t-r/c)}{r} \Delta l \qquad (7.68)$$

【練習題 7.6】設一點輻射源中，電荷之變化情形可用下式表示：(a) $Q = Q_0 \, e^{at}$；(b) $Q = Q_0 \cos\omega t$，試求距離為 r 處之延遲電位。

答：(a) $V = Q_0 \, e^{a(t-r/c)}/4\pi\varepsilon r$；(b) $Q_0 \cos\omega(t-r/c)/4\pi\varepsilon r$。

【練習題 7.7】設一點輻射源之長度為 Δl（$\Delta l \ll r$），其中之電流為 $I = I_0 \cos\omega t$，試求距離為 r 處之延遲磁位。

答：$(\mu\Delta l/4\pi r)I_0 \cos\omega(t-r/c)$。

第十節　波方程式與平面波

　　在前面兩節裏面，我們已經看到，利用馬克士威方程式，可以導出坡因亭定理及延遲電磁位等與電磁波有關的重要觀念。在本節中，我們將要應用馬克士威方程式，直接導出電磁波的**波方程式**。

　　設有一無限大介質，其容電係數與導磁係數分別為 ε 及 μ，其中無任何電荷及電流，即 $\rho = 0$，$\mathbf{J} = 0$，則在此介質中之電磁場必須適合如下之馬克士威方程式：

296　電磁學

$$\nabla \times \mathbf{E} = -\mu \frac{\partial \mathbf{H}}{\partial t} \qquad (7.69)$$

$$\nabla \times \mathbf{H} = \varepsilon \frac{\partial \mathbf{E}}{\partial t} \qquad (7.70)$$

$$\nabla \cdot \mathbf{E} = 0 \qquad (7.71)$$

$$\nabla \cdot \mathbf{H} = 0 \qquad (7.72)$$

將（7.69）式兩邊再作一次旋度運算，並以（7.70）式代入，即得

$$\nabla \times (\nabla \times \mathbf{E}) = -\varepsilon\mu \frac{\partial^2 \mathbf{E}}{\partial t^2}$$

再利用（7.57）式及（7.71）式，即可化為

$$\nabla^2 \mathbf{E} - \varepsilon\mu \frac{\partial^2 \mathbf{E}}{\partial t^2} = 0 \qquad (7.73)$$

同理，可知

$$\nabla^2 \mathbf{H} - \varepsilon\mu \frac{\partial^2 \mathbf{H}}{\partial t^2} = 0 \qquad (7.74)$$

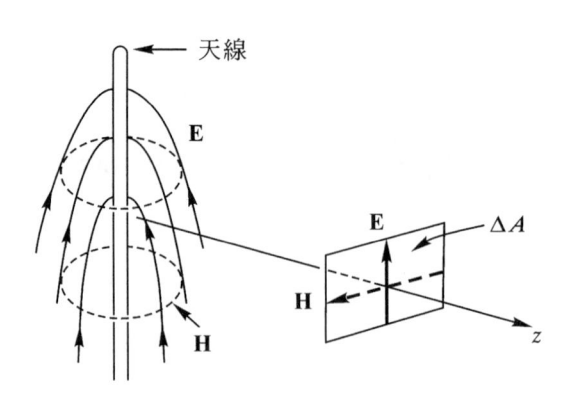

圖 7-20　若面積 ΔA 不大，則距輻射源甚遠之電磁波可視為均勻平面波

像（7.73）及（7.74）兩式之形式的偏微分方程式，稱為**波方程式**（wave equation），用來描述電磁波傳播時，電場與磁場的變化情形。

一電磁波由輻射源發出時，輻射源附近的電磁場甚為複雜，本書中不擬討論。但當電磁波傳播至相當遠以後，若在一小範圍 ΔA 中觀之，則電力線及磁力線皆幾近於直線，如圖 7-20 所示，此時之電磁波即成為一平面波（plane wave）。同時，若面積 ΔA 夠小，則在 ΔA 上各點之電場（或磁場）都沒有什麼顯著的差異，我們稱之為均勻平面波（uniform plane wave）。

今令一均勻平面波沿著 z 軸方向傳播，並令電場 **E** 為 x 軸方向，則（7.73）式即可化簡為

$$\frac{\partial^2 E_x}{\partial z^2} - \varepsilon\mu \frac{\partial^2 E_x}{\partial t^2} = 0 \tag{7.75}$$

此式為一度空間的波方程式，其通解為

$$E_x = E_1 f_1(t - \sqrt{\varepsilon\mu}\,z) + E_2 f_2(t + \sqrt{\varepsilon\mu}\,z) \tag{7.76}$$

其中 E_1 與 E_2 為常數，f_1 與 f_2 為兩任意可微分函數。欲證明（7.76）式為（7.75）式之解，可先將（7.76）式分別對 z 及 t 偏微分兩次，即

$$\frac{\partial^2 E_x}{\partial z^2} = \varepsilon\mu E_1 f_1'' + \varepsilon\mu E_2 f_2''$$

$$\frac{\partial^2 E_x}{\partial t^2} = E_1 f_1'' + E_2 f_2''$$

然後一起代入（7.75）式中，即可得證。

注意（7.76）式中，$f_1(t - \sqrt{\varepsilon\mu}\,z)$ 及 $f_2(t + \sqrt{\varepsilon\mu}\,z)$ 並沒有指定是那一個特定的函數，也就是說，任何波形的電磁波都是波方程式的解。

首先，讓我們討論函數 $f_1(t - \sqrt{\varepsilon\mu}\,z)$。設在 t 時刻，f_1 之波形如圖 7-21 中之實線所示；在下一瞬間，即 $t + \Delta t$ 時，波形已移動 Δz，如圖 7-21 中之虛線所示，此時之波形應以 $f_1[(t+\Delta t) - \sqrt{\varepsilon\mu}(z+\Delta z)]$ 表示。若波傳播時，在任何時刻其波形保持不變，亦即

298 電磁學

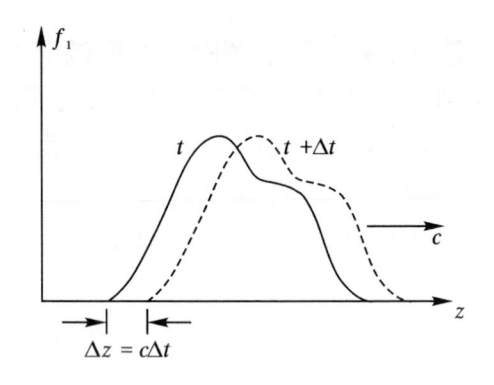

圖 7-21 函數 f_1 之圖示

$$f_1[(t+\Delta t)-\sqrt{\varepsilon\mu}(z+\Delta z)] = f_1(t-\sqrt{\varepsilon\mu}z)$$

則必須 $\sqrt{\varepsilon\mu}\Delta z = \Delta t$

由定義，$\Delta z/\Delta t$ 即為波傳播的速度 c，故

$$c = \frac{1}{\sqrt{\varepsilon\mu}} \tag{7.77}$$

綜上所述，可知 f_1 為沿著**正** z 方向傳播的電磁波；同理可推知，f_2 應為沿**負** z 方向傳播的電磁波。為簡單起見，以後如無特殊聲明，一電磁波的電場部份僅以 f_1 作代表就可以了，亦即

$$E_x(z,t) = E_1 f_1(t-z/c) \tag{7.78}$$

至於磁場部份，可直接用馬克士威方程式導出，而不必由（7.74）式去解。首先，我們注意到，

$$\frac{\partial f_1}{\partial z} = -\frac{1}{c} f_1'$$

$$\frac{\partial f_1}{\partial t} = f_1'$$

故知

$$\frac{\partial f_1}{\partial z} = -\frac{1}{c}\frac{\partial f_1}{\partial t} \tag{7.79}$$

由（7.69）及（7.78）式得，

$$-\mu\frac{\partial H_x}{\partial t}=0 \;,\; -\mu\frac{\partial H_y}{\partial t}=E_1\frac{\partial f_1}{\partial z} \;,\; -\mu\frac{\partial H_z}{\partial t}=0$$

是故僅 H_y 為時間 t 之函數（即具波動性），其餘 H_x 及 H_z 不具波動性，捨棄之。以（7.79）式代入，並積分，得

$$H_y = \frac{1}{\mu c}E_1 f_1 = \frac{1}{\mu c}E_x$$

式中，$c=1/\sqrt{\varepsilon\mu}$，故上式即化為

$$H_y = \sqrt{\frac{\varepsilon}{\mu}}E_x \tag{7.80}$$

在應用上，我們稱 $\sqrt{\mu/\varepsilon}$ 為電磁波的**本性阻抗**（intrinsic impedance） η

$$\eta = \sqrt{\frac{\mu}{\varepsilon}} \tag{7.81}$$

用以表示電磁波中，電場強度 E_x 與磁場強度 H_y 之間的**大小比例**及**相位關係**。在真空中，$\varepsilon=\varepsilon_0$，$\mu=\mu_0$，故本性阻抗為

$$\eta_0 = \sqrt{\frac{\mu_0}{\varepsilon_0}} = 120\pi \;(\Omega) \tag{7.82}$$

為一實數，表示 E_x 與 H_y 為同相。在某些有損耗之介質中，電磁波之本性阻抗 η 變為複數，則 E_x 與 H_y 就不同相了。

由（7.80）式我們也看到，在電磁波中，電場與磁場恆互相垂直，如圖 7-22 所示，而波之傳播方向，則由**坡因亭**向量 $\mathcal{P}=\mathbf{E}\times\mathbf{H}$ 表示之。

在許多計算及實際應用上，我們常遇到正弦（或餘弦）波，此時，函數 $f_1(t-z/c)$ 即可寫成 $\cos\omega(t-z/c)$，其中 ω 為該餘弦波的角頻率。由於 $\cos\omega(t-z/c)=\cos(\omega t-\omega z/c)$，故（7.78）及（7.80）兩式即可寫成

圖 7-22　均勻平面波之圖示

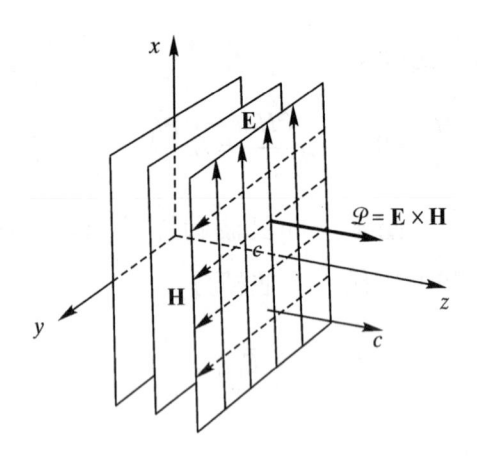

$$E_x = E\cos(\omega t - \beta z) \quad (7.83)$$

$$H_y = \frac{E}{\eta}\cos(\omega t - \beta z) \quad (7.84)$$

其中，
$$\beta = \frac{\omega}{c} = \frac{2\pi}{\lambda} \quad (7.85)$$

稱為相常數（phase constant），單位為弳度/米（rad/m），λ 為電磁波之波長（wave length），如圖 7-23 所示。

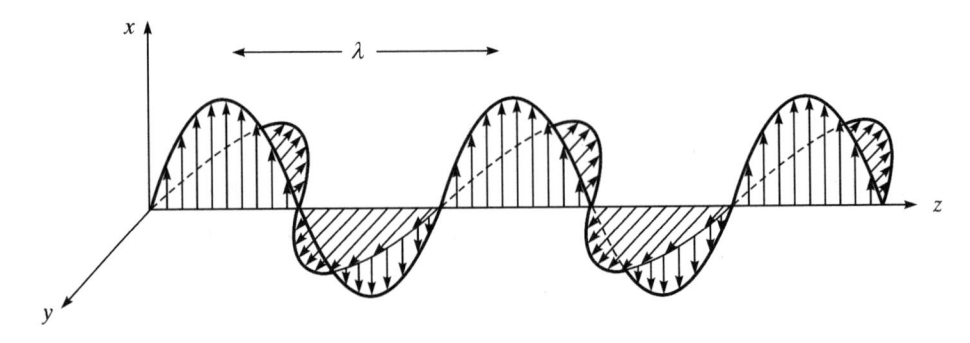

圖 7-23　正弦式平面電磁波之圖示

例 7.13 設在真空中一電磁波之電場為

$$\mathbf{E}(z,t) = 10^3 \sin(\omega t - \beta z)\, \mathbf{a}_y \text{ V/m}$$

其中 $\omega = 6\pi \times 10^6$ rad/s，試求：(a)波長 λ；(b)磁場 $\mathbf{H}$。

解：(a)由（7.85）式知，波長為

$$\lambda = \frac{2\pi c}{\omega} = \frac{2\pi \times 3 \times 10^8}{6\pi \times 10^6} = 100 \text{ (m)}$$

(b)因電磁波在真空中之本性阻抗為 $\eta_0 = 120\pi\ \Omega$，故由（7.84）式知磁場強度大小為

$$H = \frac{10^3}{120\pi}\sin(\omega t - \beta z) \text{ (A/m)}$$

由已知條件，我們知道此電磁波係沿著正 z 方向傳播，且電場 $\mathbf{E}$ 為 $\mathbf{a}_y$ 方向，故由坡因亭定理知磁場之方向必為 $-\mathbf{a}_x$ 方向，

$$\mathbf{H} = -\frac{10^3}{120\pi}\sin(\omega t - \beta z)\, \mathbf{a}_x \text{ (A/m)}$$

【練習題 7.8】頻率為 5×10^9 Hz 之電磁波在某介質中傳播，其電場強度之最大值為 10 mV/m。設介質之相對容電係數為 2.53，相對導磁係數為 1，試求：(a)傳播速度；(b)波長；(c)相常數；(d)磁場強度之最大值。
答：(a) 1.87×10^8 m/s；(b) 3.77 cm；(c) 167 rad/m；(d) 42.2 μA/m。

【練習題 7.9】設一電磁波在真空中傳播，其磁場強度為 $\mathbf{H} = (1/3\pi)\cos(\omega t - \beta x)\, \mathbf{a}_z$ A/m，試求電場強度 $\mathbf{E}$。
答：$-40\cos(\omega t - \beta x)\, \mathbf{a}_y$ v/m。

第十一節 電磁波的輻射

在上一節中我們已經知道，(7.78) 式中之波動函數 $f_1(t-z/c)$ 並未指明是什麼函數，易言之，一電磁波之波形可以任意塑造。下面我們馬上會看到，電磁波的波形完全是由輻射源中電荷（或電流）之變化方式來決定。

電磁波的輻射源稱為天線（antenna）。在實用上，天線有各種不同的型式，使用於各種不同的場合。本節中所要討論的，是最簡單、最基本的一種，稱為電偶極天線（electric dipole antenna），或稱為赫茲電偶極（Hertzian dipole），其結構為一電偶極，如圖 7-24 所示，其中之電流係作餘弦式之振盪。設 $I = I_0 \cos\omega t$，則在 $r \gg l$ 處所產生之延遲磁位〔見 (7.68) 式〕必為

$$A_z = \frac{\mu_0}{4\pi}\frac{I_0 l}{r}\cos\omega(t-r/c) = \frac{\mu_0 I_0 l}{4\pi r}\cos(\omega t - \beta r) \tag{7.86}$$

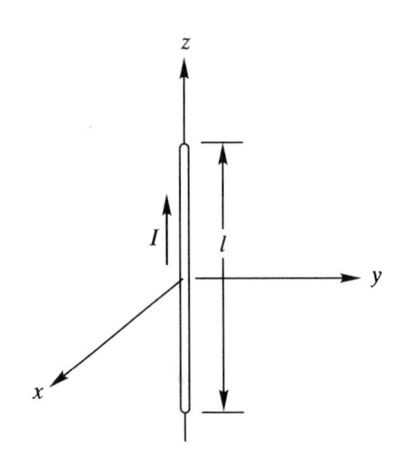

圖 7-24 若一導線長度甚小，且其中之電流為正弦式，則此導線即為一電偶極天線

由於天線長度甚小，$l \ll r$，故以球坐標表示較恰當，參考圖 7-25 可得

$$A_r = A_z \cos\theta \, , \quad A_\theta = -A_z \sin\theta \tag{7.87}$$

將（7.86）及（7.87）式代入（7.52）式中，即得輻射之磁場為

$$B_\phi = \frac{\mu_0 I_0 l}{4\pi} \sin\theta \left[\frac{1}{r^2} \cos(\omega t - \beta r) + \frac{1}{r}\frac{\omega}{c} \sin(\omega t - \beta r) \right]$$

由於 $r \gg l$，上式之中括弧內含有 $1/r^2$ 之項即顯得微不足道而可略去，故得

$$H_\phi = \frac{B_\phi}{\mu_0} = \frac{I_0 l \omega}{4\pi rc} \sin\theta \sin(\omega t - \beta r) \tag{7.88}$$

將此式代入馬克士威方程式〔（7.40）式（令 **J** = 0）〕，並略去含有 $1/r^2$ 之項，得

$$\frac{\partial E_\theta}{\partial t} = \frac{I_0 l \omega \beta}{4\pi \varepsilon_0 rc} \sin\theta \cos(\omega t - \beta r)$$

積分，即得輻射之電場強度為

$$E_\theta = \frac{I_0 l \beta}{4\pi \varepsilon_0 rc} \sin\theta \sin(\omega t - \beta r) \tag{7.89}$$

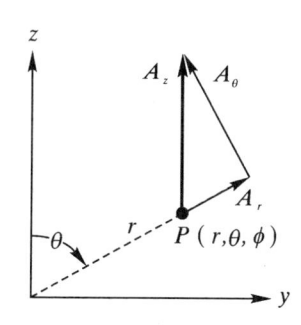

圖 7-25　將磁位化為以球坐標表示的兩個分量

由（7.88）及（7.89）兩式，我們發現由電偶極天線所輻射出來的電磁波，在相當遠之處（$r \gg l$）來看，完全具有上一節所述之平面電磁波的特性。例如，電場 E_θ 與磁場 H_ϕ 互相成垂直，相位相同，且比值 $E_\theta / H_\phi = \sqrt{\mu_0 / \varepsilon_0} = 120\pi \, \Omega$ 恆為一定值。因此，我們可以說，由距電偶極天線甚遠處之一小面積 ΔA（如圖 7-20 所示）上觀之，該電磁波應為一均勻平面波無疑。

不過有一點要特別注意，就是電偶極天線所輻射之電磁波是有方向性的，也就是說，從不同的角度 θ 來觀察，所得的 E_θ 及 H_ϕ 值都不一樣。由（7.88）及（7.89）兩式可知，E_θ 及 H_ϕ 都隨著 $\sin\theta$ 而變。因此，在 $\theta = 0$ 或 π 之方向（即天線軸），E_θ 及 H_ϕ 均等於零，也就是說，在這個方向沒有任何電磁波輻射出來。而在 $\theta = \pi / 2$ 之方向（即天線之垂直平分面上），E_θ 及 H_ϕ 均為極大值，也就是說，在這個方向之輻射量最大。在工程應用上，我們常將此一方向性以圖形來表示，如圖 7-26，稱為輻射圖案（radiation pattern）。電偶極天線的輻射圖案是由一個直徑為 1 的圓繞著天線軸旋轉一周而成，若由原點至圓上任一點作一弦，且弦與天線軸之夾角為 θ，則弦的長度即為 $\sin\theta$。今由（7.89）式知

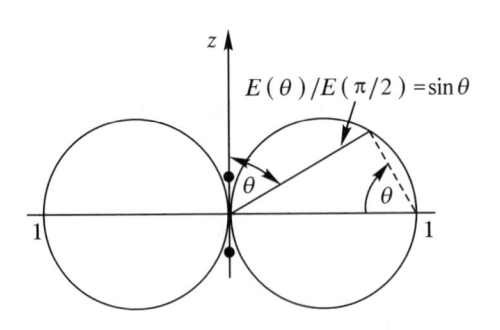

圖 7-26　電偶極天線之輻射圖案

$$\frac{E(\theta)}{E(\pi/2)} = \sin\theta$$

故知在輻射圖案上，由原點所作的弦，其長度恆等於該弦之方向的輻射電場 $E(\theta)$ 與最大電場 $E(\pi/2)$ 之比值。

最後，我們要談到電偶極天線之輻射功率。將（7.88）及（7.89）兩式代入（7.50）式中，可得<u>坡因亭</u>向量為

$$\mathcal{P} = \frac{\beta^2 I_0^2 l^2 \eta_0}{16\pi^2 r^2} \sin^2\theta \sin^2(\omega t - \beta r) \mathbf{a}_r$$

在實用上，一般量測儀器所測得之電磁波功率均為平均功率。因此，我們先計算平均<u>坡因亭</u>向量 $\mathcal{P}_{av}$，以符實際。由於 $\sin^2(\omega t - \beta r)$ 之平均值為 $\frac{1}{2}$，故

$$\mathcal{P}_{av} = \frac{\beta^2 I_0^2 l^2 \eta_0}{32\pi^2 r^2} \sin^2\theta \, \mathbf{a}_r \tag{7.90}$$

再代入（7.49）式中，即得電偶極天線所輻射之電磁波的總平均功率為

$$P_{av} = \oint \mathcal{P}_{av} \cdot d\mathbf{S} = \int_0^\pi \frac{\beta^2 I_0^2 l^2 \eta_0}{32\pi^2 r^2} \sin^2\theta (2\pi r^2 \sin\theta \, d\theta)$$

即
$$\mathcal{P}_{av} = \frac{\beta^2 I_0^2 l^2 \eta_0}{16\pi} \int_0^\pi \sin^3\theta \, d\theta$$

其中積分式之積分結果為 4/3，故

$$P_{av} = \frac{\beta^2 I_0^2 l^2 \eta_0}{12\pi}$$

將 $\beta = 2\pi/\lambda$ 及 $\eta_0 = 120\pi$ 代入並整理之，得

$$P_{av} = \frac{1}{2}\left[80\pi^2 \left(\frac{1}{\lambda}\right)^2\right] I_0^2 \tag{7.91}$$

此式與一般交流電路中所用的公式 $P_{av} = \frac{1}{2} R I_0^2$ 比較，即知中括弧裏面的量相當於一個電阻

$$R_{rad} = 80\pi^2 \left(\frac{1}{\lambda}\right)^2 \tag{7.92}$$

稱為**輻射電阻**（radiation resistance），是故

$$P_\text{av} = \frac{1}{2} R_\text{rad} I_0^2 \tag{7.93}$$

由此式可知，若天線中電流之巔峰值 I_0 為一定，則輻射電阻越大表示天線所輻射之功率也越大。而由（7.92）式可以看到，輻射電阻主要與天線的**電氣長度**（electrical length）l/λ 有關。若天線的長度 l 為一定，那麼所輻射之電磁波之頻率越高（波長 λ 越小），則其電氣長度及輻射功率越大。同理，我們也可以說，若所輻射之電磁波頻率為一定，則天線的長度越大，輻射功率也越大。

前面已經說過，電偶極天線所輻射之電磁波是有方向性的；在天線軸的方向沒有電磁波輻射出來，而在其垂直平面上，輻射功率最大；易言之，此天線所輻射之電磁波，主要集中在 $\theta=\pi/2$ 附近。我們稱在 $\theta=\pi/2$ 附近，天線有較高的**導向增益**（directive gain）；而在天線軸（$\theta=0$）附近，導向增益則趨近於零。那麼導向增益應如何計算呢？首先，由（7.89）式知，在 θ 角的方向所輻射之電場強度 E_θ 之巔峰值為

$$E_{\theta 0} = \frac{I_0 l \beta}{4\pi\varepsilon_0 r} \sin\theta \tag{7.94}$$

則此一方向之平均<u>坡因亭</u>向量之大小為，$\mathscr{P}_\text{av} = \frac{1}{2} E_{\theta 0} H_{\phi 0} = \frac{1}{2}\eta_0 E_{\theta 0}^2$；今**假設**有一假想的天線以此<u>坡因亭</u>向量**均勻**向四面八方輻射，則此假想天線之總平均功率為

$$P_\text{av}^* = \frac{1}{2}\eta_0 E_{\theta 0}{}^2 (4\pi r^2) \tag{7.95}$$

我們規定，若一天線實際上輻射之總平均功率為 P_av，則該天線在 θ 角方向之導向增益為

$$g_d(\theta) = \frac{P_\text{av}^*}{P_\text{av}} \tag{7.96}$$

今由（7.94）式中求出 I_0，代入（7.93）式中，再與（7.95）式一起代入（7.96）式中，即可得電偶極天線之導向增益爲

$$g_d(\theta) = \frac{\eta_0 \beta^2 l^2}{4\pi R_{\text{rad}}} \sin^2 \theta \qquad (7.97)$$

由於 $\beta = 2\pi/\lambda$，$\eta_0 = 120\pi$，$R_{\text{rad}} = 80(\pi l/\lambda)^2$，故

$$g_d(\theta) = 120\pi \frac{4\pi^2 l^2 \sin^2 \theta}{4\pi \lambda^2 \times 80(\pi l/\lambda)^2} = 1.5 \sin^2 \theta \qquad (7.98)$$

此式告訴我們，θ 角越靠近 $\pi/2$，導向增益 g_d 越大，這表示電偶極天線所輻射的電磁波功率集中在 $\theta = \pi/2$ 附近的方向。當 θ 等於 $\pi/2$ 時 g_d 值達到最大，我們稱此一最大的導向增益爲此天線的**導向係數**（directivity）D，即

$$D = g_{d_{\max}} = g_d(\pi/2) = 1.5 \qquad (7.99)$$

即，電偶極天線的導向係數爲 1.5。

第十二節　波　導

電磁波由輻射源發出以後，如無其他物體的影響或阻礙，必沿直線傳播。但在實際應用上，有時候我們常常將一些導體或介電物質作一適當的設計安排，使其影響電磁波的傳播方向，將電磁波引導到預定的地點，而不引起太大的損耗，這種引導電磁波的裝置，通稱爲**波導**（wave guide）。波導的型式有很多種，圖 7-27 所示者爲一矩形波導，係一中空的金屬管，內壁鍍以銀，以減低損耗。

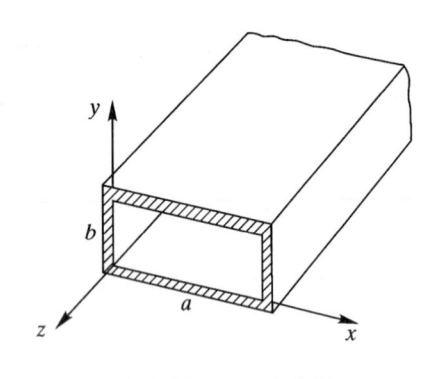

圖 7-27　矩形波導

　　當電磁波在管內傳播時，其電場與磁場仍互相保持垂直；同時，由於管壁係良導體，故電場與管壁接觸時，必須保持與管壁垂直（因邊界條件 $E_t = 0$ 之故），而管壁附近的磁場則必須與管壁平行（因邊界條件 $B_n = 0$ 之故）。

　　合乎上述邊界條件的電磁波，均可在波導中存在，圖 7-28 示矩形波導中最常見的兩種電磁場分佈圖案。注意電力線（圖中之實線或 ⊙⊗）處處均與磁力線（虛線）垂直。其次，我們又看到電力線與管壁接觸時，都是垂直狀態，且與電磁波傳播的方向也是互相垂直的（磁場則未必），此種分佈型態，我們稱之為 TE 波（transverse electric wave），最穩定的 TE 波是 TE_{10} 波，其中之註腳號碼 1 表示電力線之分佈圖案中（在 $x = a/2$ 處）有一個極大值存在，而註腳號碼 0 則表示電力線在 y 軸上不與管壁相交；此時管內整個寬度僅容納一組磁力線圖案。依此類推，TE_{20} 波之電力線在 x 方向之分佈圖案必有兩個極大值（分別在 $x = a/4$ 及 $3a/4$ 兩處），且管的寬度可容納兩組磁力線圖案。更複雜的圖案均可依此規則描繪出來。由於 TE_{10} 波最為穩定，在波導內之損耗也最小，故最常用，稱為**主波**（dominant wave）。

　　若電磁波之頻率過低（波長過長），或者波導之尺寸太小，則當電磁波導入管內時，由於無法適合所有的邊界條件，該電磁波即無法在管內傳播，而迅即衰減掉，這種現象，稱為**截止**（cutoff）。是故，根據理論之推算，若一 TE_{m0} 波欲在一矩形波導中順利傳播，其頻率必須高於**截止頻率**（cutoff frequency） f_c：

第七章　電磁感應與電磁波　309

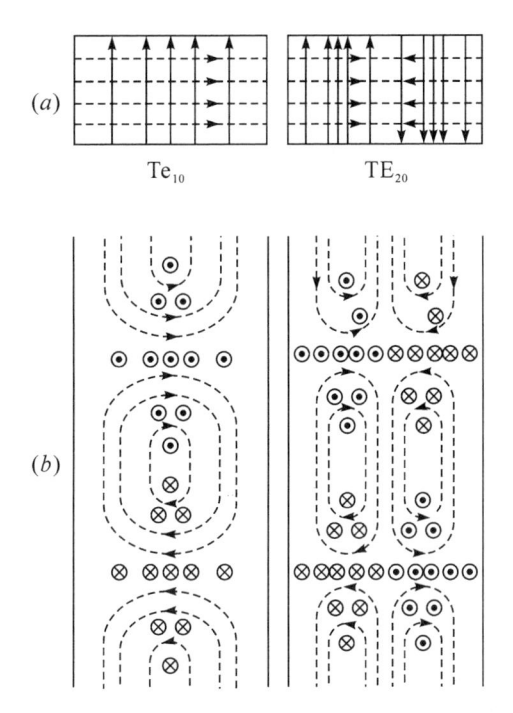

圖 7-28　矩形波導中常見的兩種電磁場分佈，實線為電力線，虛線為磁力線。(a)截面圖，(b)由上方觀察之圖

$$f_c = \frac{m}{2a\sqrt{\varepsilon\mu}} \qquad (7.100)$$

【練習題 7.10】一矩形波導之尺寸為：$a = 2.5$cm，$b = 1.25$cm，內為空氣，試求 TE_{10} 及 TE_{20} 波在此波導中之截止頻率。
答：6 GHz；12 GHz。

習題

1. 如圖 7-29 所示，在均勻磁場 **B** 中，有 A、C、D 三段導線各以速度 **v** 運動，設正方形之邊長為 a，試求各段導線兩端之感應電動勢。
2. 如圖 7-30 所示，長度 l 之金屬桿以一端為轉軸，在均勻磁場 B 之垂直面上以角頻率 ω 轉動，試求其兩端之感應電動勢。
3. 如圖 7-31 所示，在均勻磁場 B 中，將一導線以頻率 f 轉動，設導線中有一段彎成半圓形，半徑為 a，試求感應電動勢。

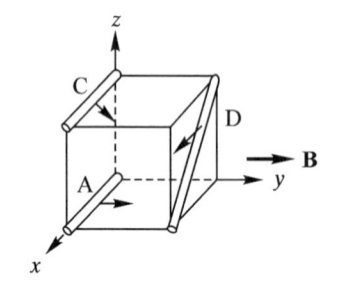

圖 7-29　習題第 1 題用圖

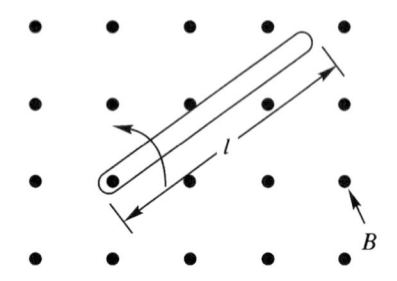

圖 7-30　習題第 2 題用圖

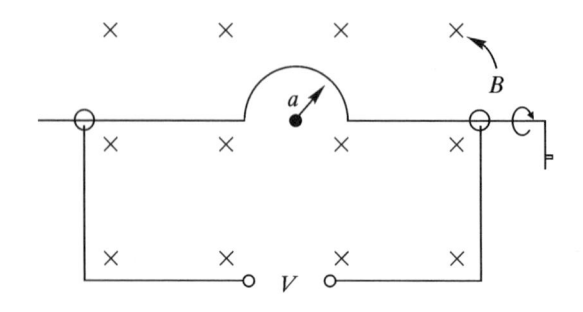

圖 7-31　習題第 3 題用圖

4. 一同軸式之輸送線內外半徑分別為 a 及 b，長度為 L，兩導體間之介質容電係數為 ε，導磁係數為 μ_0。當此輸送線接於電壓 $V_0 \sin \omega t$ 時，試求介質中之總位移電流。

5. 已知某介質之電磁性質可用 ε 及 μ 標出，當其中有磁通密度 $\mathbf{B} = 10^{-6} \cos 10^6 t \cos 5z \, \mathbf{a}_y$ Wb/m² 存在時，試求位移電流密度。

6. 設一導體之容電係數為 ε，電導率為 σ，通以角頻率 ω 之交流電時，試求傳導電流與位移電流之比。

7. 設在真空中，有電場 $\mathbf{E} = (100/r) \sin az \cos 10^9 t \, \mathbf{a}_r$ V/m 存在，試求磁場 $\mathbf{H}$ 及常數 a。

8. 一細導線置於 z 軸上，$-2 \le z \le 0$，其中之電流 $I = t^2/2$ A 為 $\mathbf{a}_z$ 方向；(a) 試求 (0,0,1) 之磁位 $\mathbf{A}$；(b) 求出 $t = 0$ 時之 I 及 $\mathbf{A}$。

9. 已知在絕緣介質 (ε, μ) 中之磁位為 $\mathbf{A} = A_0 \cos \omega t \cos kz \, \mathbf{a}_x$，其中 A_0，ω，k 為常數，試求 $\mathbf{H}$，$\mathbf{E}$，及 V，並求出 k 與 ω 之關係。

10. 已知一輸送線單位長度之電阻、電容、電感、漏電導分別為 R、C、L 及 G，其長度為 Δz 之一小段的等效電路可用圖 7-32 表示。

    (a) 試證：
    $$-\frac{\partial v}{\partial z} = Ri + L\frac{\partial i}{\partial t}$$
    $$-\frac{\partial i}{\partial z} = Gv + C\frac{\partial v}{\partial t}$$

    其中，v 與 i 為輸送線上坐標為 z 之點在時間 t 之電壓與電流。

    (b) 設輸送線之電阻 R 及漏電導 G 甚小，試由(a)之結果，證明：
    $$\frac{\partial^2 v}{\partial z^2} - LC\frac{\partial^2 v}{\partial t^2} = 0$$
    $$\frac{\partial^2 i}{\partial z^2} - LC\frac{\partial^2 i}{\partial t^2} = 0$$

    (c) 與（7.75）式比較，可知(b)中所得之結果為波方程式，試求其通解。

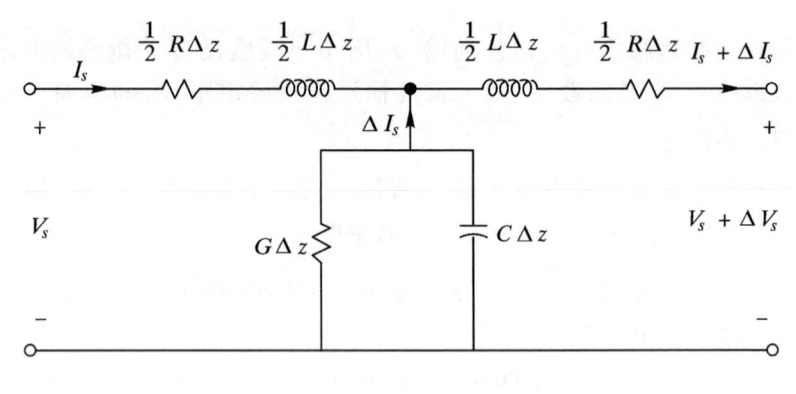

圖 7-32　習題第 10 題用圖

附錄一　電磁學常用常數

真空中的容電係數　　　　　　　　$\varepsilon_0 = 8.8541853 \times 10^{-12}$ F/m

真空中的導磁係數　　　　　　　　$\mu_0 = 4\pi \times 10^{-7}$ H/m

真空中的光速　　　　　　　　　　$c = 2.99792458 \times 10^8$ m/s

基本電荷　　　　　　　　　　　　$e = 1.60217646 \times 10^{-19}$ C

電子質量　　　　　　　　　　　　$m = 9.1093897 \times 10^{-31}$ kg

波茲曼常數　　　　　　　　　　　$k = 1.3806505 \times 10^{-23}$ J/°K

普朗克常數　　　　　　　　　　　$h = 6.626096 \times 10^{-34}$ J·s

波爾磁子　　　　　　　　　　　　$m_s = 9.27400899 \times 10^{-24}$ A·m^2

亞佛加德羅數　　　　　　　　　　$N_0 = 6.0221415 \times 10^{23}$ /mole

附錄二　電磁學人名一覽表

人　　名	國籍	年代	主要貢獻
庫侖 （Charles Augustin de Coulomb）	法	1736～1806	靜電力之測定。
伏特 （Allessandro Volta）	意	1745～1827	發明靜電計，起電盤，電池等。

人　名	國籍	年代	主要貢獻
拉卜拉斯 （Pierre Simon de Laplace）	法	1749～1827	位勢理論。
安培 （Andre Marie Ampère）	法	1775～1836	確立電流的觀念，發明螺線管。
高斯 （Karl Friedrich Gauss）	德	1777～1855	以數學解釋電磁場之性質。
奧斯特 （Hans Christian Oersted）	丹麥	1777～1851	發明電流之磁效應。
帕松 （Simèon Denis Poisson）	法	1781～1844	電磁理論。
歐姆 （Georg Simon Ohm）	德	1787～1854	確立電阻的觀念。
法拉第 （Michael Faraday）	英	1791～1867	發現電磁感應現象、電解定律及電通量的觀念。
亨利 （Joseph Henry）	美	1797～1878	發現自感及互感定律，發明電磁鐵及電磁電報。
韋伯 （Wilhelm Edward Weber）	德	1804～1891	各種電磁單位的精密測定。
克希荷夫 （Gustav Robert Kirchhoff）	德	1824～1887	導出克希荷夫電壓律及電流律。
馬克士威 （James Clerk Maxwell）	蘇格蘭	1831～1879	電磁理論之整合，確定光為電磁波。
波茲曼 （Ludwig Boltzmann）	奧地利	1844～1906	電磁及分子運動理論。
歐尼斯 （Heike Kamerlingh Onnes）	荷	1853～1926	超導現象之研究。

坡因亭 （John Henry Poynting）	英	1852～1914	電磁波能量之理論。
羅倫茲 （Hendrik A. Lorentz）	荷	1853～1928	電磁理論。
特斯勒 （Nikola Tesla）	南斯拉夫	1856～1943	發明交流發電機及輸配電系統。
赫茲 （Heinrich Rudolf Hertz）	德	1857～1894	電磁波之研究。

附錄三　電磁學常用的數學公式

㈠　微分公式：

1. $\dfrac{\mathrm{d}(uv)}{\mathrm{d}x} = v\dfrac{\mathrm{d}u}{\mathrm{d}x} + u\dfrac{\mathrm{d}v}{\mathrm{d}x}$

2. $\dfrac{\mathrm{d}(u/v)}{\mathrm{d}x} = \dfrac{1}{v^2}(v\dfrac{\mathrm{d}u}{\mathrm{d}x} - u\dfrac{\mathrm{d}v}{\mathrm{d}x})$

3. $\dfrac{\mathrm{d}f(u)}{\mathrm{d}x} = \dfrac{\mathrm{d}f(u)}{\mathrm{d}u}\dfrac{\mathrm{d}u}{\mathrm{d}x}$

4. $\dfrac{\mathrm{d}}{\mathrm{d}b}\int_a^b f(x)\mathrm{d}x = f(b)$

5. $\dfrac{\mathrm{d}}{\mathrm{d}a}\int_a^b f(x)\mathrm{d}x = -f(a)$

6. $\dfrac{\mathrm{d}}{\mathrm{d}c}\int_a^b f(x,c)\mathrm{d}x = \int_a^b \dfrac{\partial f(x,c)}{\partial c}\mathrm{d}x + f(b,c)\dfrac{\mathrm{d}b}{\mathrm{d}c} - f(a,c)\dfrac{\mathrm{d}a}{\mathrm{d}c}$

(二) 積分公式：

1. $\int x^m \, dx = \dfrac{x^{m+1}}{m+1}$ （積分常數略，下同）

2. $\int \dfrac{dx}{a+bx} = \dfrac{1}{b} \ln(a+bx)$

3. $\int \dfrac{dx}{(a+bx)^2} = -\dfrac{1}{b(a+bx)}$

4. $\int \dfrac{dx}{c^2+x^2} = \dfrac{1}{c} \tan^{-1} \dfrac{x}{c}$

5. $\int \dfrac{dx}{c^2-x^2} = \dfrac{1}{2c} \ln \dfrac{c+x}{c-x}$

6. $\int \dfrac{dx}{\sqrt{a+bx}} = \dfrac{2\sqrt{a+bx}}{b}$

7. $\int \dfrac{dx}{\sqrt{x^2+a^2}} = \ln(x+\sqrt{x^2+a^2}) = \sinh^{-1} \dfrac{x}{a}$

8. $\int \dfrac{dx}{\sqrt{x^2-a^2}} = \ln(x+\sqrt{x^2-a^2}) = \cosh^{-1} \dfrac{x}{a}$

9. $\int \dfrac{dx}{\sqrt{a^2-x^2}} = \sin^{-1} \dfrac{x}{a} = -\cos^{-1} \dfrac{x}{a}$

10. $\int \dfrac{dx}{(x^2 \pm a^2)^{3/2}} = \dfrac{\pm x}{a^2 \sqrt{x^2 \pm a^2}}$

11. $\int \dfrac{dx}{(a^2-x^2)^{3/2}} = \dfrac{x}{a^2 \sqrt{a^2-x^2}}$

12. $\int \dfrac{x \, dx}{(x^2 \pm a^2)^{3/2}} = -\dfrac{1}{\sqrt{x^2 \pm a^2}}$

13. $\int \dfrac{x \, dx}{(a^2-x^2)^{3/2}} = \dfrac{1}{\sqrt{a^2-x^2}}$

14. $\int \dfrac{x^2 \, dx}{(x^2 \pm a^2)^{3/2}} = \dfrac{-x}{\sqrt{x^2 \pm a^2}} + \ln(x+\sqrt{x^2 \pm a^2})$

15. $\int \dfrac{x^2 \, dx}{(a^2-x^2)^{3/2}} = \dfrac{x}{\sqrt{a^2-x^2}} - \sin^{-1} \dfrac{x}{a}$

16. $\int \sin x \, dx = -\cos x$

17. $\int \sin^2 x \, dx = \dfrac{1}{2}x - \dfrac{1}{4}\sin 2x$

18. $\int \cos x \, dx = \sin x$

19. $\int \cos^2 x \, dx = \dfrac{1}{2}x + \dfrac{1}{4}\sin 2x$

20. $\int \tan x \, dx = -\ln(\cos x)$

21. $\int \cot x \, dx = \ln(\sin x)$

22. $\int \sec x \, dx = \ln(\sec x + \tan x)$

23. $\int \csc x \, dx = \ln(\csc x - \cot x)$

24. $\int e^{ax} dx = \dfrac{e^{ax}}{a}$

25. $\int x e^{ax} dx = \dfrac{e^{ax}}{a^2}(ax - 1)$

26. $\int \dfrac{dx}{1 + e^x} = \ln \dfrac{e^x}{1 + e^x}$

27. $\int e^{ax} \sin px \, dx = \dfrac{1}{a^2 + p^2} e^{ax}(a\sin px - p\cos px)$

28. $\int e^{ax} \cos px \, dx = \dfrac{1}{a^2 + p^2} e^{ax}(a\cos px + p\sin px)$

29. $\int \ln x \, dx = x\ln x - x$

30. $\int \dfrac{dx}{x \ln x} = \ln(\ln x)$

(三) 雙曲函數：

1. $\sinh x = \dfrac{1}{2}(e^x - e^{-x})$

2. $\cosh x = \dfrac{1}{2}(e^x + e^{-x})$

3. $\tanh x = \dfrac{\sinh x}{\cosh x}$

4. $\coth x = \dfrac{1}{\tanh x}$

5. $\text{sech}\, x = \dfrac{1}{\cosh x}$

6. $\text{csch}\, x = \dfrac{1}{\sinh x}$

7. $\sinh^{-1} x = \cosh^{-1}\sqrt{x^2+1} = \ln(x+\sqrt{x^2+1})$

8. $\cosh^{-1} x = \sinh^{-1}\sqrt{x^2-1} = \ln(x+\sqrt{x^2-1})$

(四) 函數的冪級數展開：

1. $(1\pm x)^{1/2} = 1 \pm \dfrac{1}{2}x - \dfrac{1\times 1}{2\times 4}x^2 \pm \dfrac{1\times 1\times 3}{2\times 4\times 6}x^3 - \dfrac{1\times 1\times 3\times 5}{2\times 4\times 6\times 8}x^4 \pm \cdots$

2. $(1\pm x)^{-1/2} = 1 \mp \dfrac{1}{2}x + \dfrac{1\times 3}{2\times 4}x^2 \mp \dfrac{1\times 3\times 5}{2\times 4\times 6}x^3 + \dfrac{1\times 3\times 5\times 7}{2\times 4\times 6\times 8}x^4 \mp \cdots$

3. $(1\pm x)^{-1} = 1 \mp x + x^2 \mp x^3 + x^4 \mp \cdots$

4. $(1\pm x)^{-2} = 1 \mp 2x + 3x^2 \mp 4x^3 + 5x^4 \mp \cdots$

5. $e^x = 1 + x + \dfrac{x^2}{2!} + \dfrac{x^3}{3!} + \cdots + \dfrac{x^n}{n!} + \cdots$

6. $\ln(1+x) = x - \dfrac{1}{2}x^2 + \dfrac{1}{3}x^3 - \dfrac{1}{4}x^4 + \cdots$

7. $\sin x = x - \dfrac{x^3}{3!} + \dfrac{x^5}{5!} - \dfrac{x^7}{7!} + \cdots$

8. $\cos x = 1 - \dfrac{x^2}{2!} + \dfrac{x^4}{4!} - \dfrac{x^6}{6!} + \cdots$

9. $\sinh x = x + \dfrac{x^3}{3!} + \dfrac{x^5}{5!} + \dfrac{x^7}{7!} + \cdots$

10. $\cosh x = 1 + \dfrac{x^2}{2!} + \dfrac{x^4}{4!} + \dfrac{x^6}{6!} + \cdots$

附錄四 希臘字母

字母	名稱	字母	名稱	字母	名稱
A α	Alpha	I ι	Iota	P ρ	Rho
B β	Beta	K κ	Kappa	Σ σς	Sigma
Γ γ	Gamma	Λ λ	Lambda	T τ	Tau
Δ δ	Delta	M μ	Mu	Υ υ	Upsilon
E ϵ	Epsilon	N ν	Nu	Φ ϕ	Phi
Z ζ	Zeta	Ξ ξ	Xi	X χ	Chi
H η	Eta	O o	Omicron	Ψ ψ	Psi
Θ θ	Theta	Π π	Pi	Ω ω	Omega

習題答案

第一章 習題答案

1. (a) $-2\mathbf{a}_y + 4\mathbf{a}_z$；(b) $2\mathbf{a}_x - 2\mathbf{a}_y + 3\mathbf{a}_z$；(c) -5。　2. $161.5°$。
3. $\mathbf{a} = \frac{12}{13}\mathbf{a}_x + \frac{5}{13}\mathbf{a}_z$。　4. $\sqrt{342}$。　5. $5\sqrt{29}$。
8. 3.53。　10. 2。　11. $(4\mathbf{a}_r - 3\mathbf{a}_z)/5$。　12. 0.8。
13. (a) $v = (v_0 + at)\mathbf{a}_x$；(b) $\mathbf{a} = a\mathbf{a}_x$。

第二章 習題答案

1. (a) $2mg\sin(\theta/2)$；(b) $\pm\sqrt{32\pi\varepsilon_0 mgl^2\sin^3(\theta/2)}$。 2. $0.705°$。
3. (a) $\sqrt{3}Qq/4\pi\varepsilon_0 a^2$；(b) $Qq/4\pi\varepsilon_0 a^2$。 4. $(\sqrt{2}+\dfrac{1}{2})Q^2/4\pi\varepsilon_0 a^2$。
5. $3.29Q^2/4\pi\varepsilon_0 l^2$。 6. (a) $2.16\mathbf{a}_x+28.8\mathbf{a}_y$ V/m；(b) $36\mathbf{a}_r$ V/m。
7. $30\,\mathbf{a}_z$ V/m。
8. (a) $\rho_L L/(2\pi\varepsilon_0 r\sqrt{r^2+L^2})\mathbf{a}_r$；(b) $\rho_L L/[2\pi\varepsilon_0(h^2-L^2)\mathbf{a}_z]$。
9. (a) $167\,\mathbf{a}_r$ V/m；(b) $13\,\mathbf{a}_x$ V/m。 10. $(1.13/z\sqrt{4+z^2})\mathbf{a}_z$ kV/m。
11. $Q/8\pi\varepsilon_0 a^2$。 12. $85\,\mu C$。 13. 4.91 C。 14. $6.28\rho_0 r_0^3$。
15. -0.96 J。 16. (a) -1.2 J；(b) -1.2 J。 17. 1305 V。
18. 0.45 V，-0.15 V。 19. 27 V。 20. $\dfrac{\rho_L}{2\pi\varepsilon_0}\ln[(L+\sqrt{r^2+L^2})/r]$。
21. $\rho_L/2\pi\varepsilon_0 a$；$\rho_L/4\varepsilon_0$。 22. $\rho_S a/\varepsilon_0$。
23. $(\rho_S a/2\varepsilon_0)\{[a^2+(k-h)^2]^{-1/2}-[a^2+(k+h)^2]^{-1/2}\}$；
    $(\rho_S a/2\varepsilon_0)\ln\dfrac{(k+h)+\sqrt{a^2+(k+h)^2}}{(k-h)+\sqrt{a^2+(k-h)^2}}$。
24. $Qd^2(3\cos^2\theta-1)/4\pi\varepsilon_0 r^3$。
25. (a) $(x\mathbf{a}_x+y\mathbf{a}_y+z\mathbf{a}_z)/\sqrt{x^2+y^2+z^2}$；(b) $\mathbf{a}_r$。
26. (a) $-2x^2 y\,\mathbf{a}_x-x^2\mathbf{a}_y-\mathbf{a}_z$；(b) $5(\sin\phi\,\mathbf{a}_r-r^{-1}\cos\phi\,\mathbf{a}_\phi-\sin\phi\,\mathbf{a}_z)e^{-r+z}$；
(c) $(1/r^2)(\sin\theta\cos\phi\,\mathbf{a}_r-\cos\theta\cos\phi\,\mathbf{a}_\theta+\sin\phi\,\mathbf{a}_\phi)$。 27. (a) 0；(b) $\sqrt{2}Q/\pi\varepsilon_0 a$；
(c) $(4+\sqrt{2})Q^2/4\pi\varepsilon_0 a$。 28. (a) ε_0；(b) $7\varepsilon_0/6$。 29. $y^2+2xy-x^2=c$。
30. $y=cx$。

第三章 習題答案

1. 2π C。 2. $148\,\mu$C。 3. 30 C。 4. 80 C。
5. (a) 0；(b) $\rho(r^2-4)\mathbf{a}_r/2r$；(c) $(6\rho/r)\mathbf{a}_r$。

6. $(2.5/r)[\frac{1}{2} - e^{-2r}(r^2 + r + \frac{1}{2})] \mathbf{a}_r$。
7. $-2\mathbf{a}_x$ C/m^2；$2(x-3)\mathbf{a}_x$ C/m^2；$2\mathbf{a}_x$ C/m^2。
8. (a) $\rho_0 a^3/12\varepsilon_0 r^2$；(b) $(\rho_0/\varepsilon_0)(r/3 - r^2/4a)$。
9. $(5r^2/4)\mathbf{a}_r$ C/m^2。　　10. 0。
11. (a) 7；(b) 3。　　12. $20 + r$；0。
13. (a) 6.97 μC/m^2；(b) 5.64 μC/m^2；(c) 5.25。
14. $-3\mathbf{a}_x + 4\mathbf{a}_y - (4/6.5)\mathbf{a}_z$ V/m。　　15. $P\sin\theta\cos\phi$。
16. (a) $Q/4\pi\varepsilon r^2$；(b) $Q/4\pi\varepsilon_0 r^2$；(c) $Q/4\pi\varepsilon_0 a$；(d) $(1 - \varepsilon_0/\varepsilon)Q/4\pi a^2$。
17. (a) $V_0/r\ln(b/a)$；(b) $(\varepsilon - \varepsilon_0)V_0/a\ln(b/a)$；(c) $(\varepsilon - \varepsilon_0)V_0/b\ln(b/a)$。
18. 4.82 kA。　　19. 3.96×10^{28} 個。　　20. 2 A。　　21. 3.95 A。
22. $l\ln k/\sigma A(k-1)$。　　23. (a) $(Q/4\pi\varepsilon_0 r^2)\mathbf{a}_r$；(b) 0；(c) $(Q/4\pi\varepsilon_0 r^2)\mathbf{a}_r$。
24. 6.71 μC/m^2。　　25. 48；48。　　26. 800π；800π。
27. $40\pi^2$；$40\pi^2$。　　28. (a) $\rho_S^2/2\varepsilon_0$；(b) $\rho_S^2/2\varepsilon_0$。
30. $(1/4\pi\varepsilon_0)[abQ^2/(a+b)^2 d^2]$。　　31. $1/2\pi\sigma a$。　　32. $1/\pi\sigma a$。

第四章　習題答案

1. (a) $\rho_l/2\pi\varepsilon_0 r$；0；$\rho_l/2\pi\varepsilon_0 r$；(b) $\rho_l/2\pi a$；$\rho_l/2\pi b$。
2. $\pm 4(h-d)\sqrt{\pi\varepsilon_0 kd}$。　　3. $\rho_l^2/4\pi\varepsilon_0 h$。　　4. $\rho_l h/\pi(x^2 + h^2)$；ρ_l。
5. $C/2$；$C/(1-a/d)$。
6. $A(\varepsilon_2 - \varepsilon_1)/d\ln(\varepsilon_2/\varepsilon_1)$。
7. $1/2$；1；$1/2$；1；1；$1/2$；2。　　8. 均變為原來的 2 倍。
9. 1；$1/3$；$1/6$；6；$1/6$。　　10. (b) $2\pi\varepsilon$。
11. $V_0\phi/\alpha$；$(-V_0/r\alpha)\mathbf{a}_\phi$。　　13. $(\dfrac{\rho r}{2\varepsilon_0} + \dfrac{A}{r})\mathbf{a}_r$。
14. $\dfrac{\rho r^2}{6\varepsilon_0} - \dfrac{A}{r} + B$；$(\dfrac{\rho r}{3\varepsilon_0} - \dfrac{A}{r^2})\mathbf{a}_r$。　　15. $2\pi\varepsilon_0/\ln\left[\dfrac{\cot(\theta_0/2)}{\tan(\theta_0/2)}\right]$。

第五章 習題答案

1. $2\sqrt{2}I/\pi L$。
2. $2I\sqrt{l^2+h^2}/\pi lh$。
3. (a) $I/4a$；(b) $(1+2/\pi)I/4a$。
4. $\mathbf{J} \times \mathbf{d}/2$。
5. (a) $(kr^3/4)\mathbf{a}_\phi$；(b)（自行證明）。
6. $J_0[r/4+(\sin 4r)/8+(\cos 4r)/32r - 1/32r]\mathbf{a}_\phi$。
7. 32π。
8. （自行證明）。
9. (a) $-B_0lw$；$+B_0lw$；(b) 0。
10. $\mu_0 IL/4\pi$。
11. $(\mu_0 I/\pi)/\ln(d/a)$。
12. $(\mu_0 I/2\pi)[\ln(b/a)+(1-b^2/c^2)^{-1}\ln(c/b)]$。
13. IlB_0；IlB_0；$\sqrt{2}IlB_0$；IlB_0；0。
14. $-IlB_0\mathbf{a}_y$。
15. $\mu_0 Q^2/[(4\pi)^{3/2}(\varepsilon_0 m)^{1/2}r^{5/2}]$。
16. 0；$(\mu_0\pi a^2 IK/2)\mathbf{a}_y$。
17. $\mu_0 I_1 I_2 bc/2a^2(a+b)$；0。
18. (a) $(\mu_0 K_0 d/2)\mathbf{a}_z$；(b) $(\mu_0 K_0/2)(d-2x)\mathbf{a}_z$；(c) $-(\mu_0 K_0 d/2)\mathbf{a}_z$。
19. $(\mu_0 N_l Ir/2)\mathbf{a}_\phi$；$(\mu_0 a^2 N_l I/2r)\mathbf{a}_\phi$。
20. 證明 dB_z/dz 與 d^2B_z/dz^2 在 $z=d/2$ 處均為零。

第六章 習題答案

1. $Q\omega a^2/3$。
2. $Q\omega a^2/5$。
3. $4Ma$。
4. (a) $\mathbf{B}_1/2\mu_0$ (A/m)；(b) $(1.0\mathbf{a}_x - 0.5\mathbf{a}_y + 0.3\mathbf{a}_z)$(Wb/m²)；(c) $(0.8\mathbf{a}_x - 0.4\mathbf{a}_y + 0.24\mathbf{a}_z)/\mu_0$(A/m)。
5. 5.0×10^7。
6. (a) $2m\omega a^2/5$；(b) $e\omega a^2/5$；(c) $e/2m$。
8. $(\frac{1}{2}\tan\theta)^{\frac{1}{3}}$。
9. $(\mu NI/l)^2(S/\mu_0)$。
10. (a) $7.6\,\text{A}\cdot\text{m}^2$；(b) $11.4\,\text{N}\cdot\text{m}$。
11. $561.2\,\text{A}$。
12. $85.2\,\mu\text{Wb}$。
13. $1.05\,\text{A}$。
14. $1.34\,\text{A}$。
15. $I_1 = 0.39\,\text{A}$，$I_3 = 0.75\,\text{A}$。

第七章　習題答案

1. 0；$avB/\sqrt{2}$；avB。　　2. $\omega l^2 B/2$。　　3. $\pi^2 fBa^2 \sin(2\pi ft)$。
4. $2\pi\varepsilon\omega LV_0 \cos\omega t / \ln(b/a)$。　　5. $(5\times 10^{-6}/\mu)\cos 10^6 t \sin 5z \, \mathbf{a}_x$ A/m^2。
6. $\sigma/\omega\varepsilon$。　7. $-(0.265/r)\cos az \sin 10^9 t \, \mathbf{a}_\phi$ A/m；$10/3$ rad/m。
8. (a) $(\mu_0/8\pi)[(4/c^2)+(4t/c)+t^2\ln 3]\,\mathbf{a}_z$；(b) 0；$(2\times 10^{-7}/c^2)\,\mathbf{a}_z$ Wb/m。
9. $(kA_0/\mu)\cos\omega t \sin kz \, \mathbf{a}_x$，$(k^2 A_0/\omega\mu\varepsilon)\sin\omega t \cos kz \, \mathbf{a}_y$，$0$；$k^2=\omega^2\mu\varepsilon$。
10. 提示：應用克希荷夫電壓律及電流律。

索　引

二劃
TE 波（transverse electric wave）308
人造介質（artificial dielectric）127
力場（force field）27
力線（line of force）27

四劃
中性（neutral）32
天線（antenna）302
介電質（dielectric）78，96
介電常數（dielectric constant）101
分量（components）9
分向量（vector components）9

內積（inner product）6
不旋場（irrotational field）188
反磁性（diamagnetism）232
互換耦合（exchange coupling）237
強迫磁力（coercive force）240
巴克豪森效應（Barkhausen effect）239

五劃
功（work）5
主波（dominant wave）308
外積（outer product）6
外力（external force）48
平面波（plane wave）297

平板式（planar）147

加速度（acceleration）14

可動性（mobility）115

可交換性（commutativity）4

本性阻抗（intrinsic impedance）299

史多克士定理（Stokes's theorem）191

比歐・沙瓦定律（Biot-Savart law）169

六劃

自旋（spin）220

同軸式（coaxial）147

伏特（V）50

向量（vector）1

向量磁位（magnetic vector potential）210

自由電荷（free charge）96

自由電流（free current）222

同軸電纜（coaxial cable）93

次級線圈（secondary）282

安培定律（Ampere's law）180

光電效應（photoelectric effect）158

七劃

位移（displacement）78

位移密度（displacement density）81

位移向量（displacement vector）13

位移通量（displacement flux）79

位移電流密度（displacement current density）285

位置向量（position vector）12

坐標系統（coordinate system）8

束縛電流（bound current）224

束縛電荷（bound charge）96

均勻電場（uniform electric field）45

均勻平面波（uniform plane wave）297

八劃

波長（wave length）300

波導（wave guide）307

波方程式（wave equation）295，296

波爾磁子（Bohr magneton）221

波茲曼常數（Boltzmann's constant）235

居里溫度（Curie temperature）238

初級線圈（primary）282

拉卜拉斯算符（Laplacian）151

拉卜拉斯方程式（Laplace's equation）151

表面力（surface force）158

坡因亭向量（Poynting vector）289

坡因亭定理（Poynting's theorem）288

延遲電磁位（retarded potential）291

非保守場（non-conservative field）53

非極性分子（nonpolar molecule）96

法拉（farad）33，141

法拉第感應定律（Faraday's induction law）272

直角坐標系統（rectangular coordinate system）8

帕松方程式（Poisson's equation）151

九劃

面元（surface element）14

面電荷（surface charge）40

保守場（conservative field）52

封閉的迴路（closed loop）52

相常數（phase constant）300

相對容電係數（relative permittivity）101

相對導磁係數（relative permeability）227

十劃

高斯面（Gaussian surface）84

高斯定律（Gauss's law）84

高斯散度定理（Gauss's divergence theorem）112

純量（scalar）1

純量場（scalar field）23

馬克士威方程式（Maxwell's equations）287

起源（source）31

容電係數（permittivity）33

庫侖定律（Coulomb's law）34

十一劃

崩潰（breakdown）126

帶電（charged）122

軟性（soft）241

通線（flux line）27，79

通量密度（flux density）27

梯度（gradient）58

速度（velocity）14

旋度（curl）187

旋轉發電機（rotational generator）277

動態場（timevarying field）24

偶極矩（dipole moment）64

堆集電容（lumped capacitance）146

球形對稱（spherical symmetry）19

球坐標系統（spherical coordinate system）8，19

連續方程式（continuity equation）121

麥斯那效應（Meissner effect）244

強場放射（high-field emission）159

強迫磁力（coercive force）240

剩餘磁性（remanence）240

十二劃

場（field）23

圍線（contour）180

硬性（hard）241

散佈電容（distributed capacitance）146

散度（divergence）109

超距力（force-at-a-distance）36

超導體（superconductor）243

等位面（equipotential surface）25，59

等位線（equipotentials）25

渦電流（eddy current）282

順磁性（paramagnetism）236

單位向量（unit vector）2

量子力學（quantum mechanics）237

無散度場（divergenceless field）196

十三劃

電容（capacitance）141

電位（potential）48

電流（electric current）114

電荷（charge）31

電感（inductance）257

電場（electric field）36

電壓（voltage）50

電力線（line of force）69

電容器（capacitor）142

電位差（potential difference）50

電位能（potential energy）48

電通量（electric flux）79

電動機（motor）206

電像力（image force）158

電像法（method of electric image）138

電導率（conductivity）115

電偶極（electric dipole）63

電磁場（electromagnetic field）267

電磁波（electromagnetic wave）267

電流密度（current density）114

電荷密度（charge density）39

電氣長度（electrical length）306

電磁感應（electromagnetic induction）24，267

電能密度（electric energy density）68

電通密度（electric flux density）81

電偶極天線（electric dipole antenna）302

源點（source）109

匯點（sink）109

感應電荷（induced charge）78

感應電動勢（induced emf）268

零參考點（zero reference point）50

極化（polarization）97

極化率（electric susceptibility）99

極化量（polarization）98

極性分子（polar molecule）96

極化電荷（polarization charge）97